城市基础设施规划方法创新与实践系列丛书

# 城市通信基础设施规划方法创新与实践

深圳市城市规划设计研究院
陈永海　孙志超　等　编著

U0299673

中国建筑工业出版社

**图书在版编目(CIP)数据**

城市通信基础设施规划方法创新与实践/陈永海等编著. —北京：中国建筑工业出版社，2019.8
(城市基础设施规划方法创新与实践系列丛书)
ISBN 978-7-112-24009-8

Ⅰ.①城… Ⅱ.①陈… Ⅲ.①市政工程-通信设备-基础设施建设-城市规划 Ⅳ.①TU99

中国版本图书馆 CIP 数据核字(2019)第 149128 号

深圳城市高速发展和通信技术快速迭代更新，为深圳市城市规划设计研究院持续近 20 年的通信基础设施专项规划及研究探索提供了有利条件。本书以不同年代通信行业对基础设施的不同需求为基础，循着城市通信基础设施主管部门的敏锐判断力和敢为天下先的创新精神，对通信管道及通信机楼、基站、通信机房、新型信息通信基础设施等内容的规划布局和政策管理进行较为深入的探索和实践，推动上述基础设施有效纳入城市规划建设管理。对于邮政通信、大型无线通信基础设施的规划布局，本书也将作者团队多年来在此方面的思考与读者共享，以期更好、更全面地推动城市通信基础设施有序建设。

本书是作者团队多年来从事城市通信基础设施规划设计研究的成果总结，可供城乡规划领域从事通信基础设施规划的工作人员参考，也可供信息通信行政主管单位、通信运营商的基础设施管理部门、通信基础设施运营管理单位、相关专业大专院校教学或专业培训参考。

责任编辑：朱晓瑜
责任校对：赵听雨

城市基础设施规划方法创新与实践系列丛书
**城市通信基础设施规划方法创新与实践**
深圳市城市规划设计研究院 编著
陈永海 孙志超 等

\*

中国建筑工业出版社出版、发行(北京海淀三里河路 9 号)
各地新华书店、建筑书店经销
北京红光制版公司制版
北京建筑工业印刷厂印刷

\*

开本：787×1092 毫米 1/16 印张：14½ 字数：344 千字
2019 年 10 月第一版 2020 年 8 月第二次印刷
定价：**52.00** 元
ISBN 978-7-112-24009-8
(34301)

## 丛书编委会

主　任：司马晓

副主任：黄卫东　杜　雁　单　樑　吴晓莉　丁　年

　　　　刘应明

委　员：陈永海　孙志超　俞　露　任心欣　唐圣钧

　　　　李　峰　王　健　韩刚团　杜　兵

## 编　写　组

主　　编：司马晓　丁　年

执行主编：陈永海　孙志超

编撰人员：徐环宇　张　翼　刘　冉　江泽森　张雅萱

　　　　　王　安　罗佐斌　阚　宇

# 丛书序言

生态环境关乎民族未来、百姓福祉。十九大报告不仅对生态文明建设提出了一系列新思想、新目标、新要求和新部署，更是首次把美丽中国作为建设社会主义现代化强国的重要目标。在美丽中国目标的指引下，美丽城市已成为推进我国新型城镇化、现代化建设的内在要求。基础设施作为城市生态文明的重要载体，是建设美丽城市坚实的物质基础。

基础设施建设是城镇化进程中提供公共服务的重要组成部分，也是社会进步、财富增值、城市竞争力提升的重要驱动。改革开放 40 年来，我国的基础设施建设取得了十分显著的成就，覆盖比例、服务能力和现代化程度大幅度提高，新技术、新手段得到广泛应用，功能日益丰富完善，并通过引入市场机制、改革投资体制，实现了跨越式建设和发展，其承载力、系统性和效率都有了长足的进步，极大地推动了美丽城市建设和居民生活条件改善。

高速的发展为城市奠定了坚实的基础，但也积累了诸多问题，在资源环境和社会转型的双重压力之下，城镇化模式面临重大的变革，只有推动城镇化的健康发展，保障城市的"筋骨"雄壮、"体魄"强健，才能让改革开放的红利最大化。随着城镇化转型的步伐加快，基础设施建设如何与城市发展均衡协调是当前我们面临的一个重大课题。无论是基于城市未来规模、功能和空间的均衡，还是在新的标准、技术、系统下与旧有体系的协调，抑或是在不同发展阶段、不同外部环境下的适应能力和弹性，都是保障城市基础设施规划科学性、有效性和前瞻性的重要方法。

2016 年 12 月～2018 年 8 月不到两年时间内，深圳市城市规划设计研究院（以下简称"深规院"）出版了《新型市政基础设施规划与管理丛书》（共包括 5 个分册），我有幸受深规院司马晓院长的邀请，为该丛书作序。该丛书出版后，受到行业的广泛关注和欢迎，并被评为中国建筑工业出版社优秀图书。本套丛书内容涉及领域较《新型市政基础设施规划与管理丛书》更广，其中有涉及综合专业领域，如市政工程详细规划；有涉及独立专业领域，如城市通信基础设施规划、非常规水资源规划及城市综合环卫设施规划；同时还涉及现阶段国内研究较少的专业领域，如城市内涝防治设施规划、城市物理环境规划及城市雨水径流污染治理规划等。

城，所以盛民也；民，乃城之本也。衡量城市现代化程度的一个关键指标，就在于基础设施的质量有多过硬，能否让市民因之而生活得更方便、更舒心、更美好。新时代的城市规划师理应有这样的胸怀和大局观，立足百年大计、千年大计，注重城市发展的宽度、厚度和"暖"度，将高水平的市政基础设施发展理念融入城市规划建设中，努力在共建共享中，不断提升人民群众的幸福感和获得感。

本套丛书集成式地研究了当下重要的城市基础设施规划方法和实践案例，是作者们多年工作实践和研究成果的总结和提升。希望深规院用新发展理念引领，不断探索和努力，为我国新形势下城市规划提质与革新奉献智慧和经验，在美丽中国的画卷上留下浓墨重彩！

原建设部部长、第十一届全国人民代表大会环境与资源保护委员会主任委员

2019 年 6 月

# 丛书前言

改革开放以来，我国城市化进程不断加快，2017 年末，我国城镇化率达到 58.52%；根据中共中央和国务院印发的《国家新型城镇化规划（2014—2020 年）》，到 2020 年，要实现常住人口城镇化率达到 60% 左右，到 2030 年，中国常住人口城镇化率要达到 70%。快速城市化伴随着城市用地不断向郊区扩展以及城市人口规模的不断扩张。道路、给水、排水、电力、通信、燃气、环卫等基础设施是一个城市发展的必要基础和支撑。完善的城市基础设施是体现一个城市现代化的重要标志。与扎实推进新型城镇化进程的发展需求相比，城市基础设施存在规划技术方法陈旧、建设标准偏低、区域发展不均衡、管理体制不健全等诸多问题，这将是今后一段时期影响我国城市健康发展的短板。

为了适应我国城市化快速发展，市政基础设施呈现出多样化与复杂化态势，非常规水资源利用、综合管廊、海绵城市、智慧城市、内涝模型、环境园等技术或理念的应用和发展，对市政基础设施建设提出了新的发展要求。同时在新形势下，市政工程规划面临由单一规划向多规融合演变，由单专业单系统向多专业多系统集成演变，由常规市政工程向新型市政工程延伸演变，由常规分析手段向大数据人工智能多手段演变，由多头管理向统一平台统筹协调演变。因此传统市政工程规划方法已越来越不能适应新的发展要求。

2016 年 6 月，深规院受中国建筑工业出版社邀请，组织编写了《新型市政基础设施规划与管理丛书》。该丛书共五册，包括《城市地下综合管廊工程规划与管理》《海绵城市建设规划与管理》《电动汽车充电基础设施规划与管理》《新型能源基础设施规划与管理》和《低碳生态市政基础设施规划与管理》。该套丛书率先在国内提出新型市政基础设施的概念，对新型市政基础设施规划方法进行了重点研究，建立了较为系统和清晰的技术路线或思路。同时对新型市政基础设施的投融资模式、建设模式、运营模式等管理体制进行了深入研究，搭建了一个从理念到实施的全过程体系。该套丛书出版后，受到业界人士的一致好评，部分书籍出版后马上销售一空，短短半年之内，进行了三次重印出版。

深规院是一个与深圳共同成长的规划设计机构，1990 年成立至今，在深圳以及国内外 200 多个城市或地区完成了 3800 多个项目，有幸完整地跟踪了中国快速城镇化过程中的典型实践。市政工程规划研究院作为其下属最大的专业技术部门，拥有近 120 名市政专业技术人员，是国内实力雄厚的城市基础设施规划研究专业团队之一，一直深耕于城市基础设施规划和研究领域，在国内率先对新型市政基础设施规划和管理进行了专门研究和探讨，对传统市政工程的规划方法也进行了积极探索，积累了丰富的规划实践经验，取得了明显的成绩和效果。

在市政工程详细规划方面，早在 1994 年就参与编制了《深圳市宝安区市政工程详细规划》，率先在国内编制市政工程详细规划项目，其后陆续编制了深圳前海合作区、大空港片区以及深汕特别合作区等多个重要片区的市政工程详细规划。主持编制的《前海合作区市政工程详细规划》，2015 年获得深圳市第十六届优秀城乡规划设计奖二等奖。主持编制的《南山区市政设施及管网升级改造规划》和《深汕特别合作区市政工程详细规划》，2017 年均获得深圳市第十七届优秀城乡规划设计奖三等奖。在通信基础设施规划方面，2013 年主持编制了国家标准《城市通信工程规划规范》，主持编制的《深圳市信息管道和机楼"十一五"发展规划》获得 2007 年度全国优秀城乡规划设计表扬奖，主持编制的《深圳市公众移动通信基站站址专项规划》获得 2015 年度华夏建设科学技术奖三等奖。在非常规水资源规划方面，编制了多项再生水、雨水等非常规水资源综合利用规划、政策及运营管理研究。主持编制的《光明新区再生水及雨洪利用详细规划》获得 2011 年度华夏建设科学技术奖三等奖；主持编制的《深圳市再生水规划与研究项目群》（含《深圳市再生水布局规划》《深圳市再生水政策研究》等四个项目）获得 2014 年度华夏建设科学技术奖三等奖。在城市内涝防治设施规划方面，2014 年主持编制的《深圳市排水（雨水）防涝综合规划》，是深圳市第一个全面采用模型技术完成的规划，是国内第一个覆盖全市域的排水防涝详细规划，也是国内成果最丰富、内容最全面的排水防涝综合规划，获得了2016 年度华夏建设科学技术奖三等奖和深圳市第十六届优秀城市规划设计项目一等奖。在消防工程规划方面，主持编制的《深圳市消防规划》获得了 2003 年度广东省优秀城乡规划设计项目表扬奖，在国内率先将森林消防纳入城市消防规划体系。主持编制的《深圳市沙井街道消防专项规划》，2011 年获深圳市第十四届优秀城市规划二等奖。在综合环卫设施规划方面，主持编制的《深圳市环境卫生设施系统布局规划（2006—2020）》获得了2009 年度广东省优秀城乡规划设计项目一等奖及全国优秀城乡规划设计项目表扬奖，在国内率先提出"环境园"规划理念。在城市物理环境规划方面，近年来，编制完成了 10余项城市物理环境专题研究项目，在《滕州高铁新区生态城规划》中对城市物理环境进行了专题研究，该项目获得了 2016 年度华夏建设科学技术奖三等奖。在城市雨水径流污染治理规划方面，近年来承担了《深圳市初期雨水收集及处置系统专项研究》《河道截污工程初雨水（面源污染）精细收集与调度研究及示范》等重要课题，在国内率先对雨水径流污染治理进行了系统研究。特别在诸多海绵城市规划研究项目中，对雨水径流污染治理进行了重点研究，其中主持编制完成的《深圳市海绵城市建设专项规划及实施方案》获得了2017 年度全国优秀城乡规划设计二等奖。

鉴于以上的成绩和实践，2018 年 6 月，在中国建筑工业出版社邀请和支持下，由司马晓、丁年、刘应明整体策划和统筹协调，组织了深规院具有丰富经验的专家和工程师编著了《城市基础设施规划方法创新与实践系列丛书》。该丛书共八册，包括《市政工程详细规划方法创新与实践》《城市通信基础设施规划方法创新与实践》《非常规水资源规划方法创新与实践》《城市内涝防治设施规划方法创新与实践》《城市消防工程规划方法创新与实践》《城市综合环卫设施规划方法创新与实践》《城市物理环境规划方法创新与实践》以及《城市雨水径流污染治理规划方法创新与实践》。本套丛书力求结合规划实践，在总结经验的基础上，突出各类市政工程规划的特点和要求，同时紧跟城市发展新趋势和新要求，系统介绍了各类市政工程规划的规划方法，期望对现行的市政工程规划体系以及技术标准进行有益补充和必要创新，为从事城市基础设施规划、设计、建设以及管理人员提供亟待解决问题的技术方法和具有实践意义的规划案例。

本套丛书在编写过程中，得到了住房城乡建设部、广东省住房和城乡建设厅、深圳市规划和自然资源局、深圳市水务局等相关部门领导的大力支持和关心，得到了各有关方面专家、学者和同行的热心指导和无私奉献，在此一并表示感谢。

本套丛书的出版凝聚了中国建筑工业出版社朱晓瑜编辑的辛勤工作，在此表示由衷敬意和万分感谢！

《城市基础设施规划方法创新与实践系列丛书》编委会

2019 年 6 月

纵观我国近 30 多年改革开放和城市化快速发展的过程，城市和通信的持续快速发展是两道非常靓丽的风景线。随着改革初期国家对通信等领域的倾斜政策支持，通信市场快速增长，国内通信技术也基本与国际同步发展并迭代更新，丰富多彩的通信终端从奢侈品变成大众消费品，电话、移动电话、数据、互联网等新业务层出不穷，人工智能、智能社区、智能城市等也不断涌现；城市通信基础设施的内容也不断扩展，从早期的邮政局、电话端局及通信线路路由，逐步增加枢纽机楼、移动通信机楼、数据中心、基站、通信机房及通信管道、综合管廊、双路由通道等多种基础设施。

深圳是我国改革开放的前沿城市，在城市规划建设方面率先采用"熟地"（即政府对城市道路和给水排水、电力、通信、燃气等市政管线统一建设，实现七通一平，再出让土地）开发模式，政府主管部门也率先面对如何科学合理地确定通信管道容量的问题，这在通信管道需求主体多元化、电缆逐步被光缆取代的背景下，显得更加急迫。由此，深规院作者团队于 2000 年踏上探索城市通信基础设施专项规划方法的征途。

针对通信机楼、通信管道、基站、通信机房等通信基础设施，作者团队总结出了一套比较严谨的科学规划方法：以当下通信技术为基础，借助城市规划平台，以通信技术发展为主线确定各类基础设施的体系，建立预测模型或确定计算方法，总结设置规律，结合城市规划开展各类基础设施布局规划，并同步开展通信管道、基站等基础设施的管理政策研究，强化规划编制与行政管理之间的联控和实操性，推动通信基础设施有效融入城市规划建设之中。

在多个政府主管部门的积极支持下，经过近 20 年的学习和规划实践，作者团队培育出通信基础设施专项规划方面的三类代表性成果，并对通信基础设施的规划方法进行全面、系统的创新。第一类是在 2000～2008 年期间完成的通信管网类专项规划，此类规划由原深圳市规划局于 2000 年主推，以通信管道和通信机楼为主，核心内容是确定通信管道的体系、管道容量的计算方法以及通信管道的规划布局，总结通信机楼规模的计算方法和通信机楼的布局方法。第二类是在 2007～2017 年期间完成的基站类专项规划，此类规划由原深圳市无线电管理局联合原深圳市规划和国土资源委员会于 2007 年主推，经过深圳市近十个基站详细规划项目的探索和总结经验，在 2017 年中山市基站专项规划形成完整的系统，核心内容是从城市规划角度建立基站综合预测、综合布局、综合管理的整套方法，将基站作为城市基础设施有效纳入城市规划建设，并建立比较全面的专项规划和专项法规相结合的管理模式。第三类是 2010～2018 年期间完成的通信接入基础设施类专项规划，此类项目早期以专题研究开始，由深圳市通信管理局联合多个政府主管部门于 2010

年联合推动，后由南山区重点片区规划建设管理协调办公室（以下简称"南山重点办"）于 2017 年联合多个政府主管部门推动形成较完整的规划体系，核心内容是总结通信机房、基站、智慧设施等新型通信基础设施的设置规律和设置标准，并推动上述设施有效纳入城市规划建设，提高通信基础设施的建设标准，以适应智慧城市时代对通信基础设施的多元化需求。

如今，通信与信息相互依存，两者实现完美融合、共生，正以澎湃之力深刻影响现代化城市发展和产业布局，也逐步改变了当今信息社会市民的生产、生活方式，成为现代化城市和信息社会的神经系统，并支撑我国"网络强国"战略、"大数据"战略、"宽带中国"战略的实施。作为国家战略性基础设施，信息通信基础设施迎来更加广泛的发展前景和应用空间。深圳通信行业具有业务密度高、市场化程度高、规划设计要求高等特点，通信基础设施规划建设管理比大部分城市一般提前几年面对新问题。以深圳为样本的通信基础设施规划研究探索及实践，可为其他城市提供参考，共同促进信息通信行业的持续健康发展。

在深规院的规划实践过程中，深圳市规划和自然资源局（原深圳市规划和国土资源委员会）、深圳市工业和信息化局（原深圳市经济贸易和信息化委员会及原深圳市无线电管理局）、深圳市通信管理局、中山市自然资源局（原中山市城乡规划局）、中山市工业和信息化局（原中山市经济和信息化局）、南山重点办、青岛市城阳区城市规划建设管理局以及中国移动通信集团广东有限公司深圳分公司（以下简称"深圳移动"）、中国铁塔股份有限公司深圳市分公司（以下简称"深圳铁塔"）、深圳信息管线公司、中山管信科技股份有限公司（原中山公用信息管线有限公司）、中国联通深圳分公司（以下简称"深圳联通"）、中国电信股份有限公司深圳分公司（以下简称"深圳电信"）等部门和单位，为作者团队提供了大量的实践机会，并为每个项目的评审、优化提出了大量建设性意见，作者团队在此向上述单位表达深深的谢意！

《城市通信基础设施规划方法创新与实践》编写组

2019 年 7 月

# 目 录

第1章 概述 / 1

1.1 基础概念 / 2

1.1.1 通信的定义及特点 / 2

1.1.2 城市通信系统划分及构成 / 3

1.1.3 城市通信设施和通信基础设施的区别与联系 / 4

1.1.4 城市通信基础设施的分类 / 6

1.2 城市通信系统发展回顾 / 8

1.2.1 中国邮电改革历程 / 8

1.2.2 通信技术发展回顾 / 10

1.2.3 通信基础设施的需求特征 / 12

1.3 城市通信基础设施规划方法 / 13

1.3.1 规划主要任务 / 14

1.3.2 规划目的及原则 / 14

1.3.3 主要政策法规和技术规范标准及解读 / 15

1.3.4 规划重点难点分析 / 17

1.3.5 规划思路和策略 / 22

1.3.6 重要节点管控 / 24

1.4 探索与实践 / 26

1.4.1 专项规划 / 26

1.4.2 政策研究 / 28

1.4.3 思考与展望 / 30

第2章 邮政通信基础设施规划 / 35

2.1 行业特点 / 36

2.1.1 发展简史 / 36

2.1.2 体制沿革 / 37

2.1.3 自然垄断 / 37

2.2 规划要素分析 / 37

2.2.1 普遍服务义务 / 37

2.2.2 邮政专营制度 / 41

2.2.3 基础设施属性 / 42

2.2.4 邮政代办制度 / 44

2.2.5 规划需求分析 / 44

2.3　规划方法/45

　2.3.1　技术标准/45

　2.3.2　基础设施体系及空间需求/45

　2.3.3　设置标准/48

　2.3.4　布局要点/50

　2.3.5　方法创新/52

2.4　规划实践/53

　2.4.1　项目背景/53

　2.4.2　基本情况/53

　2.4.3　规划构思/54

　2.4.4　规划成果/54

2.5　政策建议/55

第3章　无线通信基础设施规划/57

3.1　行业特点分析/58

3.2　规划要素分析/59

3.3　无线发射设施及发信区/61

　3.3.1　中波及短波发射台（站）/62

　3.3.2　调频广播及无线电视发射台（站）/66

　3.3.3　发信区/68

　3.3.4　规划实践/69

3.4　无线接收设施及收信区/70

　3.4.1　国家级和省级监测站/70

　3.4.2　城市监测站/74

　3.4.3　收信区/79

　3.4.4　规划实践/79

3.5　微波通道/82

　3.5.1　需保护的微波通道/82

　3.5.2　重要微波通道范围内建筑限高/83

　3.5.3　规划实践/84

3.6　其他专业无线基础设施/85

　3.6.1　卫星地球站/85

　3.6.2　专业雷达站/85

3.7　电磁环境影响分析/87

　3.7.1　电磁辐射的特点/87

　3.7.2　电磁环境的控制限值/87

　3.7.3　大型无线发射设施的电磁环境影响分析/88

　3.7.4　电磁环境的控制措施/89

第 4 章　有线通信机楼及机房规划/91

4.1　设施特点/92

4.1.1　技术特点/92

4.1.2　规划建设特点/92

4.1.3　市场化特点/93

4.2　规划要素分析/93

4.2.1　技术发展要素分析/93

4.2.2　共建共享要点分析/95

4.3　面临问题及挑战/96

4.3.1　常见问题/97

4.3.2　面临挑战/97

4.4　主要业务类别及预测/98

4.4.1　业务发展趋势/98

4.4.2　光纤端口用户/99

4.4.3　移动通信用户/101

4.4.4　有线电视用户/101

4.5　通信机楼规划/102

4.5.1　通信机楼体系/102

4.5.2　设置规律/105

4.5.3　规划方法创新/106

4.5.4　需求分析/108

4.5.5　通信机楼规模计算/109

4.5.6　通信机楼布局规划/111

4.5.7　通信机楼选址规划/112

4.5.8　通信机楼建设模式/113

4.5.9　规划实践/115

4.6　通信机房规划/118

4.6.1　规划方法创新/119

4.6.2　通信机房分类/120

4.6.3　需求分析/121

4.6.4　通信机房规模估算/123

4.6.5　设置规律/125

4.6.6　通信机房综合布局/127

4.6.7　通信机房设置要求/128

4.6.8　规划实践/130

4.7　管理政策研究/132

**第5章 公众移动通信基站规划**/135

5.1 移动通信发展历程/136

  5.1.1 主要历程/136

  5.1.2 主要技术特征/137

5.2 基站类型及构成/137

  5.2.1 基站类型/137

  5.2.2 基站的构成/140

5.3 基站特点/141

5.4 规划要点分析/142

5.5 问题及挑战/143

5.6 规划方法创新/145

5.7 基站规划层次及内容/146

5.8 规划平台及基本单元/148

  5.8.1 规划平台/148

  5.8.2 基本单元/149

5.9 设置规律/151

5.10 规模预测/154

5.11 基站布局原则/155

5.12 基站布局规划/156

  5.12.1 分布特点/156

  5.12.2 基站建设区域划分/157

  5.12.3 独立式基站规划/158

  5.12.4 附设式基站规划/159

  5.12.5 室内分布系统规划/161

5.13 景观化基站规划/161

  5.13.1 景观化基站定义/161

  5.13.2 景观化基站类型/161

  5.13.3 景观化基站适用区域/162

5.14 对城市基础设施的需求/163

  5.14.1 基站机房/163

  5.14.2 电源/166

  5.14.3 管道/168

5.15 规划实践/168

  5.15.1 案例一/168

  5.15.2 案例二/170

5.16 基站电磁环境影响分析/172

  5.16.1 基本特征/173

　　5.16.2　我国的标准及与国际比较/173

　　5.16.3　世界卫生组织的研究结论/174

　　5.16.4　基站电磁辐射的控制措施/174

　　5.16.5　环境影响评估/175

5.17　5G基站规划展望/175

　　5.17.1　5G进展/175

　　5.17.2　特点及应用场景/176

　　5.17.3　基站布局分析/177

　　5.17.4　对基础设施影响分析/177

5.18　管理政策研究/177

　　5.18.1　关键要素的选取/178

　　5.18.2　基站的规划管理/179

　　5.18.3　基站的台站执照管理/181

　　5.18.4　基站的电磁辐射管理/181

第6章　通信管道及通道规划/183

6.1　通信管道及其特性/184

　　6.1.1　通信管道建设历程/184

　　6.1.2　通信传输介质/185

　　6.1.3　通信管道建设特点/186

　　6.1.4　通信管道集约建设必要性/187

　　6.1.5　建设通信管道的优点/188

6.2　规划要点分析/188

　　6.2.1　确定通信管道建设模式/188

　　6.2.2　集约建设通信管道/189

　　6.2.3　通信管道规划的主要工作/189

6.3　面临问题及挑战/191

6.4　规划方法创新/192

6.5　通信管道体系/193

6.6　通信管道容量计算/194

　　6.6.1　管道容量的计算方法/194

　　6.6.2　通信管道的基本需求/195

　　6.6.3　计算各层次管道容量/198

　　6.6.4　管道容量计算总结/199

6.7　通信管道布局规划/200

　　6.7.1　新建道路的管道规划/200

　　6.7.2　改造道路或扩建管道规划/202

　　6.7.3　与综合管廊衔接/202

6.7.4　缆线管廊应用分析/202

6.8　规划实践/205

6.8.1　案例一：南方某城市《××区通信管网专项规划》规划实践/205

6.8.2　案例二：《××片区信息通信基础设施详细规划》规划实践/207

6.9　通信管道建设技术要求/210

6.10　管理政策研究/211

参考文献/214

后记/216

第 1 章

# 概　述

## 1.1 基础概念

### 1.1.1 通信的定义及特点

#### 1. 通信的定义

通信是在信源和信宿之间建立一个传输（转移）信息的通道（信道），从而实现信息传输的过程。

在人类实践过程中，随着社会生产力发展对传递消息的要求不断提升，通信行业的技术和手段也不断改进；在从实物通信向电通信（指利用电来传递消息的通信方法）技术演进过程中，一次通信完成的时间也由几周、几天变为几小时、几秒、毫秒甚至"实时"，且几乎不受空间限制，通信质量也日趋准确、可靠，极大丰富了市民生活内容，也提升了交流和生产效率，从而促进人类文明不断进步。

#### 2. 意义与作用

电通信拉开了现代通信发展的序幕，也奠定了现代通信行业发展的基础；而技术不断进步，使得现代通信的分类越来越细、内容越来越多、作用越来越大、意义越来越广。现代通信已成为现代化城市和信息社会的神经系统，在城市生产、生活以及精细化管理、高效运行过程中，发挥着不可替代的作用；在城市面对紧急状况或自然灾害等特殊情况下，通信的作用更加突显，成为城市应急指挥的中枢系统和灾备管理的重要手段；这种作用也同样体现在国家和城市安全、军队训练和作战、飞机飞行和机场管理等领域。

现代通信不断与计算机、互联网等新技术不断融合，共同构成城市和社会的基石。目前，信息通信产业已成为国家支柱性产业之一，不仅能产生较好经济效益，成为传统产业管理和运行的基础，促进社会更加绿色低碳运行；而且能产生巨大的社会效益，是现代商业、现代物流、现代金融、先进制造、智能生产以及人工智能、生命健康等战略新兴产业发展的催化剂，成为我国迈入世界强国之林的正印先锋。在可预见的将来，信息通信行业将为城市、产业、社会的发展做出更大的贡献。

#### 3. 行业特点

通信基础设施是城市基础设施的有机组成部分；与城市公共设施和其他基础设施行业相比，通信行业具有以下独特特点：

（1）实时性、准确性和质量要求十分高

一般而言，电力、给水排水等行业的生产和消费过程是分离的，而通信用户在使用通信（通道）的同时，完成生产和消费两个过程（生产过程即为用户使用或消费过程），从而要求通信系统与其组成部分之间形成完整的有机整体，以满足实时通信的功能要求，且同时满足通信对准确性和质量的要求；任何一个环节不通畅或出现差错，都无法完成通信。

（2）全程全网、联合作业

除了一个城市的通信系统是一个完整的有机整体外，由于信源和信宿分布十分广泛，经济全球化发展和协作模式要求城市之间、国家之间、大陆之间的通信系统也是一个连接在一起的有机整体，并联合完成通信过程；一旦某座通信机楼的电源出现灾难性故障，或者某处重要长途通信线路出现断点，对应的通信区域就容易成为世界通信的孤岛；因此，通信行业对事故等级的划分大大高于一般行业，如果出现重要业务或重要通信线路的"小时级"通信中断，将是十分严重的通信事故。

（3）重要性和保密性要求更强

尽管城市基础设施及系统都属于十分重要且保密的设施，但"实时通信""全程全网""广播电视信号源的唯一性"等独特特点，使得通信内容或系统一旦出现问题，影响更大、范围更广、扩散更快、后果更严重，因此，通信系统和设施的重要性和保密性要求也更强；这不仅体现在重要通信机楼等基础设施的保护上，也体现在重要通信线路（通道）等设施的保护上。在我国的部分大城市，曾经出现通信机楼发生火灾致使某个地区通信全部瘫痪，或雨（洪）水侵入通信机楼地下室造成电源系统瘫痪，从而出现重大通信事故的案例；在国际上政局不稳的国家或地区，广播电视台经常成为首批被抢占的目标之一。

### 1.1.2　城市通信系统划分及构成

不同城市及乡镇的通信系统相互连接，组成一个国家通信系统；不同国家的通信系统相互连接，形成全程全网的全球通信系统。城市通信系统是为城市生产、生活等提供信息交流与传递服务的多种多类设施的组合，也是一个国家通信系统的最重要组成部分。

**1. 系统划分**

城市通信一般划分为实物通信（早期的邮政通信）和电通信，而电通信又包括无线通信和有线通信，实物通信、无线通信、有线通信共同组成现代城市通信的主体。近 30 年来，电通信由于具有迅速、准确、可靠等优势，且随着技术的突飞猛进变革，得到了飞速发展和广泛应用；其中，有线通信因光纤、交换、网络等技术进步，在前 15 年时间呈现高（快）速发展，近 15 年增长速度适当放缓；而无线通信因移动通信技术进步，在近 15 年左右呈现高（快）速发展，成为通信市场发展的主要力量；两者共同推动通信行业持续近 30 年的快速增长。

**2. 实物通信系统的构成**

实物通信是指身处两地的人通过实体通信网传送实物的通信方式；实物通信系统由分拣场所、运输线路、服务网点组成，并按照一定的原则和方式运行。尽管电通信逐步挤压实物通信的发展空间，传统邮政业务日渐萎缩；但在电子商务横空出世后，快递业务呈现欣欣向荣的发展态势，伴随市场全面开放，快递业务逐渐发展成为新型业态。邮政通信是早期实物通信的主体，因邮电改革和快递业务市场化，且需承担实物通信的普遍服务职能，逐步演变为比较特殊的行业；对邮政通信系统而言，其系统由分拣场所、邮路、邮政支局（所）组成。

**3. 无线通信系统的构成**

无线通信是指通过无线电磁波来传输信息的通信方式；根据工作频段或传输手段分类，无线通信可以分为中波通信、短波通信、超短波通信、微波通信和卫星通信等。无线通信系统由发送设备、接收设备、无线信道三大部分组成，发送设备位于发射台（站）内，将调制后的信号发送出去，按照电磁波的传输特性传送至接收设备（无线终端），由接收设备解调后还原为原信号。无线通信的具体应用有无线广播、无线电视、移动通信、电磁环境监测等，较常见的无线发射台（站）有中波及短波广播发射台、调频广播及无线电视发射台、中继差转站等，较常见的无线接收台（站）有手机、对讲机以及监测站。无线广播电视发射台（站）主要建于 20 世纪 60～70 年代，而移动通信则经过从 1G 到 2G、3G、4G、5G 的演进过程；另外，电磁监测主要是因为城市电磁环境日趋复杂后，出于对重要目标监管而出现。值得指出的是，城市广播电台、电视台是广播电视节目源的制作和演播中心，属于城市公共服务设施，与发射台（站）是城市市政基础设施属性不同。

**4. 有线通信系统的构成**

有线通信是指通过金属导线、光纤等有形媒质传送信息的通信方式；按照常规主导业务分类，有线通信网一般包括电信固定网、数据通信网、移动通信网和有线电视网，其中数据通信（含计算机网络）与其他三类网络相互融合。有线通信系统由局端设备、传输媒介、用户终端设备三部分组成。因有线通信系统覆盖广泛、业务多样、网络庞大、设备复杂，局端设备及传输媒介又分为多个层次；局端设备位于通信机楼内，通信机楼有枢纽机楼、中心机楼、一般机楼等，传输媒介因功能不同可分为长途线路、局间中继线路、用户接入及汇聚线路等。因此，有线通信系统可进一步表述为：由枢纽机楼及其线路、中心（一般）机楼及中继线路、接入设施及汇聚和接入线路等组成。多家运营商的多种城域网并存、不同功能的通信机楼和数量众多的通信机房分散布置在城市不同区域，促使不同层次的通信线路汇集在不同城市道路上，每条城市道路的通信线路可能含有长途、中继、汇聚、接入等多种功能的线路，这是通信行业比较独特的特点，也是规划通信线路路由、通信管道、缆线管廊等基础设施时，需要高度重视的涉及通信安全的重要内容。

与无线通信相比，有线通信具有受干扰较小、可靠性高、保密性强等特征，但建设费用较高。随着互联网出现以及 TCP/IP 广泛应用，以计算机为代表的信息技术对通信行业产生巨大影响，通信网络逐步由点对点的通道连接向分组数据和 IP 化的虚拟连接转变；通信系统利用信息技术更加高效，信息传输也依赖通信网络，信息通信逐步形成相互依赖且共生的系统。随着大数据、云计算、智慧城市等技术发展，信息通信系统涵盖内容日趋庞杂，应用也日趋广泛，先进技术及虚拟化管理手段使得通信机楼内交换设备逐步向路由器、服务器、资源池转变，与数据中心、云计算资源中心内的计算机设备日趋接近，城市公共基础设施与市场化的基础设施之间界限日趋模糊，通信机房与信息机房也是如此，从而对通信基础设施规划提出技术挑战。

## 1.1.3　城市通信设施和通信基础设施的区别与联系

广义上讲，通信系统的局端设备、接入设备与通信机楼、通信机房，基站与基站站址，通信线路与通信管道，无线发射设备及发射台（站），监测设备以及监测站，都可以通称为城市基础设施，是城市通信系统的有机组成部分，也是我国提出"网络强国"战略、"大数据"战略、"宽带中国"战略的有力支撑者。为了更加系统地推进城市通信基础设施建设和更好地开展城市基础设施规划，结合城市规划建设的特点，城市规划行业将上述设施进一步细分为城市通信设施和城市通信基础设施（具体参见图 1-1），并根据两者的规划建设特征而采取差异化的推进策略。

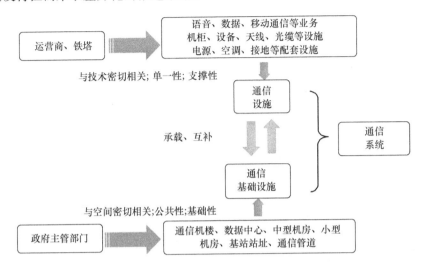

图 1-1　通信设施和通信基础设施关系图

### 1. 城市通信设施

城市通信设施是指与具体通信过程相关的设施，与技术关系更加密切；既包括邮政通信的分拣设备和运输设备，无线通信的各类发射、接收和监测设备，也包括有线通信的局端设备、传输设备、接入设备以及长途线路、中继线路、汇聚线路和接入线路，基站的物理站、逻辑站等。此类设施的规划建设主体是通信主导运营商，主管部门是工业和信息化部及下辖的通信管理局；由于信息通信技术更新快，各运营商根据自身网络情况和城市开发建设时序而编制规划，规划年限一般为 1～3 年，并按年滚动更新。

### 2. 城市通信基础设施

城市通信基础设施是指承载或支撑通信设施正常运行的局房（台站）和通道等设施，其空间特征更加明显，与城市规划建设行为更加密切；既包括邮政通信的邮区中心局、转运中心、邮政局所等，无线通信的广播和电视发射台（站）、监测站等，也包括有线通信的枢纽机楼、中心机楼、一般机楼以及通信管道、通信线路架空路由、通信通道（廊道），基站的空间站址等。此类设施的规划主体是城市规划主管部门和信息化主管部门，通信机楼和发射台等单独占地的大型设施的建设主体是通信运营企业，通信机房、基站机房等附设于建筑内的小型设施的建设主体是地块开发商。此类设施与城市空间关系密切，开展通信基础设施专项规划和配套通信工程规划时，其规划年限与城市总体规划年限相同，一般为 10～25 年，即使近期建设规划的年限也有 5 年，必要时可按 5 年周期进行修编。

### 3. 两者的区别及联系

通信设施依赖通信基础设施，通信基础设施为通信设施正常运行提供保障，两者相辅相成，既有区别又密切相关。通信设施一般紧随技术进步和市场发展需要而进行设备改造、线路替换，其设置规律与当前技术相关，也是通信基础设施规划建设的前提条件；但通信设施建设行为和建设规模易受技术更新和运营商发展战略、财务状况等发生变化，甚至取消建设。通信基础设施因承载通信设施而与通信技术间接相关，通信技术发展和通信设备变化积累到一定程度也会引起通信基础设施改变，如通信机楼的设置规律在近10年发生了较大变化，通信机房、基站的设置规律在近5年时间内也发生十分明显的变化；通信基础设施的设置规律因通信技术快速发展而不断演进、变化，这是通信基础设施的独特特点。当前通信设施又面临需要总结或更新设置规律、技术标准，考虑通信基础设施规划年限长、建立标准过程漫长、更新难度大，需尽量提高标准（规律）的适用性，应对技术变化带来的不确定，并留有一定的发展弹性。

### 1.1.4 城市通信基础设施的分类

综合现代通信的分项类别及主要特征，城市通信基础设施可粗略地分为邮政通信基础设施、无线通信基础设施、有线通信基础设施三大类；其中，无线通信基础设施以无线发射（接收）的台（站）为主，有线通信基础设施包括通信机楼、通信机房、通信管道等；上述基础设施均与城市空间和工程建设相关，相关分类参见图1-2。

结合三大类通信基础设施的分项内容以及分项之间的关系，城市通信基础设施可细分为邮政通信基础设施、无线通信基础设施、通信机楼和通信机房、公众移动通信基站、通信管道及通道五个分项；各分项包括的内容及相关情况如下：

**1. 邮政通信基础设施**

指支撑邮政通信发展和正常运行的邮政局所设施。城市邮政基础设施包括分拣场所、转运站、邮政支局、邮政所，分拣场所和转运站是行业专业场所，邮政支局和邮政所是面向用户的服务网点；因邮件转运的技术需要，多个城市可能被划分在一个邮区范围内，在一级或者二级或者三级邮区内中心城市（大城市、特大城市、超大城市）还需要设置不同级别的邮区中心局。城镇、乡村内邮政基础设施以邮政服务网点为主。

**2. 无线通信基础设施**

指承载无线发射或接收设备的无线场（站）设施，一般包括无线广播、无线电视发射台和无线电监测站等单向通信的设施，此类设施的占地面积大、其内设备功率大，但场站数量较少（一座城市一般一座或者几座），对城市空间布局有一定影响；此类设施可布置在海拔高程较高处或者城市边缘（城镇、乡村）。另外，微波通道及卫星地球站、专业雷达站等无线通信设施，对城市用地布局、空间形态、建筑高度有一定影响，一般也需纳入无线通信基础设施范畴。

**3. 通信机楼和通信机房**

指承载通信局端设备和接入设备的局房设施，是有线通信基础设施的重要组成部分，一般包括通信机楼、通信机房两种基础设施。通信机楼及通信机房对应的城域网有电信固定网、移动通信网、有线电视网、数据通信网等公共通信网，每种城域网都需要通信机楼、通信机房。

对于大型城域网而言，通信机楼既有服务于城市之间的枢纽机楼，也包括服务于本地的枢纽机楼、中心机楼、一般机楼，不同功能的通信机楼分布在城市不同业务重心或地理中心位置；中小型城域网（如移动通信网、有线电视网等）的多种功能通信机楼可能集中布置在一起，统称为综合机楼。通信机楼以单独占地、分散布置在不同业务中心为主；城市通信机楼由多家通信运营商的相互独立需求叠加而成。对于城镇而言，可能因历史发展留存一般通信机楼；而乡村以建设通信机房为主。

通信机房是多种城域网在建筑物内的共同需求，可分为中型机房和小型机房，中型机房以服务汇聚业务为主，小型机房以服务建筑为主。不同功能城域网因网络的业务、功能、结构的不同，对机房需求的数量和位置略有不同，需要以小区或建筑物为单元进行综合统筹。通信机房以附设于建筑物内、集中布置为主，城市通信机房需求由多家通信运营商的相互独立需求叠加而成。城镇、乡村都需要通信机房，但数量和规模远小于城市。

**4. 公众移动通信基站**

基站是一种双向通信的小型无线通信设施，含公众移动通信基站和公安、气象等专业部门的基站，前者是城市通信基础设施规划研究的主要对象；公众移动通信基站虽是体量和设备功率均小的小型站址，但数量十分庞大、类别多、建设方式灵活，纳入城市规划建设的难度大、挑战多，适合作为独立的研究对象。另外，基站的局端设施布置在移动通信机楼内，基站与通信机房一样属于接入设施，适合按接入设施层级来研究。城镇、乡村的基站数量及密度远小于城市。

**5. 通信管道及通道**

通信管道是多种城域网在城市道路中公共敷设通道，承载的城域网包括电信固定网、移动通信网、有线电视网、数据通信网等公共通信网，以及政务、军队、公安、铁路等通信专网。通信管道可分为骨干、主干、次干、一般、接入等层次的管道，不同层次管道的容量存在差异；通信管道一般附设在道路内，以集中布置为主。通信线路除了敷设在通信管道外，也可采取架空方式敷设，这种情况下通信基础设施的表现形态为通信线路架空通道；通信线路也可敷设在综合管廊或缆线管廊内，这种情况下通信线路通道与其他市政通道共用通道；当通信管道容量较大时，还可以建设专用地下通信通道，如通信机楼的出局管道或通信机楼的周边管道。

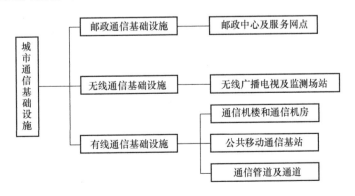

图 1-2　通信基础设施分类图

## 1.2 城市通信系统发展回顾

### 1.2.1 中国邮电改革历程

在 20 世纪 80 年代，随着中国对能源、通信等基础领域的倾斜政策支持，通信市场出现持续快速增长的状况，也由此拉开邮电（电信）改革的历程。我国邮电（电信）改革与世界电信发展的潮流一样，都是逐步放松电信管制，特别是邮政、电信分营后，在遵循政企分开、破除垄断、鼓励竞争、促进发展和公开、公平、公正的原则下，经过多次改革和重组，已基本形成中国电信、中国移动、中国联通、中国广电四个国家级基础电信业务运营商平等竞争的局面[1]。每家运营商都自建城域网，但前三家运营商的经营业务都是固定电话、移动电话、数据等业务，中国广电经营业务主要是广播、电视、数据业务；按照三网融合的发展趋势，四家运营商的业务还将进一步融合。邮政、电信、广电三个行业的改革情况参见图 1-3。

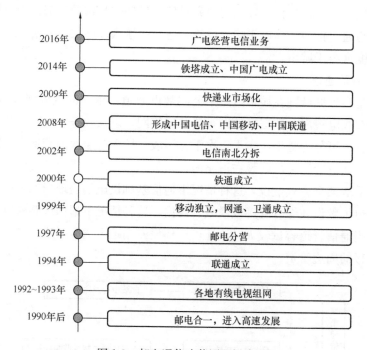

|  |  |
|---|---|
| 2016年 | 广电经营电信业务 |
| 2014年 | 铁塔成立、中国广电成立 |
| 2009年 | 快递业市场化 |
| 2008年 | 形成中国电信、中国移动、中国联通 |
| 2002年 | 电信南北分拆 |
| 2000年 | 铁通成立 |
| 1999年 | 移动独立，网通、卫通成立 |
| 1997年 | 邮电分营 |
| 1994年 | 联通成立 |
| 1992~1993年 | 各地有线电视组网 |
| 1990年后 | 邮电合一，进入高速发展 |

图 1-3 邮电通信改革历程概略图

**1. 邮政行业改革**

邮政行业共有两次重大改革，第一次是 1997 年 1 月的"邮""电"分营改革，是通信行业的标志性事件，将实物通信和电通信彻底分离，为两个行业发展奠定基础。第二次是快递业务全面开放，持续过程较长，从 2005 年 7 月国务院原则通过《邮政体制改革方案》，到 2009 年 10 月颁布《快递业务经营许可管理办法》，正式对社会开放快递业务。两次改革将有活力的新型业务或市场化特征明显的业务分离出去，邮政主导业务范围逐步缩小，也基本形成了邮政行业必须承担社会普遍服务义务的格局。

**2. 电信行业改革**

电信行业共有四次重大改革：第一次是 1994 年 7 月，原电子部联合铁道部、电力部及广电部成立了中国联合通信有限公司，开始改变国内电信市场独家垄断的局面，这一年也成了中国电信体制改革的起点。第二次是 1999 年 2 月，中国电信拆分成新中国电信、中国移动和中国卫星三家公司，随后政府又向网通公司、吉通公司和铁通公司颁发了电信运营许可证；电信市场共出现了中国电信、中国移动、中国联通、网通、吉通、铁通和中国卫星通信等七家电信运营商。第三次是 2002 年 5 月，中国电信被实施南北分拆，北方的中国网通集团整合了原来的吉通和小网通，移动通信进入持续高速发展阶段。第四次是 2008 年 5 月，中国电信收购中国联通 CDMA 网，中国联通 G 网与网通集团合并，中国卫通的基础电信业务并入中国电信，中国铁通并入中国移动，初步实现三家运营商实力基本相当、平等竞争的格局；工业和信息化部随后向三家运营商颁发 3G 牌照。

另外，电信行业还出现一次较大的变化，即在 2014 年 8 月，中国移动、中国联通和中国电信共同出资设立中国通信设施服务股份有限公司（俗称为"铁塔公司"），专门建设室外宏基站和公共场所的室内分布系统，减少基础设施的重复建设；此次变化主要对基站建设产生影响，尚未触及电信业务的改革。

综合而言，电信行业改革基本形成三家运营商平等竞争的格局，在破除垄断、促进市场、有序竞争之间找到了新的平衡点，并促进通信基础设施共建共享。

**3. 广播电视行业改革**

自 1992～1993 年各省市组建有线电视网以来，广播电视分为无线广播电视和有线广播电视两类，因承担宣传、娱乐、通信等多种功能，是通信领域内较特殊的行业，改革次数相对较少，力度相对较弱，持续时间较长。国务院常务会议于 2010 年 1 月决定加快推进电信网、广播电视网和互联网三网融合，试点主要在少数大城市开展；2014 年 4 月国务院批复组建中国广电；2016 年 5 月工业和信息化部向中国广电颁发《基础电信业务经营许可证》，中国广电成为第四个基础电信业务运营商。

目前，改革还在继续，中国广电还面临整合全国各城市广播电视业务和资产的艰巨任务，中国广电与其他三家电信运营商完全对等竞争的局面还有待时日，广电网络还将在一定时间继续作为特殊网络而存在；但在部分超大城市三网融合已基本实现；历年的改革情况参见表 1-1。

我国邮电改革历程概况表      表 1-1

| 时间　＼　行业 | 邮政 | 电信 | 有线电视 |
|---|---|---|---|
| 20 世纪 90 年代 | | | 1992～1993 年，有线电视组网 |
| | | 1994 年联通成立 | |
| | 1997 年邮电分营 | | |
| | | 1999 年移动分离，网通、卫通成立 | |

续表

| 时间 \ 行业 | 邮政 | 电信 | 有线电视 |
|---|---|---|---|
| 21 世纪 10 年代 | | 2000 年铁通成立 | |
| | | 2002 年电信南北分拆 | |
| | | 2008 年"五合三"重组 | |
| | 2009 年快递业市场化 | | |
| 21 世纪 20 年代 | | 2014 年铁塔成立 | 2014 年中国广电成立 |
| | | | 2016 年广电经营电信业务 |

### 1.2.2 通信技术发展回顾

近十多年来，半导体集成技术飞速发展，使得电子产品的集成度持续提高，计算机的计算性能每 18 个月翻一番，带动通信技术及通信设备也快速发展，相关通信设备的体量不断减小，对通信机楼的核心机房面积需求也逐步减小（约减少 40%～60%）；同时带来通信设备对用电负荷的急剧提高（约提高 3～5 倍）。

在电子集成技术发展的背景下，随着传输介质由电缆向光缆转变，在通信传输领域出现革命性变革，也推动通信技术、通信设备的快速发展。比较常见的通信技术有交换、数据、移动通信、有线电视以及传输等分项技术，这些通信技术又与互联网及信息技术密切相关，且深受互联网技术影响，并与之不断融合，促进信息通信共同阔步向前发展。

**1. 传输介质与传输技术**

（1）光纤及光缆

光纤是一种传输介质，给通信行业带来了革命性变化，支撑通信系统容量飞速增长，使有线传输技术及通信机楼机房组网原则发生重大改变。光纤大约于 20 世纪 90 年代初中期开始在中国大规模商用，随着传输容量提升和价格下降，其应用日趋广泛，光纤现已成为有线通信传输的最主要传输手段。尽管光纤大规模商用仅有 20 多年历史，也已经历短波长多模光纤、长波长多模光纤和长波长单模光纤三代；目前，一根光纤的传输能力是 30T（1T＝1000G），每根光缆有几十甚至上百根光纤，与铜质电缆相比，光缆传输容量已提高了近千万倍；接入层的中低速传输速率（如 2.5Gb/s，1550nm）的无中继距离至少可达 100km，也比电缆提高上百倍，极大提高了通信传输网的组网能力。当然，采用高容量的光纤可能会带来配套设备价格过高、整体成本大幅上升等不利情况；使用什么样容量的光缆与光缆组网要求、城域网的数量和业务模数、设备复用要求、配套传输设备的价格等因素相关，需要综合考量。

（2）传输技术

随着传输介质由电缆向光缆变化，传输网络也由放射枝状网向环状和环网叠加的主流方向演变，也成为公共城域网和大型通信专网的共同选择。自光纤于 20 世纪 90 年代大规模商用以来，尽管光缆传输的拓扑结构未出现大的变化，但依托光缆的传输技术也经历了三代演进，第一代为 20 世纪 90 年代的准同步数字（PDH）、数字同步（SDH）等光通信技术，第二代为 21 世纪初的波分复用（WDM）、密集波分复用技术（DWDM）技术，上述两代技术均在光电交换范围改进；第三代是最近几年投入使用的光传输网（OTN）、自动交换光网络（ASON），具备了直接光传输和光交换能力；三代技术演变，促进网络传输容量提高几十倍。整体而言，即使通信主导业务出现多元化需求，电信基础业务运营商的数量也增加到 4 个，传输容量提高几十上百倍，但采用光缆后，通信机楼局端及周边对管道的需求减少 30％～50％，而大部分道路的管道容量提高 2～4 倍，用户接入端的管道需求也增加 2～3 倍。

**2. 通信技术**

（1）交换技术

电话交换技术在中国约有近百年的历史，先后经过磁石式程控交换机（约 1915 年开始大规模使用）、共电式程控交换机（约 1930 年开始大规模使用）、步进制程控交换机（约 1940 年开始大规模使用）、纵横制程控交换机（约 1978 年开始大规模使用）、数字程控交换机（约 1985 年开始大规模使用）、IP 软交换机（约 2005 年开始大规模使用）等 6 代技术演变，目前已全部转换为软交换。与传统交换机的封闭系统结构相比，软交换机将呼叫控制与媒体业务分离，建立开放的系统结构，更便于通过软件实现全网数据的统一管理，实现与 IP 网络、开放的业务接口和新型业务应用层相连。同时，由于软交换机将硬交换机的多种功能分离到不同的节点，交换机容量提高 3～6 倍，单座机楼容量可达到 100～200 万门，决定了通信机楼"少局址、大容量"的组网原则。

（2）数据网络技术

数据通信在中国是近 40 多年逐步发展起来的新业务，先后经历了报文交换、分组交换、ATM 交换、IP 网等四种技术演变；目前，数据传输已由 IP 网主导。基于 TCP/IP、Web、万维网、浏览器等技术结合，Internet 网络取得巨大成功，并以惊人的发展速度在全世界普及，IP 网络技术成为电话网、计算机网、电视网等公共网络和各种专用通信网共同接收的技术，也成为未来综合信息网络的支柱技术。

（3）移动通信技术

移动通信在中国是近 30 多年逐步发展起来的新业务，在技术上先后经历了 1G 引进、2G 跟随、3G 突破、4G 同步、5G 引领的发展历程。1G 是模拟蜂窝网系统，约 1987 年开始在中国大规模使用；由于采用模拟调制易被窃听，且容量有限，现已全面退网。2G 是数字蜂窝网系统，约 1992 年开始在中国大规模使用；由于采用数字调制技术，极大地提高系统的容量和性能，从而快速推动移动通信在全世界普及；有 GSM 和 CDMA 两种制式，两种制式不兼容，以数字语音传输技术为核心。3G 是宽带蜂窝系统，约 2008 年开始在中国大规模使用；由于提高数据传输速率和多媒体应用，促进流量飞速发展，而智能手机的出现，更加速了各种多媒体应用；有 WCDMA、CDMA2000、TD-SCDMA 三种制式，三种制式不兼容，以非对称数据业务传输为优势。

4G 是正在使用的高速宽带蜂窝系统，拥有庞大用户群，约 2014 年开始在中国大规模使用；由于能够提供定位定时、数据采集、远程控制等综合功能，是宽带接入 IP 系统，可以在任何地方用宽带接入互联网；有 TDD-LTE、FDD-LTE 两种制式，以高速提供数据业务为优势。2G、3G、4G 三套系统目前同时运行，但以 4G 为主；相比 2G、3G，4G 使用高速、高密度的无线基站覆盖方案，基站覆盖半径距离减少，基站数量增加。

（4）有线电视技术

有线电视在中国是 20 多年逐步发展起来，顺应光纤等技术变革而生，在技术上经历了模拟、数字、高清等阶段。由于广播电视是信号单源制，就广播电视传输而言，三个阶段的广播电视传输方式均采用分支分配系统；受互联网及 IP 网发展的影响，有线电视网由单向网改造为双向网，满足数据业务、视频点播的新型业务的需求，向综合信息网方向演变。

### 1.2.3 通信基础设施的需求特征

邮电改革的宏观背景对通信行业的影响巨大，也影响通信基础设施布局。城市通信基础设施因承载通信设备和通信缆线，也与通信技术及通信介质密切相关；当出现重大技术变革或小变化积累引起大变化时，基础设施布局规律也会受到影响。与水、电、气等基础设施相比，通信基础设施的需求具有以下独特特征。

**1. 内涵不断拓展，设置规律易出现变化**

与通信技术快速迭代更新、通信网络规模逐渐增大、通信分项内容不断扩充相对应，通信基础设施的内涵也不断拓展；从邮电合一时代到多家运营商平等竞争，再到信息通信并存发展时代，通信基础设施已形成由邮政转运中心及局所、无线广播电视发射及有线广播电视中心和分中心、多种通信机楼及多类通信机房、多种基站、多种智慧设施、多层次通信管道组成的庞大系统。随着 5G 大规模商用、人工智能、智能制造、智能社区、智慧城市等新型业态不断涌现，城市通信基础设施的内涵还会发生变化。不同时代通信基础设施内容及演变分析参见图 1-4。

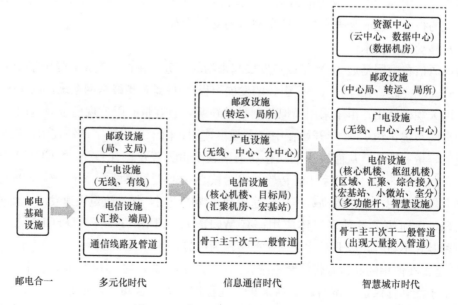

图 1-4　通信基础设施内容演进分析图

　　无论交换、数据，还是移动通信、互联网及信息技术，在 5～15 年时间内均出现十分明显的变化，对通信机楼、通信机房的组网原则均产生影响，从而影响通信基础设施的设置规律和布局；因通信行业技术含量高、迭代更新快，总结通信基础设施规律时需先了解和熟悉相关技术，基础设施设置规律的技术含量也相应较高。另外，随着光缆的广泛使用，网络重心不断下移，对接入网络和通信机房更加依赖，而 5G、边缘计算、云计算等新技术出现，对基站、通信机房等基础设施的设置规律也会产生较大影响。

**2. 需促进多家运营商平等竞争和满足多种城域网需求**

　　四大电信基础业务运营商的发展历程有差异，其主导业务、城域网功能也会略有不同，采用的通信设备和技术也不尽相同；但平等竞争是四家运营商的共同需求，这也是中国通信改革的基本目标。作为承载或支撑通信设施的基础设施，也需要促进多家运营商的平等竞争，特别是面向用户的接入基础设施，其布局、功能、大小、建设方式以及维护、管理等政策，更需要如此，以促进运营商平等竞争，并让用户自由选择运营商。

　　电信基础业务运营商有 4 家，对应的公共城域网也有 4 家，通信专网也有 3～5 种，每个城域网都需要城市基础设施。由于公共城域网与通信专网之间、四种城域网之间、每种城域网功能和主导业务之间都有差异，通信机楼与通信机房、独立占地设施和附设式设施、基站和通信管道等都有自身不同要求，使得部分基础设施（如通信机楼）需求相互独立，部分基础设施（如通信机房）需求呈现叠加。通信基础设施的公共属性要求开展规划研究时，需针对不同城域网和基础设施的特点和要求，满足所有城域网的差异化需求。

**3. 与宏观政策关系密切，也需要公共政策引导**

　　通信是各国政府重点管控的行业，中国电信基础业务运营商以及基础设施服务商都是特许经营或特批，运营商的数量、主导业务与通信改革、政策和法规等密切相关，也因此决定通信行业的基本状况，这也是城市通信基础设施规划工作开展的前提条件。从中国 20 多年改革情况来看，信息通信行业的改革比其他基础设施行业频繁，今后可能还会出现改革，这也直接决定通信基础设施与宏观政策密切相关的特点。

　　正因为通信行业存在多家运营商平等竞争的特点，城市通信基础设施的规划、建设、管理也会出现大量需要协调统筹的事情，特别是多家运营商同时有需求时问题就更加突出，通信机房、通信管道、基站等接入基础设施就是如此。另外，此类设施又与城市规划、地块开发建设、市政工程建设等密切相关，也涉及四家运营商平等获取资源等，迫切需要公共政策引导，如基础设施管理办法、接入基础设施规划设计标准、管道使用价格指引、机楼和机房价格指引等。

## 1.3　城市通信基础设施规划方法

　　城市通信基础设施规划一般分为专项规划和配套规划两种。

　　前者是以通信基础设施为主体开展的单项专业规划，规划范围、规划内容和规划深度根据甲方意图和管理目标而定，规划范围可以是城市辖区、行政辖区，也可以是某个指定的特殊功能区域；规划内容可以是偏重宏观的大型通信基础设施，也可以是偏重微观的小型通信基础设施。规划范围较大时，重点确定大型基础设施的体系、布局和规模；规划范围较小时，重点确定小型接入基础设施的布局和位置，并指导建设。

后者是与总体规划、详细规划等法定规划同步开展的通信工程规划，规划范围由法定规划确定，现行的技术标准规范对规划内容有较明确规定，总规阶段以确定大型通信基础设施布局为主，详细规划阶段以落实通信基础设施为主。一般而言，专项规划的系统性更强、深度更深，通信业务、通信机楼及通信机房、通信管网之间形成完整的整体，必要时还编制管理政策等研究专题，而配套通信工程规划在局所设施的落实上更加可靠。

鉴于通信技术含量高、发展变化快，通信基础设施的内容也在不断拓展，如基站、通信机房就是近年新出现的基础设施，新技术对通信机楼、通信管道的建设要求也出现较明显的变化。同时，绝大部分城市较少开展各类通信基础设施专项规划，国内通信基础设施规划尚未形成较成熟稳定的规划方法和规划措施，配套的管理政策也极度缺乏。因此，当前更需要通过通信基础设施专项规划和专项政策研究，总结共性的规划方法和策略，探讨不同类别基础设施的规划方法，科学合理地促进通信基础设施建设。

## 1.3.1 规划主要任务

规划的基本出发点是以现行通信技术为支撑，依托城市规划和市政基础设施建设的平台，促进通信基础设施有序建设。

规划的主要任务有两项：一是从城市规划角度确定通信机楼及通信机房等局站基础设施的空间布局、数量及建设规模，落实通信基础设施的空间位置及大小（用地面积、建筑面积），明确特殊通信基础设施的防护范围或与城市空间的关系（有必要时开展）；二是从城市市政基础设施建设角度确定通信管道（通道）等管线基础设施的位置、容量及规模，明确其对相关基础设施的建设要求。

## 1.3.2 规划目的及原则

### 1. 规划目的

根据国家对信息通信战略定位及行业发展要求，分析城市通信基础设施规划建设管理过程中存在的问题，以目标导向和问题导向为主线，总结通信基础设施的设置规律，探寻科学合理的规划方法和措施，将通信基础设施有效纳入城市规划建设，并针对通信行业的特殊性，建立配套适应的管理政策。

### 2. 规划原则

（1）功能主导

由于信息通信类技术变化较快，需要从技术发展和功能要求的角度来仔细研究通信基础设施的需求；各种功能的通信机楼、各种类别的通信机房、多种建设形式的基站、全程全网的通信管道及通道，都是功能性较强的基础设施；开展规划时首先需要坚持功能主导原则，把握技术发展趋势和主要脉络，满足各类通信基础设施的功能要求，促进通信行业持续发展。

（2）因地制宜

因地制宜是市政基础设施规划遵守的共同原则，通信基础设施也是如此，无论是邮政设施、通信机楼、无线广播电视发射站及监测站，还是通信机楼、通信管道，都需要根据片区的功能、定位及土地利用规划，有针对性开展通信基础设施布局，而基站还跟城市建筑形态及周边建筑相关；对于近期建设的基础设施，更需要根据开发建设的时序来统筹规划。

（3）适度超前

适度超前是市政基础设施规划遵守的共同原则，对于通信基础设施更应如此。由于通信技术迭代更新的时间间隔较短，有些技术变化可能会影响设置规律的变化，因此，在总结设置规律时，应适度超前地留有一定的发展余地；另外，城市规划建设的周期长，基础设施建设完成后应用的时间长，且实时通信的要求使得通信基础设施改造难度大，有必要在可预知的技术基础上，按照适度超前的原则，高标准地开展通信基础设施规划。

（4）共建共享

多家运营商平等竞争和多种城域网叠加需求对通信基础设施规划提出挑战，而城市空间不可能预留多套通信基础设施来满足发展需求，因此，开展通信基础设施规划时，需坚持共建共享的原则，以公共需求为导向，对基础设施进行统筹布局，特别是对多家运营商在同一地点有共同需求的设施（如通信机房、基站站址）和必须在指定位置集中建设的设施（如通信管道）更应如此。

### 1.3.3　主要政策法规和技术规范标准及解读

#### 1. 主要政策法规解读

工业和信息化部是信息通信行业的主管部门，通信行业的大部分政策由工业和信息化部发布，重要政策由工业和信息化部联合其他部委一起发布；各省、城市政府主管部门一般转发执行。近几年，国家重要战略由中共中央、国务院直接在重要文件中明确，全国落实执行。与通信基础设施规划建设相关的主要政策、法规如下：

（1）国家战略

1）《国务院关于印发"宽带中国"战略及实施方案的通知》（2013 年 8 月）；

2）《中共中央关于制定国民经济和社会发展第十三个五年规划的建议》（2015 年 11 月）。

解读：这两个文件分别由中共中央和国务院发布，是中国十分重要的政策文件，共涉及三个国家战略和一个行动计划，即网络强国战略、国家大数据战略、宽带中国战略、"互联网＋"行动计划。党和国家充分意识到发展信息通信对城市和社会的意义和作用，出台三个战略和行动计划，这不仅仅是因为行业本身重要和需要重点支持，而且能带动新兴产业、网络经济的发展壮大，并成为促进中国跻身世界强国的重要措施。尽管与三个战略直接相关的是光纤、网络等信息通信设施及延伸的大数据等内容，但这些都需要城市通信基础设施支撑。

（2）重要政策

1）《关于推进电信基础设施共建共享的紧急通知》（工信部联通〔2008〕235 号，二

部委);

2) 国务院常务会议于 2010 年 1 月决定加快推进电信网、广播电视网和互联网三网融合;《关于推进光纤宽带网络建设的意见》(工信部联通〔2010〕105 号,七部委);

3)《关于推进第三代移动通信网络建设的意见》(工信部联通〔2010〕106 号,八部委);

4)《关于促进智慧城市健康发展的指导意见》(发改高技〔2014〕1770 号,八部委);

5)《关于加强城市通信基础设施规划的通知》(建规〔2015〕132 号,二部委)。

解读:上述五个重要文件均是多个国家部委联合发布,针对通信行业的战略地位、特点和急需解决的问题而颁发,突显信息通信行业是与多个行业(领域)相关的支撑性行业。其中,第 2)、3)、4) 个文件与信息通信设施和行业发展密切相关,对当时基础设施规划也产生重要影响,深圳市开展通信接入基础设施研究就是在第 2)、3) 个文件颁布后开展的。第 1)、5) 两个文件与通信基础设施密切相关,特别是第 5) 个文件对通信基础设施规划产生重大影响,全国多个城市首次开展通信基础设施专项规划,就是在这个文件的推动下开展;该文件直接明确了通信基础设施包含的内容,也明确了各类城市完成专项规划的时间;与 2013 年颁布的《城市通信工程规划规范》相互呼应,共同形成指导通信基础设施规划建设的最权威指导文件。

(3) 法律

《中华人民共和国电信条例》(2016 修订)。

解读:《中华人民共和国电信条例》是《电信法》出台前的行业最高法规,主要明确政府、运营商、社会的权利和义务。尽管在 2016 年做了修订,但与修订前的版本内容大部分是相同的;关于通信基础设施的内容有两条:一条是电信运营商都有建设通信管道的权利;一条是电信运营商可在现状建筑上建设基站,但必须事先告知业主,缴纳使用费。需要指出的是,《电信条例》关于"电信运营商在现状建筑上建基站的权利"的表述与《物权法》不一致,《物权法》的法律效力高于《电信条例》。

**2. 主要技术规范标准解读**

技术规范是各城市开展通信基础设施规划的最主要依据,除了国家级规范外,还可由各省、城市主管部门颁布技术指导文件,在适用范围内应用,但不同城市的技术标准差异性比较明显;另外,大部分城市都有自己的规划标准与准则,仅选取有代表性的城市进行介绍。

(1) 国家级规范

1)《通信管道与通道工程设计规范》GB 50373—2006;

2)《住宅区和住宅建筑内光纤到户通信设施工程设计规范》GB 50846—2012;

3)《城市通信工程规划规范》GB/T 50853—2013;

4)《综合布线系统工程设计规范》GB 50311—2016。

解读:上述四个规范为国家级规范,对通信设施、通信基础设施的规划设计起了重要推动作用。其中,第 1)、2)、4) 三项是设计领域的规范,第 3) 项为指导通信基础设施规划的规范,对通信基础设施的内容做了全面界定,内容偏重宏观层次的大型通信基础设施。规范之间的内容有交叉，如前述的 3 项设计规范也有确定部分通信设备间大小、通信管道容量等内容；规范之间的内容也存在空白，如城域网中多种通信机房以及大楼内通信机房、基站、通信接入管道等内容，基本处于空白；规范覆盖对象存在不完整现象，如光纤到户应是所有建筑都应执行的政策，却只针对住宅区和住宅建筑编制光纤到户的设计规范。

（2）省级及地市级技术标准

1）《深圳市城市规划标准与准则》（1997 版、2004 版、2013 版）；

2）上海市颁布《有线电视网络新建开发区规划标准》（2003 年）；

3）上海市颁布《移动通信室内信号覆盖分布系统设计与验收规范》（2006 年）；

4）上海市颁布《集约化通信局房设计规范》（2007 年）；

5）上海市颁布《公共建筑通信基础设施设计规范》（2008 年）；

6）《广州市控制性详细规划编制技术规定》（2012 年）；

7）山东省颁布《建筑物移动通信基础设施建设规范》（2016 年）。

解读：在省、市通信基础设施地方标准制订方面，深圳、上海两地城市政府主管部门做了较多工作。深圳市在 1997 年颁布本地城市规划标准，对通信工程规划的内容做出明确的规定，并在 2004 年、2013 年两版修订时，将通信基础设施专项规划、通信专题研究的内容纳入，如通信管道的体系和容量以及基站、通信机房等内容。上海市是国内最早成立信息化委员会（经济和信息化委员会）的城市，对信息通信的地位和作用认识比较清晰，也认识到通信基础设施的重要性，在 2003～2008 年期间出台通信基础设施的多个标准，在国内比较少见。广州市在 2012 年明确需要将基站在控规中规划落实，山东省则颁布建筑物内必须配套建设室内分布系统，并在工程建设管理中予以明确。

需要说明的是，由于各省市颁布技术标准的时间有差异，不同技术标准对同一项技术指标的规定存在差异，在设备小型化和城域网重心下移的过程中，有些基础设施的设置规律需要隔 5 年左右进行检讨和滚动更新。

### 1.3.4　规划重点难点分析

在分析重点难点之前，有必要对通信基础设施规划的行业状况进行分析；改变目前行业的不利状况，有助于更好地规划重点内容，化解规划难点。

**1. 行业状况分析**

自从《城市通信工程规划规范》于 2013 年颁布以来，城市通信基础设施规划的框架和内容基本形成，整体状况正在慢慢改善；在住房城乡建设部于 2015 年发布《关于加强城市通信基础设施规划的通知》后，较多城市首次开展通信基础设施专项规划；但总体情况不容乐观，与网络强国、宽带中国、大数据等国家战略要求还有明显差距，与信息通信设施在城市中发挥的重要作用相比也存在较大反差。

（1）尚未形成将所有通信基础设施纳入城市规划的共识

由于通信基础设施内涵是在不断变化扩展之中，通信行业主管部门、规划行业主管人员、规划设计院等相关单位人员的认识也在慢慢变化；将通信基础设施纳入城市规划还受到技术标准、专业技术人员、编制费用等因素的制约，并需要完成从通信基础设施专项规划到配套通信工程规划的过程转变，这是一个比较缓慢的变化过程，城市通信基础设施规划尚处于整体预热状况。

按照城市规划建设的规律，即使通信基础设施（如基站、通信机房）纳入城市规划，到通信基础设施建设完成，需要 4 年及以上的时间（独立式基站通过其他方式可在 1～1.5 年内满足建设），且只限于新建建筑和地区，无法解决通信运营商在现状城区对基础设施的需求（这种需求比新建城区的需求更加急迫）。也正是无法完全依赖城市规划来解决基础设施建设，通信运营商仍延续早期通过市场化方式来建设通信基础设施的思维，对通信基础设施纳入城市规划的重要性，还处于急切期盼和观望之中。

（2）通信基础设施规划在城市规划中处于较边缘的状态

这主要由专业技术人员严重不足、实践机会太少、收费标准太低等因素决定。以作者团队对国内地级市（及以上）的城市规划设计单位了解，大部分规划设计院内从事通信基础设施规划的技术人员十分少，一般由电力规划人员兼做，这在一定程度上制约了通信基础设施规划的广度和深度。

从市场环境来看，由于《城市通信工程规划规范》颁布时间（2013 年）相对较晚，加上技术标准不完整，以及通信运营商延续市场化建设方式，各城市开展通信基础设施专项规划的实践机会太少；绝大部分城市从未编制过城市通信基础设施专项规划，即使在这方面做的较好的城市，一般只编制过通信管道、基站等分项规划（如深圳市开展过一些分项规划，但没有编制过全市性通信基础设施专项规划，对邮政、广电等设施也缺乏统筹），这反过来也制约从事通信基础设施规划的人数。

只有众多单位开展规划实践，更多的技术人员群策群力地贡献各自的思考和智慧（如同住房城乡建设部主推海绵城市规划一样），才能逐步改变通信基础设施规划的边缘化状况，达到支撑国家战略实现的目的。另外，由于通信基础设施的内涵一直在拓展，而规划设计收费标准却一直停留在 2003 年、2004 年的认识上，既忽视了《城市通信工程规划规范》对通信基础设施的分类界定，也没有考虑通信接入基础设施的独特性，以及近几年出现的新变化、新需求，收费标准脱离了实际需求，也制约了通信基础设施规划的开展。

**2. 规划重点**

通信基础设施规划的重点与前述规划主要任务相对应，一般围绕以下三个方面展开，但要做好这三个方面的工作，就需要开展基础资料调研、把握关键技术及发展趋势、总结各项基础设施的设置规律、预测主导通信业务、熟悉土地利用规划、了解城市空间特征、确定基础设施布局、落实基础设施具体位置、确定配套管理政策等工作。

（1）确定大型通信基础设施的规划布局

大型通信基础设施是指单独占地的通信机楼、发射场站等，此类基础设施要从城市中远期发展角度来考虑。对于通信机楼而言，需要综合通信业务、设置规律、城域网的发展需求等因素确定，数量相对较少；各通信运营商对近 1～3 年的需求相对比较清楚，而对中远期的需求相对比较模糊；值得注意的是，开展规划时还需要注意新建城区和现状城区的需求也有较大区别，新城城区可按新的组网原则来布局，而现状城区还要兼顾现状通信机楼、通信机房和可用土地的情况，解决技术滚动发展而遗留下来的问题。另外，城市还需要新建一些专业性十分强的大型无线通信场站，或者面临无线场站的位置改迁等；对于无线发射场站而言，需要结合城市的级别、辖区范围、地形地貌等因素确定，每类设施数量约为 1~2 处，因其功率大、电磁辐射强度相应较强，对城市空间布置产生影响；对于大型无线接收场站，对电磁环境也有较严格要求，需要确定防护措施。

（2）确定小型通信基础设施的详细位置

小型通信基础设施是指附设在其他建（构）筑物或城市公共空间内的通信机房、基站等，这是所有基础设施中比较独有的需求，具有类型新、数量多、分布广、建设方式灵活等特点。对于技术比较成熟稳定的水、电等基础设施而言，一般建筑设计技术人员很容易在建筑设计阶段确定为大楼本身服务的基础设施需求。

但对于通信基础设施而言，小型通信基础设施既包括为大楼本身服务的设施，也包括为周边建筑服务的设施；且通信机房、基站属于近几年需要在城市规划行业新增加的基础设施，技术含量较高，尚未形成较成熟稳定的规划方法；同时，最终方案与建筑总体布置、空间形态、建设时序、地下室建设方式等因素相关。因此，小型通信基础设施除了需要在控规、修规等阶段确定初步方案外，还需要在建筑方案设计阶段确定最终方案。从而，需要为小型通信基础设施定制规划设计路径，制定简单易行的技术标准，配套规划设计收费标准等措施。

（3）确定综合类通信管道及通道的建设规模和要求

通信管道与其他市政管道一样，一般与道路同步建设；但通信管道由一根根管道组成管束，便于扩容建设。与其他管道不一样的是，通信管道需要在一条管位上满足多家运营商的需求，而《电信条例》又赋予通信运营商建设管道的权利，故国内有两种建设管道的方式：一种是由政府或组建专业管道公司统一建设管道，一种是各运营商各自建设管道。这两种方式对管道规划有一定影响，特别是后一种方式，很容易出现多家运营商分别建设多条通信管道路由的不利状况，需要对管道建设进行统筹，需要确保通信管道路由符合《城市工程管线综合规划规范》的要求。

**3. 规划难点**

尽管通信基础设施在现代化城市中地位越来越重要，但由于各城市开展通信基础设施专项的基础还比较薄弱，开展通信基础设施规划时存在规范标准有待完善、技术难关有待攻克、政策有待完善等难点。

（1）部分技术规范标准有待增补或改善

技术规范、标准对规划设计的重要指导作用无需多言，这对内涵不断拓展、设置规律需要滚动更新的通信基础设施规划更是如此；如果相关通信规范本身有漏洞、技术标准待完善，则会大大增加规划的技术难度。以基站为例，早在 2004 年，珠三角通信行业的人士就呼吁将基站纳入城市规划，但因缺少人员、技术难度大等，在规划方法上未有突破；虽然深规院于 2010 年找到规划方法，但无法纳入技术标准，也无法推广。2013 年出版的《城市通信工程规划规范》，偏重宏观内容，涉及基站的内容仅有少量条款，没有具体的技术标准和规划方法指导。

2015 年 9 月，国家部委发布《关于加强城市通信基础设施规划的通知》，尽管通知的内容要求比较全面，既包括总规层次的大型基础设施，也包括详规层次的小型基础设施，但城市主管部门对通知内容理解不一样，各城市铁塔公司推动使得规划重心偏重基站。同时，各城市又是第一次编制通信基础设施规划，且缺少基站、通信机房的技术标准和规划方法，规划设计单位的做法千差万别，大部分城市规划技术人员简单地将铁塔公司的初步方案张贴到控规上，缺乏规划统筹；部分城市由电信规划设计单位承担，明显缺乏对城市规划的理解，规划方法也与城市规划所用常规方法差别较大，缺乏与城市规划建设融合；不同城市的规划结果差异较大，比国家部委推动海绵城市、综合管廊等规划的效果差很多。

（2）技术难度相对较大

1）通信技术迭代跟进难

如 1.2.2 节介绍的通信技术，通信技术包括交换、数据、广播电视、传输等多种，每种技术也在不断迭代更新，城市规划的专业技术人员需要适当学习一些与基础设施规划相关的通信技术，且某些技术每隔 4～5 年就又要重新学习，保持持续跟踪学习的难度更大；如能在开展通信基础设施专项规划的实践中学习相关通信技术，并将其应用到通信基础设施专项规划之中，能达到既满足学习技术又做好项目的效果。基站规划是最典型的代表，对 2G、3G、4G、5G 每种制式，在其初始布局时，都需要了解工作频率、传播模型以及覆盖距离，掌握覆盖和容量预测的基本方法和关键参数，并综合确定站址规模；也需要了解基站初始布局和布局优化的差异，了解基站的建设特点和不同类型基站的需求差异，并与城市规划的特点相结合；以此为基础，再按城市规划的方法和步骤开展规划布局，达到服务通信设施建设的目的。

2）适度超前的尺度把握难

通信基础设施内含邮政、广播电视、通信机楼、通信机房、基站、通信管道等分项，每项均有自己的设置规律，每个城市也有自身的需求差异；围绕规划主要任务适度超前地总结设置规律，并不断滚动更新，是技术难度最大之所在。这在开展通信基础设施规划时尤其要把控好，否则就容易出现早期总结规律落后于现状技术、按已过时的规律做出的规划滞后于现状的窘况。

首先，需要把控各类通信基础设施分项的特点、难点和关键点。通信基础设施分项之间差异较大，如邮政、广电与电信之间，通信机楼与通信机房、基站之间，都存在较大差异；每个分项都有自己的特点，需要解决的主要问题也不尽相同，如邮政需要解决主导业务逐步萎缩和邮政网点的服务半径和服务人口之间变化，解决独立式支局和附设式网点之间的数量平衡等；而技术迭代更新较快的基础设施分项，如基站、通信机房等，难点在于设置规律与技术更新基本同步，并保持适度超前；由此也决定每个基础设施分项的关键特征差异，如邮政的普遍服务职能、通信接入基础设施的共建共享等。

其次，适度超前把握技术发展趋势时对"度"的掌控。在前述了解与通信基础设施相关的通信技术的基础上，还需要把握不同技术的发展趋势，对趋势、时间、技术等方面的"度"进行合理把控，提前谋划基础设施的设置规律及布局。有时规划太超前，容易脱离现状和实际，如国家推行三网融合，但真正落实三网融合还有较长的时间跨度，现在如果完全按三网融合规划，就会导致有线电视网络失去独立性；而拘泥于现状，又会制约发展，不能适应通信技术的快速变化。同时，不同技术对基础设施影响的时间间隔方面的"度"把控也有所不同，有些通信技术变化很容易看到其对通信基础设施规划的影响，如2G、3G、4G升级变化时，基站的设置规律明显不同；但有些领域的技术经过2~3次更新后才对基础设施布置造成影响，如交换、传输技术等，需要进行甄别。另外，针对通信技术发展变化大，对通信基础设施的冗余度的把控也会有所区别，如一般市政管道的冗余度约为15%~20%，而通信管道的冗余度一般控制在50%~150%，通信机楼、通信机房中业务机房面积的发展备用量也需控制在100%及以上。综合而言，需要把握好适度超前的尺度。

最后，结合不同城市的内在要求总结设置规律。不同城市、不同片区的地块开发强度不同，会产生不同通信业务密度，不同运营商根据自身业务和网络的主导功能，确定对基础设施的需求；城市规划的技术人员在此基础上对多家通信运营商的需求进行汇总，总结设置规律，并按设置规律指导通信基础设施布局；不同类别城市的分项设置规律会略有差别，同一类别城市的设置规律比较接近。在针对不同基础设施分项总结设置规律时，需要融合通信需求和城市规划建设特点，预留一定发展余地，适应通信设施规划年限（1~3年）与通信基础设施规划年限（15~20年）不一致而引起的变化。如现在正在使用4G，但5G将于2020年大规模商用，除了基站的设置规律有较大不同外，还需要在2019~2020年建设多个层次的通信机房（最突出的C-RAN机房，需要的数量多、分布广），但即使现在能总结规律，将其纳入城市规划建设，按照地块开发建设的进度，也是4~5年之后的事情了，且仅是在新建片区或新建建筑能做到这样，也很难满足5G在城市建设区全面组网的需求，5G建设面临站址选择困难；通过这件事反过来很好地说明，需要在总结通信机房和基站设置规律的过程中留有发展余地，应对技术变化带来的新需求建设。

另外，必要时滚动更新设置规律。通信技术发展变化会引起城市通信基础设施规划相应变化；重大技术变革时需及时更新设置规律，比较典型的是光缆取代铜缆后，对通信管道的体系和容量都产生重大影响，需要全面更新通信管道的设置规律；否则就容易出现规划滞后现状的状况。如国家部委在2010年开始全面推进宽带中国的建设，经过3~4年的努力，于2015年基本实现光纤到户；如果城市通信工程规划仍沿用电话主线来预测业务，就会出现规划滞后的状况。再如，为了适应IP城域网的发展需求，从2012年开始，程控交换机逐步被软交换取代，并于2017年底所有程控交换机全部完成退网，单个通信机楼的覆盖容量可达到近100万端口，并需要从安全角度来构建通信机楼的布局；如果继续根据规范要求按照5~10万门电话主线来布局通信机楼，就会出现规划严重滞后现状的状况，在新建城区布局通信机楼尤其要高度重视通信机楼的设置规律变化；这反过来也印证了通信基础设施设置规律易变化的特点，也说明了迭代更新相关设施设置规律的必要性。

3）大型无线电收（发）设施的选址难

城市邮政转运中心和邮政支局、通信机楼等大型通信设施，一般布置在中心城区，建设条件较好，按照普通的选址要求即可确定其位置；而无线电收（发）设施一般位于城市外圈层，专业独特性强，需多个行业的技术人员配合完成，选址难度较大。大部分城市的无线电收（发）设施建于20世纪70~80年代，目前面临的主要问题是，城区扩展后与此类设施在空间上冲突，引起市民的投诉，需要搬迁新建或者其他原因需要搬迁新建，选址的难点在于与无线电传播模型和方式有关，一般要借助专业软件模拟，对于丘陵地带的城市尤其如此。另外，此类设施一般布置在城市高处或远离城市建设区的地方，有些设施需要用地面积较大，有较强的特殊性，进一步增加了选址的难度。

4）小型接入设施落实难

小型通信基础设施是通信行业独有的设施，其规划、建设、管理都有较强的特殊性。从规划到落实位置，一般需经过控规、修规、建筑设计三个阶段循序推进，有较多内容处于规划、建筑的结合部而被忽略；难点在于总结设置规律（参见前述的通信机房、基站的相关内容）和滚动更新，并建立成套的规划方法。此类基础设施除了需要在控规、修规阶段布局外，还需要在建筑设计阶段结合空间形态、开发时序、地下室布置等因素综合确定；因此，需要建立跨越多个阶段的规划设计标准。通过规划引导汇聚型基础设施布局，通过普适性标准引导面向用户型基础设施的科学合理地建设，采取规划和标准相结合的方法来落实小型接入基础设施。

（3）需要公共政策支持

通信基础设施易受宏观政策的影响，同时，也需要公共政策的支持。这主要是因为通信行业存在多家运营商平等竞争的独特特点，对多家运营商在同一地方共同需求的基础设施（如基站、通信机房、通信管道），就需要公共政策来协调，如需要第三方进行公平管理、制定合理的价格。开发商在开发地块时，也牵涉基站、通信机房等接入基础设施，需要通过管理办法来界定政府部门、开发商、通信运营商的责任和义务，建立与多家运营商进行合理地沟通交流的程序，也需要接入基础设施规划设计建设指引等；基站、通信机房的功能多样性和产权的模糊性，也需要管理办法来界定。另外，由于四家通信运营商都是公司化运营，基站、通信机房、通信机楼、通信管道等基础设施，牵涉到第三方、开发商、管理单位，也需要有管道使用价格、机楼和机房使用价格指引等。综合而言，通信基础设施需要管理办法、技术标准、价格指引三方面的公共政策支持。

自行政许可法实施以来，政府主管部门在规划、建设审批、管理等过程中日趋规范，通信基础设施比其他城市基础设施更需要按法律法规进行法制化管理。但由于地方法规的立项、编制、审批等程序十分严格，时间跨度也需要2～4年或更多，需要政府主管部门之间相互协商，制定相关计划稳步推进。目前，上海、深圳等城市利用全国人民代表大会授权城市立法的优势，针对基站制订专项法规，可以此为基础，将管理对象从基站扩展到所有通信基础设施；由于通信基础设施属于城乡建设范畴，根据《中华人民共和国立法法》，设区的地级市人民代表大会及其常务委员会，可制订通信基础设施管理办法，报省级人民代表大会常务委员会批准后施行。

### 1.3.5 规划思路和策略

#### 1. 规划思路

通信基础设施是城市基础设施的有机组成部分，开展通信基础设施规划要根据城市基础设施的基本要求，结合通信设施的需求特点，更加科学合理地规划，更加严谨规范地管理，促进通信基础设施支撑通信设施永续发展。

（1）以城市规划为平台，将通信基础设施纳入城市规划建设

通信基础设施与其他城市基础设施一样，其建设属性决定它只能以城乡规划为平台，按照法定规划、专项规划的相关要求，分层次、分类别、分区域地开展通信基础设施规划；无论是传统通信基础设施，还是新型通信基础设施，都只有纳入城市规划建设，才能获得源源不断的基础设施资源支撑。

（2）满足多家运营商平等竞争的要求，建立城市通信基础设施规划的系统和方法

通信行业的特点和国家电信改革的政策，决定了多家通信运营商平等竞争的基本格局，通信基础设施必须服从于国家电信改革的目标，满足多家通信运营商的需求，并促进其平等竞争；但在开展规划时，需依托当下的通信技术，建立通信基础设施的系统和规划方法，科学合理地促进各分项通信基础设施持续发展。

（3）将通信基础设施融入城市基础设施管理之中，更加有序地指导通信工程建设

城乡规划和城市基础设施建设都有比较成熟和稳定的管理办法，这些办法都是开展通信基础设施建设的重要条件，通信基础设施的规划、建设、管理需要融入其中，才能充分利用我国正在大规模开展城市化的优势，抓住与主体工程同步建设通信基础设施的契机，并按照城市基础设施的管理要求，开展通信基础设施的建设，获取程序合法、稳定可靠、资源充足的城市基础设施资源。

**2. 规划策略**

（1）围绕主要任务的中心策略

通信行业有基础业务、增值业务、虚拟业务等多种，通信设施的类别更多，通信基础设施的类别也有多种，开展通信基础设施规划时，须围绕基础设施规划的两个主要任务或三个规划重点展开，淡化看似有联系但无关紧要的内容。无论是预测通信业务，还是总结设置规律，或者开展基础设施布局，都需要紧紧围绕主要任务这个中心，并建立与之相对应的规划主线。如通信业务有多种，既有光纤端口用户、移动通信用户、有线电视用户等主导业务，也有IPTV、虚拟专线、多媒体等延伸业务，城市基础设施规划的业务预测主要针对主导业务，只有主导业务才跟通信机楼、通信机房的设置规律相关，从而影响通信基础设施布局。

（2）建立科学规划方法的系统策略

通信是以现代先进技术为支撑发展起来的行业，技术含量高、科学性十分突出；与之相对应的通信基础设施规划，也需要建立严谨的规划方法，形成一套完整的系统。如分析各类设施的特点和需求特征，确定各项通信基础设施体系（层次、类型），建立预测模型或计算方法，以城市规划的层次和工程规划的逻辑为基础开展业务预测，针对需求特点而总结设置规律，按层次分析不同通信运营商的需求，结合城市规划的综合性和差异化要求，合理地布局通信基础设施等，将模糊的经验估算、基本合理等转化为更加准确、科学合理的工程规划。

（3）坚持可持续发展的滚动策略

通信行业具有技术新、发展变化快的特点，通信运营商每年都会滚动修编公司的发展

规划,比其他行业5年修编一次行业发展规划,有较大的不同;也决定了通信基础设施的组网原则、设置规律等重要内容可能会发生变化。在开展规划或技术研究时,须采取滚动策略对重要内容进行校验,必要时修订组网原则和设置规律;当组网原则、设置规律影响规划结果时,需要对规划开展滚动更新。

(4) 紧扣独特特点的差异化策略

如1.1.4章节所述,通信基础设施含邮政、无线、通信机楼和通信机房、基站、通信管道五个分项,分项之间有一些共性的内容,但在设置原则和设置规律、成果应用等方面,每个分项也有自己独特的特点,须采取差异化策略开展规划研究。另外,城市发展也是慢慢生长的,现状城区是开展各种通信业务的主战场,新技术(如4G、5G等)首先需要在现状城区应用,规划新建或改造的通信基础设施,既可能分布在现状城区,也需要布置在新建城区,而在现状城区和新建城区规划时也需采取差异化策略;新建城区可按新的组网原则和设置规律来规划,现状城区情况更复杂些,需兼顾现状设施及其使用情况,进行综合评估,差异化对待两者。

(5) 编制务实方案的可实施策略

由于通信行业是市场化比较彻底的行业,较多城市的通信基础设施规划由企业出资编制规划,如通信管道规划费用由管线公司出资,基站规划费用由铁塔公司(或与通信运营商一起)出资,通信机楼布局或选址由对应的通信运营商出资;相比较而言,由企业出规划费用的难度比较大、审批较严格,这也是大部分城市未编制全市通信基础设施专项规划的原因之一。而由企业出资编制规划,可实施方面的要求较高,不仅技术方案合理和可操作,还需要有配套政策护航,如不同类型基站的审批程序,将基站融入工程建设程序中等。另外,只有当企业觉得规划对建设有帮助,能解决公司的实际问题,企业才有动力启动新项目,"项目有用"是后续项目多的前提条件。

**3. 推进路径及技术路线**

目前,在通信基础设施规划技术规范标准尚不完整、收费标准也未配套到位的情况下,各地城市规划设计单位相对缺乏开展相关专项规划的经验,很难做到将各类通信基础设施(特别是通信接入基础设施)纳入城市法定规划内。可以按照先开展专项规划、待条件成熟后纳入法定规划的路径来推动基础设施建设,即先以正在建设的项目、正在编制的重点片区为试点,开展各类通信基础设施专项规划,以此来积累经验、锻炼技术队伍,待各种条件成熟时再将其纳入法定规划。

开展通信基础设施专项规划时,需抓住通信基础设施的特点,合理确定规划内容和深度。最关键的工作是总结符合本地业务特征的通信基础设施设置规律,结合规划区的业务预测及现状设施状况,确定通信基础设施的布局,相关技术路线参见图1-5。

### 1.3.6 重要节点管控

开展通信基础设施专项规划、专题研究,是十分难得的实践机会,也是借此恶补和学习通信新技术的机会;不仅可督促技术人员系统学习相关知识和业务,还可与政府部门、通信运营商、管理单位进行多次交流沟通,了解不同单位的思考内容及常规做法,从而不

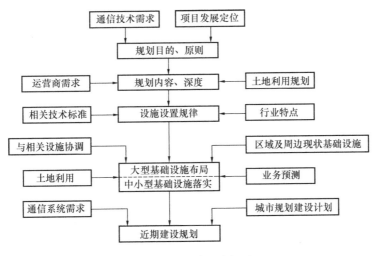

图1-5 技术路线分析图

断提高规划水平，完善规划方法。开展项目时，有如下重要节点需要认真管控。

**1. 拜访和交流**

现场调研和收集资料是每个项目不可缺少的环节，需充分利用这个机会，拟定书面调研提纲，收集现状资料和规划资料。每个运营商都是上市公司，都有一定的管理规定和商业秘密，尽量按双方认可的形式开展调研，收集资料的内容一般限于基础设施方面；当有些单位将基础设施资料当成商业秘密时，需请政府主管部门进行协调。最好能拜访与项目有关的每个单位，了解现状存在的问题及解决措施（特别是存在管理瓶颈时更应该如此），掌握每个单位的需求，并就先进技术和发展趋势进行交流。

**2. 探讨重大问题**

规划新型基础设施（如基站）时，由于牵涉到规划方法、设置规律、预测模型等众多难题，一般需要多次探讨。最主要是在项目团队内讨论，先确定技术路线，按照城市工程规划的逻辑，搞清楚需要努力的方向。有时候通信运营商的工作思维、预测方法等和城市规划技术人员有较大不同，城市规划的技术人员只能以城市规划的指标为前提条件，采用普通方法来开展工作，且还需要综合多家通信运营商的需求，必须有自己的技术路线。其次，先讨论确定需要攻克的技术难题，搞清楚从哪些方面来攻关、需确定哪些量化指标等；必要时，可邀请外脑来交流和指导，也可与运营商的技术人员探讨。记得作者团队于2008年第一次编制基站专项规划时，用了接近3个月时间确定技术路线，又用接近6个月时间将技术路线的各个环节和指标梳理清楚，其中过程十分艰辛；与通信机楼、通信机房、通信管道等基础设施比较，基站规划的技术难度最大。

**3. 编制方案**

规划方案是基础设施规划最重要的内容，可按照编制要求和合同约定的内容提供规划方案，指导后期工程建设。编制方案有两个方面工作内容值得重点关注：一个是规划方案布局合理且结论合理；规划方案布局合理是指基础设施除了满足多家通信运营商的需求和通信设施的设置规律外，还要符合公共利益（如基站不能布置在幼儿园等设施用地上），并从空间上进行统筹；结论合理是指规划结果需中立，不能指定某块通信设施用地属于某个通信运营商。二是成果表达清晰；规划新建、现状保留、现状取消、现状扩建的基础设施，需明显区分；有现状设施时，需表达现状设施的位置和状况，同时表达现状设施与规划设施之间的关系；规划基础设施与用地功能相关时，宜以土地利用规划图为基底。

**4. 方案评审与优化**

方案初审、专家评审、审批评审等多层次评审，已成为项目完成必须经历的过程；责任心较重的甲方会与编制单位一起，充分利用多次评审的机会，引导参会单位关注需要讨论评审或解决的问题，同时将需要决策的问题，作为重点呈给审批部门，并通过会议纪要等书面形式予以确认。这些评审对完善方案十分有必要，项目组需要吸取建议性意见，不断优化方案；不同单位或不同部门的观点会在评审时发生碰撞，有时观点之间是相互冲突的，但最终都需要找到平衡点。另外，需编制意见处理表，对所有单位的意见予以明确的回复；对于采纳的意见，给出怎么修改的说明；对于不采纳或部分采纳的意见，给出不采纳的依据或合理的解释，以便后期评审能及时看到前期意见及处理情况。

## 1.4 探索与实践

深圳市政府主管部门开展通信基础设施规划研究普遍比内地城市早 5～8 年，为深规院提供了较好的探索和实践的机会。深规院于 2000 年开展通信基础设施专项规划，项目经验覆盖深圳市、中山市以及青岛市城阳区等；围绕通信行业及技术发展对城市基础设施的需求，在三个时段分别对通信管道及通信机楼、基站、通信机房类接入设施三大类基础设施的专项规划及专题研究进行广泛探讨，主要情况如下。

### 1.4.1 专项规划

**1. 通信管道及通信机楼等专项规划**

深圳对通信管道及通信机楼专项规划的探索，主要集中在 2000～2007 年期间，这段时间对应电信固定网、移动通信网的高快速发展，急需的通信基础设施就是通信机楼和通信管道。在 2000 年以前，深圳市与全国其他城市一样，主要开展各类法定规划和非法定规划中通信工程规划，以落实上层次规划为主。

深圳市开展第一个通信基础设施类专项规划是通信管网，这是由于深圳市在国内率先开展"熟地"（即政府将道路及给水排水、电力、通信、燃气管线统一建设，实现七通一平，再出让土地）开发模式，需要将通信管道与其他市政管道一起与道路同步建设。早期建设管道容量约为 6 孔、9 孔、12 孔等，通信管道后在 1995 年、2000 年进行两次大规模扩容，且当时光纤已开始大规模进入城域网，管道容量有增加、减少两种观点，争执不下。

在这种背景下，原深圳市规划局委托深规院编制《深圳经济特区通信管网专项规划》，对通信管道容量进行系统规划，并对通信机楼、微波通道等进行研究。深规院用了 3 个月左右时间确定技术路线和规划方法，借鉴国际电联推荐的日本确定管道容量的思路，建立了通信管道体系和计算方法，确定了不同管道体系的管道容量，并差异化确定现状城区管道扩容的容量和方式；也由此拉开了深规院探索通信基础设施专项规划的序幕。

随后，深规院开展深圳市其他行政区以及中山、青岛等城市的通信管道专项规划，先后编制了《青岛市城阳区通信工程专项规划》《深圳市通信管道及机楼十一五发展规划》《宝安区通信管网专项规划》《龙岗三组团通信管网详细规划》《深圳市东部滨海地区通信管网专项规划》《中山市信息管线专项规划》等项目，在进一步推广、复制上述规划方法的同时，还完善了管理价格、管理体制等内容。

另外，自深圳移动从深圳电信分离出来后，面对移动通信的持续高速发展，深圳移动急需建设自己的通信机楼，承载从深圳电信的通信机楼内搬出来的设备；深圳移动于2004年左右委托深规院编制该公司的通信机楼、通信管道规划。深规院用了近2个月左右时间确定技术路线和规划方法，建立以核心网元对应核心机房为基础的通信机楼需求计算方法，也确定深圳移动中长期通信机楼的发展格局；也由此奠定了深圳移动和深规院在通信基础设施领域的长期合作关系。如今，双方合作的内容也延伸到基站和通信机房等基础设施。

**2. 公众移动通信基站及监测站等专项规划**

深圳市对公众移动通信基站的探索自2008年开始，一直持续到现在，对多种类型的基站规划和法规管理进行了广泛探索；将这种探索优势进一步发扬光大的是《中山市移动通信基站专项规划》，该规划是在住房城乡建设部发布《关于加强城市通信基础设施规划的通知》之后完成的，最终形成覆盖全市域和全类型的基站专项规划，以及较完整的管理政策，各方面的条件更有利于规划开展和政策制定。

自2000年7月开始，深圳成为国内第一个移动通信用户超过固定电话用户的城市，基站的数量也开始逐年大幅增长，同时也带来了市民对基站投诉的快速增长。为应对这种错综复杂的局面，原深圳市无线电管理局于2004年开始策划编制《深圳市公众移动通信基站专项规划》；在取得市政府支持和市规划局书面回函后，于2008年正式推动该专项规划编制。客观地说，这是通信基础设施专项规划中最难的一次挑战，两个行业的预测方法和做法完全不同，主要技术难题在于：将通信行业用专业软件和专业工具的专业做法，转换为城市规划行业一般技术人员采用普通技术手段的普通做法，并对三家通信运营商的结果进行综合。深规院用了接近3个月时间确定技术路线，又用接近6个月时间将技术路线的各个环节彻底打通；到2010年城市规划委员会审批发布，项目持续时间近3年。2013年，该项目完成深圳市科技成果鉴定。

在政策管理方面，深圳市于2009年通过《深圳市无线电管理条例》和《深圳市公众移动通信基站管理办法》，将基站确定为城市基础设施，在国内率先开始将基站纳入城市基础设施进行全面管理。在管理对象方面，鉴于独立式基站位于道路等公共空间内，也与城市景观关系密切，需要重点管理；经当时的市无线电管理局、市规划和国土资源委员会、市经济贸易和信息委员会、市城管局等政府主管部门多次协商，管理对象主要集中在独立式基站上，附设式基站主要在新建城区推动其与主体建筑同步建设。随后，深规院又陆续编制了《深圳湾海滨休闲带基站详细规划》《宝安区域绿道基站基站详细规划》《深圳市独立式基站年度规划（2014—2015)》《中山市移动通信基站专项规划》《深圳市独立式基站年度规划（2018—2019)》《前海合作区通信基站站址专项规划》等基站类规划。

另外，深圳市是同时拥有粤港边界和边境的城市，地理位置特殊，在全国监测网布局中占据重要位置；深圳市因市场化程度和商业环境较好，无线电业务得到广泛应用，也是电磁环境复杂的城市，机场等重要目标周边的正常电磁环境不时受到干扰；另外，随着城市开发强度提高，早期建设的高楼监测站被周边高楼大厦遮挡，与深圳市监测网需要承担的作用有较大差距。为此，原深圳市无线电管理局于2007年委托深规院编制《深圳市无线电监测网布局规划》。由于深圳市山地较多，地形地貌比较复杂，作者团队借助专业软件模拟，规划新建四个高山监测站，确定了全市各层次监测站的整体布局，并对主要监测站进行选址。

**3. 通信机房类详细规划及专项研究**

在电信改革之前，电话机房、有线电视机房一般由对应通信运营商通过市场化方式从社会上分别获取，部分城市政府部门也要求开发商预留通信机房；在电信改革出现多家运营商后，通信机房如何分配成为悬而未决的问题遗留下来。自工业和信息化部联合七个部委于2010年发布《关于推进光纤宽带网络建设的意见》以来，通信机房的问题逐渐暴露出来，通信机房的需求也随技术而出现变化，向集约共建方向发展。深圳市通信管理局联合深圳市无线电管理局、深圳市规划和国土资源委员会、深圳市经济贸易和信息化委员会，委托深规院于2010年开始研究《深圳市通信接入基础设施规划标准》，深规院用了近2个月左右时间确定技术路线和规划研究方法，按照中型机房、基站、小型机房、接入管道及通道四类设施，建立了较全面的接入基础设施体系，研究成果纳入《深圳市城市规划标准与准则》（2013版），全面推动通信接入基础设施纳入城市规划。深规院于2012年承担住房城乡建设部软课题《通信接入基础设施规划设计标准研究——以深圳市为例》，2013年结题时获得专家验收组的高度评价。

随着国务院办公厅于2017年3月发布《贯彻实施〈深化标准化工作改革方案〉重点任务分工（2017—2018年)》，中国对标准规范编制进行改革，团体标准逐步下放到由学术组织推动。深规院深感在城市规划、建筑设计之间留下通信接入基础设施的空白，并于当年申请《城乡信息通信接入基础设施规划设计标准》；但由于团体标准尚处于起步阶段，初期确定的项目仅有3个，该课题最终评审结论是暂不立项。随后，在南山区重点办领导的支持下，深规院于2017年5月开展《留仙洞总部基地信息通信基础设施详细规划》，以城市控规和建筑设计为基础，对智慧城市基础设施、信息机房、基站、通信机房、通信管道五项新型信息通信基础设施内容进行统筹研究，完成了智慧城市、信息通信等新形势下城市通信基础设施规划。

## 1.4.2 政策研究

如前所述，通信行业因多家通信运营商平等竞争、技术发展快、变数大等独特特点，使得通信基础设施在规划建设时更需要公共政策的引导。深规院在开展通信基础设施规划时，也开展相关公共政策研究，以促进通信基础设施更好地融入城市规划建设。

**1. 通信管道类政策研究**

在电信改革后，因多家通信运营商强烈、迫切要求公平使用通信管道，深圳市与上海、北京等城市一样，成立专业的通信管道（大部分城市称信息管道）公司。在上述背景下，原深圳市科技与信息局于 2004 年委托深规院编制《深圳市通信管道管理体制调研报告》（按深圳市科学软课题立项），以确定通信管道管理框架。深规院在报告中确定"统一规划、统一建设、统一管理"的基本原则，也确定政策监管的职责和内容，并对通信管道的建设审批予以细化。中山市后来也组建信息管道公司，深规院于 2008 年在编制《中山市信息管线专项规划》时，也同步编制了《中山市信息管道管理体制》《中山市信息管道价格体系》等专题研究，针对中山市实际情况，确定了租借通信管道、共建通信管道的价格体系；目前，中山市通信管道规划、建设、管理等行为基本在此框架下运行。

**2. 三网融合类政策研究**

受内参文件向深圳市政府建议开展三网融合研究的影响，原深圳市科技和信息局于 2007 年委托深规院编制《深圳市"三网融合"研究》（按深圳市科学软课题立项）。结合深圳市在三网方面的优势，研究从政策、技术、监管、融合模式四个方面进行系统研究，提出相关对策及切入点，促进广电与电信部门先期开展合作。在国务院于 2010 年出台政策推动三网融合时，深圳市已占得先机，并顺利成为首批试点城市。

**3. 基站类政策研究**

原深圳市无线电管理局于 2008 年委托深规院编制《深圳市公众移动通信基站专项规划》时，就要求同步开展《深圳市公众移动通信基站管理办法》专题研究。深规院在研究专题除了确认基站是城市基础设施外，还针对独立式基站、附设式基站的特点建立相应的管理程序，并确定将基站纳入城市规划建设的途径和步骤，以及基站在规划、建设、管理过程中的要点；后经市法制办主推，于 2014 年正式成为深圳市政府部门的规章。上述思路与 2013 年实施《城市通信工程规划规范》（将基站列为城市通信基础设施）一致，也与住房城乡建设部于 2015 年出台加强《关于加强城市通信基础设施规划的通知》的精神一致。

中山是全国基站建设管理最复杂的城市之一，基站被逼迁的比例约为其他城市的 10 倍左右，新建基站也基本处于停顿状态；原中山市规划局和原中山市经济和信息化局于 2017 年委托深规院编制《中山市移动通信基站专项规划》时，还同步编制了《中山市移动通信基站建设指引》和《中山市移动通信基站景观化设计指引》两个专题，以期理顺基站在规划、建设、管理过程中存在的不协调因素。深规院在深入调研政府主管部门和铁塔公司、通信运营商后，制定了针对性较强的管理政策，在按照国家部委政策开放政府物业的基础上，不仅区别对待独立式基站和附设式基站的规划审批，将附设式基站纳入新建城区的地块设计要点，还针对现状建筑上补建基站制定特殊的管理措施，也将景观化基站融入城市景观控制区域之中。相比较而言，中山市的基站建设管理办法在国内比较有代表性，在国家政策要求严格管理和大部分城市倾向不管理之间取得一种平衡，基本能满足城市政府对基础设施的管理要求。

### 1.4.3 思考与展望

**1. 思考**

作者团队通过近 20 多年的规划实践与探索，以及对国内大城市规划设计院在通信基础设施规划方面的了解，城市规划行业开展通信基础设施规划的现状情况，离国家三大战略（宽带中国、大数据、网络强国）的要求还有较远距离，有较大的改善空间。

（1）将通信基础设施有效纳入城市规划建设任重道远

1）需要多个城市政府主管部门进一步高度重视

国家战略的落实与通信基础设施关系十分紧密，也需要将通信基础设施有效纳入城市规划建设。推动通信基础设施发展有两方面动力：一种是政府主管部门，包括城市信息化主管部门、无线电主管部门、通信管理局及派出机构、规划主管部门等，这是主体；另一种是通信运营商及平台公司（铁塔、通信管线等），但此类动力也需要借助政府主管部门的力量。只要政府主管部门高度重视通信基础设施规划建设，统一认识和形成合力，并在城市规划、建筑设计、市政设计等领域持续改善通信基础设施建设，相关问题就迎刃而解。

2）进一步完善现行技术规范

随着行政审批日趋严格和法治化，通信基础设施建设须以城市规划方案为前提；要充分发挥城市通信基础设施规划的龙头地位，需先完善《城市通信工程规划规范》，这是各单位编制通信基础设施规划的重要依据。尽管该规范历时 5 年才编制完成，于 2012 年定稿，于 2013 年实施，但在 2012 年之后，通信行业的基本面、宏观政策及技术演进发生了重大变化，该规范大部分内容离现代通信技术的发展要求还有较大距离，须先修编相关技术内容。住房城乡建设部于 2015 年发布《关于加强城市通信基础设施规划的通知》，实施效果不尽如人意，原因有很多，既与各地城市规划院专业技术人员少、缺少相关规划实践有关，也与通信机楼、通信机房、基站、通信管道等主要通信基础设施都缺少针对性较强的技术指导有关；另外，政府主管部门对主要内容的理解存在较大差异，做法也差别较大，而通信基础设施的高技术含量、丰富多样的接入基础设施，需要在不同层次落实等客观原因，也制约了规划的高质量编制。

3）借助正在开展建设项目或重点片区增补通信基础设施规划建设

由于完善技术规范的时间较长，当务之急是抓住各地城市正在开展的建筑、市政道路、高速公路、城铁和地铁等建设的机会，集合城市规划、建筑设计、市政设计、通信运营商以及平台公司的力量，结合主体工程方案，确定需要增补的通信基础设施（特别是通信接入基础设施）方案，如增加多层次通信机房、基站、室内分布系统、通信管道及通道等，推动通信基础设施与主体工程同步建设，实现"路通信号通、建筑投入使用各种通信服务同步到位"的基本目标。另外，还可针对城市重点片区开展通信基础设施专项规划，尝试将不同基础设施分层次纳入城市规划。利用上述机会，锻炼各层次技术人员，提高城市规划设计的水平，也可总结适合城市自身特点的通信基础设施设置规律和管理办法，将相关内容复制到今后要建设的项目中。

4) 规划设计存在通信基础设施建设误区或盲点

因开展一些重点片区或重点工程规划建设，作者团队近两年来接触大量的建筑设计、市政设计项目，大量设计单位都缺少通信接入基础设施等内容：或者按通信运营商预留分散且狭小的通信机房，或缺少基站、室内分布系统及配套设施，或者通信管道容量小，或者重要通信机房、重要建筑缺乏双通道等；这还是在深圳已出台相关技术标准和指导文件情况下而出现的比较普遍的情况。另外，在综合管廊的推进过程中，也有较多关于通信线路敷设的误区和技术盲点，如大规模应用缆线管廊，并将一条道路内所有通信线路均与10kV电力电缆同沟敷设，严重影响通信线路的安全，或者在综合管廊支架上仍然敷设通信管道等。

由此可见，新型通信基础设施不仅对城市规划编制单位有难度，对大部分建筑、市政设计单位也是陌生的，推动通信基础设施纳入城市规划是任重道远的艰巨任务。

（2）技术规范标准中缺少《城乡信息通信接入基础设施规划设计标准》

现行的技术规范标准一般是按行业从某个角度来制定，但由于信息、通信是为市民服务的，而市民在工作、生活、旅行、休闲等活动中，也需要信息通信等先进技术提供服务，从而需要在城市范围内建设泛在、高速的信息通信设施，也需要建设大量通信接入基础设施；而这种新型接入基础设施急需抓住我国城市化发展的机遇，集中某个时间段在城乡规划、建筑和道路市政以及高速公路和城际铁路、地铁等建设过程进行建设，最有效的措施是制订《城乡信息通信接入基础设施规划设计标准》，确定城市规划、建筑、市政、高速公路等主体工程的通信接入基础设施的规划设计标准，如汇聚性通信机房、接入性通信机房、建筑本身所需的通信机房、智慧建筑或智慧园区所需数据机房、基站（含小微站及室内分布系统）、室外通信管道、室内弱电通道等接入基础设施的设置标准、建设要求等。

纵观城市规划、建筑、市政等行业的技术标准，新型通信接入基础设施属于多个行业的空白地带。对于城市规划而言，最末一级的接入设施是汇聚性通信机房，部分布置在建筑内的通信机房，即使在城市详细规划阶段也无法反映；在城市规划严重缺乏接入基础设施规划的情况下，这个问题就更加突出了。而对于建筑设计而言，目前只有住宅区光纤到户的设计规范，设备房中只有 $12\sim15m^2$ 的光纤接入间，没有通信城域网以及基站等所需要的通信设备布置的机房面积。对于市政道路或高速公路等设计而言，也没有将基站及其基础设施需求纳入考虑范围，也缺少通信接入基础设施等建设内容；部分主体工程（如高速公路等）在建设完成后再增补通信、电源等基础设施时，是十分困难的事，深圳市就有极少数高速公路因当时建设单位不愿建设基站，不仅现在信号差，而且十分难增补基础设施。而《城乡信息通信接入基础设施规划设计标准》基本能填补上述空白，且能覆盖城市、乡镇等广大建设区域。

（3）各城市普遍缺少《城市通信基础设施管理办法》

目前，由于基站具有一定电磁辐射、需要不断优化布局、需要在现状城区增补基站、特殊规划建设审批等特殊性，上海、深圳等少量城市已颁布基站管理办法。从更广泛的范围来看，可将基站管理办法延伸至整个通信基础设施，这主要是因通信行业存在多家通信运营商平等竞争的特殊情况，较多通信基础设施需要共建共享，开发商在建设通信基础设施（如通信机房等）、多家通信运营商在使用通信基础设施时，都需要规章制度来进行公开、平等的管理，并对权属分配、价格等内容进行指导；而成立通信管线公司、铁塔公司等基础设施建设管理平台，也需要专项法规来监管；通信机房等通信基础设施比其他基础设施更需要专项法规来管理。另外，由于早期通信基础设施均采取市场化方式建设，大量通信基础设施存在无规划指导、建设手续不全、改变建筑功能等历史遗留问题，在市民法制意识普遍提高的背景下，上述基础设施面临被逼迁的困境，也需要专项法规来维持现状基础设施稳定，维护通信系统的正常运行。

因此，上述通信基础设施的特殊性和历史发展特殊原因，使得每个城市都需要通信基础设施管理办法来统一管理。

**2. 展望**

在国家三大战略的指引和各级政府部门的共同努力的情况下，展望未来信息通信发展，如果上述技术规范标准、专门法规能逐步完善，再经过 3～5 年，我国通信基础设施的环境将大大改善，从而为信息通信发展提供更加稳定的基础支撑。

（1）可在世界范围内将通信基础设施建设做到最好

1）建设机遇好

在信息通信先进技术发展到需要通信基础设施支撑时，也正是我国城市化进行之时，这种机遇千载难逢；将通信基础设施与城市建设同步建设，不仅在当下将起到事半功倍的效果，且由于其使用周期与主体工程的使用周期基本同步，能为未来至少几十年信息通信发展奠定良好基础。而欧美国家已完成城市化进程，即使将通信基础设施的技术环节打通，大量通信基础设施只能采取市场化方式来建设，且受到物权法的制约，其建设环境大大低于我国；这也是欧美国家城市网络不如我国城市的主要原因之一。

2）政府统筹能力强

我国政府管理体制属于集中管理，政府部门的统筹能力极强，在集中力量办大事方面具有不可比拟的强大优势，在促进和引导通信基础设施建设方面也是如此；政府部门可借助行政文件快速地推动基础设施建设，且政府部门拥有大量资源，可通过开放政府物业来促进通信基础设施建设（如上海市委市政府率先开放政府办公大楼支持基站建设），为社会支持基站等基础设施建设起到很好的表率作用。而欧美国家政府在这方面起到的作用十分有限，只能由通信运营商通过市场化方式来推动建设。

3）多方形成合力

在千载难逢的历史机遇和政府部门极强统筹能力的宏观背景下，加上我国通信运营商的市场化建设能力比欧美国家的强，以及规划、设计、咨询等单位的同心协力，多方能形成一种合力，共同支持通信基础设施的建设。我国采取多方合力的方式来建设通信基础设施，既能在现状城区或现状建筑充分发挥通信运营商市场化建设能力，也能在新建城区或新建工程充分发挥政府部门的统筹能力，且这两种能力可以时时结合形成更强大的合力，这样能将通信基础设施在世界范围内做得最好。

（2）更好地支撑国家战略实现

1) 通信基础设施的战略地位突显

通信基础设施与其他城市基础设施的作用一样，能支持城市正常运转和应对非常状况；但信息通信基础设施支持的信息通信设施，能在现代化城市和信息社会中发挥更大的作用，不仅能极大丰富市民的精神生活，提高社会沟通交流能力，而且能提高城市各行各业的生产效率，更能催生新型产业或业态，也能叠加创造出数字经济，并为未来发展提供更广阔的空间。由于我国在新时代提出信息通信发展的三大战略，从而也决定了通信基础设施是唯一具有战略地位和作用的城市基础设施，需要政府主管部门、通信运营商、社会共同努力，从战略高度重视通信基础设施的规划建设。

2) 投入少产出高，直接收益较好

即使不考虑通信基础设施带来的间接收益和社会效益，规划建设通信基础设施还具有投入少、产出高、直接收益好的特征，也便于政府部门推动其良性发展。政府主管部门组织编制通信基础设施规划时，大部分城市的单项通信基础设施规划一般由平台公司出资推动，只有综合性规划（含多项通信基础设施）由政府主管部门出资和组织编制；规划编制完成后，通信管道、基站等基础设施由平台公司建设，建设完成后可从通信运营商较快回收建设成本；通信机房由开发商配套建设，直接移交给政府部门或指定的单位，也可从通信运营商收取一定使用费用；而通信设备和通信缆线也是由通信运营商出资建设。综合而言，通信运营商在通信基础设施规划建设管理过程中发挥重要作用，与其他基础设施相比，政府部门在通信基础设施方面投入较少，只要制定好管理办法、做好规划，就能很好地引导行业良性发展。

3) 能很好地支持信息通信设施迭代更新

信息通信设施的规划年限约为 1～3 年，信息通信设备的使用年限约为 5～10 年，使用期限到期后，会出现设备的迭代更新，技术发展会向更加集约、高效的方向发展。尽管通信基础设施的规划年限约为 10～25 年，但通信基础设施的使用年限更长，如通信机房与建筑物使用年限基本一致，一般可达 50～70 年。按照通信设备 5～10 年左右进行一次技术更新，50～70 年的使用年限，可支持通信设备、通信线路进行 5～7 次改造升级或迭代更新，可以更好地支撑城市产业发展、升级改造，也能更好地促进国家战略的实施。

第 2 章

# 邮政通信
# 基础设施规划

## 2.1 行业特点

### 2.1.1 发展简史

#### 1. 古代邮政

商代，从出土的甲骨文推断，公元前 16 世纪已出现了专门传报边界军情的通信活动。

西周，已经出现了遍布全国的邮传网路，而且还建立起一套行之有效的邮传制度，诸如组织管理、文书传递、典章制度、通信法令等，为中国古代邮政发展奠定了基础。

魏晋南北朝，出现了我国首部邮政专门法规——《邮驿令》，要求邮件按规定邮路按时送达，邮件逾期要受重罚：稽延一日，杖 80；二日者杖 160；稽延特别重要邮件者要坐牢两年，乃至放逐千里。

唐代，由于相对开放的经济模式，邮驿更是盛极一时，全国设驿 1639 所，遇紧急公文，服务效率可以做到 300 里行程朝发夕至。

宋代，递铺细分为三种：步递、马递、急递。其中，"红印花加盖"的紧急公文急递铺，由官兵充当驿卒，尤以金字牌传递最快，昼夜飞行 500 里。

明代，为适应民众通信的迫切需要（之前的邮驿、递铺，都是传递政府公文的机构，不办理民众通信），永乐年间发展出了一种专门为民间传递信件的组织——民信局。其业务范围十分广泛，不仅收寄信件包裹、发行报刊、运送大宗商品，还可汇兑钱钞、运送金银。

清代，各民信局间虽无隶属关系，但彼此协作、互换互递，构成事实上的民间邮政网络。但，邮政官局采取了许多措施排挤、取缔民信局，最终导致拥有四五百年历史的民信局逐渐消亡。

#### 2. 近、现代邮政

1878 年，海关当局奉清政府之命在天津、烟台、牛庄、上海、北京五口试办海关邮政，成立了海关邮政署，将各地邮务代办所改为海关邮政分署，被视为中国近代邮政之始。

1896 年，光绪皇帝准奏于北京设立中国邮政总署，总邮政司由赫德兼任，一切建制仿照英国成规。

1897 年，在上海等地正式设立了大清邮政官局，上海海关造册处处长葛显礼兼办全国邮政总办，在上海办公。

1912 年，中华民国成立，大清邮政正式改组为中华邮政。

1914 年，中华民国加入万国邮政联盟，成为世界邮政大家庭的一份子。

1949 年后，中华邮政随国民党政府迁往中国台湾，后更名为中华邮政股份有限公司。

#### 3. 当代邮政

1949 年 11 月 1 日，中央人民政府邮电部正式成立，朱学范为首任邮电部部长；1950 年 1 月 1 日，邮电部邮政总局成立。

1956 年，初步形成了以北京为中心、连通全国的邮政通信网。

1958 年，中国邮政在北京开办了中国第一个自动化试验邮局，开启了邮政事业的新篇章。这一阶段国家还初步研制成功了一批机械化、半自动化设备。

1986 年，新中国第一部邮政法——《中华人民共和国邮政法》颁布，中国的邮政事业正式有了属于自己的法律。

1998 年，邮政与电信分离，中国邮政事业迎来了一次重大体制改革，开始独立运营。

2006 年，国务院批准实行"政企分开"，成立中国邮政集团公司。

### 2.1.2　体制沿革

1998 年，为扭转邮政发展的困难局面，邮电部工作会议明确提出，要在 1~2 年时间内完成全国邮电分营改革。

2005 年，国务院第 99 次常务会议听取并批准了发展改革委关于邮政体制改革的方案，其基本思路是：实行政企分开，加强政府监管，完善市场机制，保障普遍服务和特殊服务，确保通信安全。

2006 年，国务院做出《关于组建中国邮政集团公司有关问题的批复》，原则同意《中国邮政集团公司组建方案》和《中国邮政集团公司章程》。中国邮政集团公司承担邮政普遍服务义务，受国家委托，承担机要通信业务、义务兵通信等特殊服务。

2007 年，中国邮政集团公司和国家邮政局正式挂牌，此后，全国 31 个省（市、自治区）邮政公司陆续完成政企分开改革。

### 2.1.3　自然垄断

垄断，是指由一家或几家企业对某种产品生产和销售的独占或联合控制。

对于某一行业来说，如果单一企业生产所有产品的总成本小于多个企业分别生产这些产品的成本之和，这种行业就属于自然垄断行业。

邮政属于通信业的范畴，是国民经济的重要基础设施。邮政企业是经营邮政业务的国有公用企业，其主要业务是包括信函在内的信息传递。为保证信息传递的快速、可靠，必须有覆盖全国甚至全世界的四通八达的通信网络作为支撑，通信网络内部的各节点必须相互协调、密切配合才能保证业务的完成；因而，全程全网、联合作业是邮政通信的基本特征，故邮政属于自然垄断产业。

## 2.2　规划要素分析

### 2.2.1　普遍服务义务

#### 1. 普遍服务的定义

邮政普遍服务概念被正式提出是在 1907 年，美国 AT&T 总裁 Thecdore Vail 提出"一个网络、一个政策、普遍服务"的口号，随后美国《电信法》第一次明确了普遍服务的最重要原则和特征，包括为公民提供公平、合理可承担的服务，向低收入、边远地区公民提供平等服务等，这是第一次有文本完整地阐述邮政普遍服务概念。

邮政普遍服务是第 22 届万国邮联大会予以高度重视的议题。大会发表的《北京邮政战略》所确定的邮联首要目标即为"提供普遍性邮政业务服务，使客户能够在世界各地寄发和接收信件和物品"。

所谓普遍性，即指对所有的公民一视同仁、无歧视地提供指定的邮政服务，这意味着无论该公民住在任何地方都可享受到普遍的邮政服务。

普遍服务的基本内涵之一是以负担得起的价格向所有人提供指定的邮政服务，而所谓负担得起的价格不可能是高资费。尤其是像中国这样一个地域辽阔、地理条件差别悬殊、经济文化发展水平极不平衡的国家，以低资费、均一资费提供邮政普遍服务，即使在发达地区收支能平衡，甚至略有盈利的情况下，邮政企业的亏损仍是不可避免；因为为不发达地区、贫困山区提供普遍服务的成本支出显然远远大于提供普遍服务的收入。

邮政普遍服务的基本内涵之二是可靠、方便的服务质量要求。普遍服务并不因其低资费或均一资费而降低服务质量要求，相反，一定的局所、网点设置标准，方便、可靠的服务，是以追求社会效益为目的的普遍服务不可缺少的。[2]

《中华人民共和国邮政法》第二条明确规定："国家保障中华人民共和国境内的邮政普遍服务。邮政企业按照国家规定承担提供邮政普遍服务的义务。本法所称邮政普遍服务，是指按照国家规定的业务范围、服务标准，以合理的资费标准，为中华人民共和国境内所有用户持续提供的邮政服务。"

可见，普遍服务的核心原则是：空间全覆盖、时间不间断、对象无差别。

我们可以这样理解以上三条原则：对于商业物流机构服务不能（或不愿意）提供服务的地区、时间、对象，由邮政系统承担普遍服务义务，以确保国内所有用户都能获得持续的邮政服务。

**2. 普遍服务对规划的影响**

邮政普遍服务是政府对公民提供的社会福利，其范围并非越大越好。《邮政普遍服务标准》YZ/T 0129—2016 明确限定了普遍服务的边界：

(1) 信件；

(2) 单件重量不超过 5kg 的印刷品；

(3) 单件重量不超过 10kg 的包裹；

(4) 邮政汇兑。

普遍服务业务范围外的各种邮政业务，则属于竞争性业务，要按照私人产品适用的市场原则对待，要放开经营，反对垄断，鼓励竞争。严格分离普遍服务业务和竞争性业务非常关键，不仅应在邮政部门与非邮政部门之间进行分离，也应在邮政部门内部严格分离，不宜将两种不同性质的业务混在一起经营和监管。

因此，在城市规划中，应该对肩负普遍服务义务的邮政系统给予足够的支持，为邮政基础设施用地预留空间资源。但必须清醒地认识到，邮政系统事实上还同时运营着一些市场化、竞争性业务，在规划邮政设施用地时，应正确辨识二者的区别，确保城市公共空间资源只向邮政普遍服务功能倾斜（作为对邮政普遍服务的一种补偿机制）。

**3. 国外的邮政普遍服务**

邮政企业在履行普遍服务义务过程中，政府必须对其履行普遍服务义务的业务范围、质量以及普遍服务资金的使用进行监督管理，以保障普遍服务目标的实现。各国邮政法对普遍服务的管制都作出了相应的规定。

1997 年德国《邮政法》规定，邮政领域的管制目的是保障顾客的利益和邮政的保密性，保证邮政市场（包括农村和城市地区）公平有效地竞争，保证在全联邦德国范围内以可承受的价格提供基本的邮政服务（普遍服务），保障公共安全利益，满足社会需要。

法国邮政作为法国唯一的普遍服务提供者，每天为全国 2600 万个家庭提供邮政服务。目前，优先邮件的准时投递率为 86.7%；绿色邮件两日内投递率为 93.2%；挂号邮件的两日内投递率为 94.6%。

荷兰邮政拥有 1.9 万个信箱，在全境拥有 2000 家网点，提供邮政普遍服务的网点不少于 902 个，准时投递率达到 96.9%。

1999 年俄罗斯联邦《邮政通信法》规定：在俄罗斯联邦境内、所有邮政用户有平等使用邮政所提供服务的权利，邮政经营者要确保提供邮政业务的应有质量，邮政普遍服务业务的资费由国家调控。

1999 年意大利《邮政法》规定：确保在普遍服务的管理中向用户提供普遍服务的相关信息，特别是服务的一般条件、价格和质量标准。

1997 年欧盟邮政指令以及 2002 年修订案规定了普遍服务的最低要求，从普遍服务的范围、投递要求、服务网点条件、服务质量以及投诉和赔偿程序进行规制。欧盟指令特别关注普遍服务质量的提高，尤其是运递时间即收取邮件之后至投递的时间，要求成员国认可并建立和公布普遍服务所有业务的服务质量目标。[3]

日本邮政改革目标是实现各项业务的专业化经营和独立核算，为用户提供更广泛的、低价的、便利的邮政业务。2003 年 4 月 1 日，日本颁布了新《邮政法》，原本政企合一的日本邮政正式撤销了总务省邮政事业厅，成立日本邮政公社（自负盈亏的国企）。将日本邮政业务中的邮递、保险、储蓄等三种业务分割后实施民营化，邮政将不再享受特殊的优惠政策，完全按照市场原则运行，同时开放邮政市场，使其加入到国内外相关行业的公平竞争行列，邮政也不再成为政府的资金来源。

**4. 我国的邮政普遍服务**

中国邮政作为国家重要的社会公用事业和国家重要的通信基础设施，长期以来，在促进我国国民经济和社会发展、保障公民的基本通信权利、承担普遍服务义务等方面发挥了重要作用。

中国邮政承担的普遍服务范围广泛，包括信件、印刷品、包裹、汇票等，并按照国家规定办理机要通信、国家规定报刊的发行，以及义务兵平常信函、盲人读物和革命烈士遗物的免费寄递等特殊服务业务。中国的邮政普遍服务具有较高水平，具体体现在较为全面的业务种类、均一低廉的服务资费、遍布全国各地的服务网点、深入千家万户的投递网络等方面，不仅满足了本国境内包括城市、农村、海岛、边疆在内的所有居民的基本通信需求，还在保证国家政令畅通、传播方针政策以及各种信息方面发挥着重要作用。

截至 2015 年底，中国邮政设有邮政支局所 5.4 万处，其中 73.4％分布在农村，59 万个行政村通邮。每个邮政支局所平均服务面积 179km²，人均函件量 3.4 件，每百人报刊量 11.3 份。全国城区每日平均投递次数 1.86 次，农村每周平均投递次数 4.88 次。2015 年，中国邮政提供函件服务 45.8 亿件，其中，义务兵免费函件 334.4 万件，盲人读物 6.5 万件。提供国内普通包裹服务 3382 万件，国际包裹服务 115 万件，快递包裹服务 38949 万件，机要邮件 1717 万件，订销报纸累计份数 188 亿份，订销杂志累计份数 10 亿份，完成汇票 8242 万笔。

与发达国家相比，我国邮政普遍服务有其特殊环境：我国实际城市化率仍然不高，地域辽阔，农村及偏远地区对邮政普遍服务的供需矛盾仍很突出。我国农村基础设施集约化程度偏低、交通不便，邮件量少，导致服务成本较高。

受各种因素影响，我国邮政普遍服务发展明显滞后，邮政普遍服务的能力与水平还不能很好地适应经济社会发展和城乡居民用邮的需求。

1）邮政基础网络适应性差

改革开放以来，我国邮政营业网点数量呈逐年下降趋势。2010 年，我国邮政局（所）总数 4.8 万处，较 1998 年的最高值 10.2 万处减少 52.9％。邮政设施建设与城市建设不配套。"旧城网点拆迁还建难、进入新区布点难"等问题突出。新建小区、开发区、撤乡并镇后的城镇以及城乡结合部等区域存在大量邮政服务"空白点"。城镇居民楼信报箱安装率仅为 39％。邮政局、所、亭、箱、车、站数量不足，技术层次低。与发展中国家的印度相比，我国国土面积是印度的 3 倍多，人口比印度多，但邮政网点却仅为印度的 1/3（印度拥有 15 万个局所）。印度有 25 万个投递员，农村邮递员已经投递到户。

2）邮政普遍服务水平总体不高

按照万国邮联 2003～2007 年对 150 个成员国邮政普遍服务水平调查，中国邮政综合评分为 39.3 分，低于全球邮政普遍服务平均水平 55.8 分，名列 100 位以后。邮政普遍服务还存在着邮件传递时间长、查询赔偿和投诉处理不及时、邮件丢失损毁率高和农村邮件投递频次和深度不够等问题，城乡邮政普遍服务水平差异较大。以邮件寄递时间为例，国土面积较大的发达国家，国内普通邮件全程时限基本为 3 天左右，而我国信函的时限标准为 3～15 天。邮件传递逾限现象较为突出，信函、印刷品、包裹在省会城市之间的传递时限与邮政普遍服务标准的要求尚有一定差距，与人民群众的期望值也有较大距离。2009 年，我国邮政普通信函省会城市间逾期率达 11.7％，非省会城市间逾期率为 1.2％，其中，寄递时间 5 天以上的分别占省会、非省会城市间的 59.2％和 51.2％，7 天以上的占 13.3％。

3）城乡邮政普遍服务非均等化问题突出

农村邮政在我国邮政事业中占据着重要位置，全国邮政约 1/3 的员工、2/3 的邮路、3/4 的网点都设置在农村地区。邮政服务是农村及偏远地区群众能够享受到的少数基本公共服务之一。但是，农村特别是中西部农村地区，由于经济、文化、交通地理和政策等因素影响，邮运投递成本较高，导致农村邮政局所数量不足、信报箱缺损严重、村邮站功能普遍弱化，成为邮政普遍服务的最薄弱环节。全国乡镇邮政局所的覆盖率仅为 75%，尚有近 8500 个乡镇没有邮政局所；设立村邮站或者邮件转接点的行政村比重仅为 58.1%，已成为邮政企业投递到建制村的邮件及时接转到农民手中的"瓶颈"。

**5. 常见认识误区**

人们对邮政普遍服务的认识存在诸多误区，这里我们重点澄清几个流传最广的误区：

1）误认为邮政免费业务才是普遍服务

人们普遍认为，邮政免费承担的业务为邮政普遍服务业务，如义务兵免费信函和盲人读物。诚然，这两项业务的确是邮政普遍服务业务，但是，他们属于邮政普遍服务内容的原因并非因为其享受"免费"的待遇，而是因为义务兵作为个体，是同农民、工人及其他社会公民没有任何差别的，邮政有向其提供普遍服务的义务。

2）误认为亏损业务才是普遍服务

机要通信和党报党刊发行业务常常造成亏损，人们一般将其作为邮政普遍服务业务。在目前条件下，邮政普遍服务业务一般会产生亏损，需要财政补贴。但是，邮政普遍服务和亏损之间没有必然的因果关系，更不能认为亏损的业务就是邮政普遍服务。加拿大、美国、新西兰等国家的邮政普遍服务并未亏损，我国普遍服务的亏损也在逐步减少，只要我们加强管理，不断创新，未必不能实现邮政普遍服务业务的扭亏为盈。按照判断邮政普遍服务的三项原则，这两项业务也不属于邮政普遍服务。

3）误认为只有边远地区才存在普遍服务

人们普遍认为，西藏、新疆等边远地区，以及边防哨所、草原、沙漠等偏僻、交通不便的地区才存在普遍服务，繁华的城市不存在邮政普遍服务。邮政普遍服务是对我国境内所有地区的所有公民而言的，无论其居住于繁华的城市，还是居住于交通不便的山区。

## 2.2.2　邮政专营制度

**1. 邮政专营的定义**

邮政专营是国家特许某企业或部门经营在一定范围内受法律保护的邮政业务。未经国家法律许可，任何单位和个人不得经办专营范围内的邮政业务。

根据万国邮联国际局统计资料，在邮联会员国中，除瑞典、芬兰等极少数国家外，其他国家的邮政均有专营保护范围。

对一定范围的邮政业务实施专营是实现普遍服务的重要手段，邮政专营所确立的国家垄断避免行业进入者的挑肥拣瘦，实现以盈利业务补贴亏损业务的目的，成为邮政普遍服务成本内部补偿的交叉补贴。

专营与普遍服务的关系如下：专营是一种权利，普遍服务是一种责任和义务。普遍服务常常要通过专营来实现，专营存在的依据是普遍服务；普遍服务业务不一定都作为专营业务，专营业务不一定属于普遍服务范畴。邮政专营权与普遍服务是两个既互相关联又互相区别的问题，主要差别在于：

其一，邮政普遍服务是国家承担的社会公共职能的体现，是国家的长期战略；而专营权则是公用邮政企业因提供普遍服务享有的独家经营指定业务的权利，二者之间是目的和手段的关系。

其二，专营是保障普遍服务实现的手段，但不是唯一手段。国家除赋予承担普遍服务义务的主体一定的专营权外，还通过其他途径如政府给予邮政补贴，允许普遍服务义务的履行者跨行业经营业务，规定其他部门对普遍服务业务的支持来保障普遍服务的实现。

其三，专营权作为国家支持邮政提供普遍服务的一种手段，其本身存在的弊端在一定程度上阻碍服务质量的提高，影响邮政企业的效率，也使市场经济条件下因自由竞争而使消费者选择服务提供者的权利受到限制。这与政府因普遍服务而赋予专营权的初衷相违背。

其四，世界上一些国家尤其是发达国家邮政改革的历程显示，普遍服务作为政府的职责和增进公众福利的方式，其业务范围有可能增大，而专营权则日益被限制，专营业务日渐缩小，甚至在一些国家，政府通过立法强制邮政业务运营者承担普遍服务义务或交纳普遍服务津贴，在此前提下，取消了国有邮政企业所享有的专营特权。这表明，政府可通过其他更高效、更有利于竞争的方式取代专营权。

**2. 我国关于邮政专营的法律界定**

1986 年，《邮政法》第 8 条第 1 款规定，"信件和其他具有信件性质的物品的寄递业务由邮政企业专营，但是国务院另有规定的除外。"

1990 年，《邮政法实施细则》第 4 条第 2 款进一步解释："信函是指以套封形式传递的缄封的信息的载体。其他具有信件性质的物品是指以符号、图像、音响等方式传递的信息的载体。具体内容由邮电部规定。"

1996 年，《邮电部关于"信件和其他具有信件性质的物品"具体内容的规定的通告》依据该授权予以明确，此外第 1 款明确规定："未经邮政企业委托，任何单位或者个人不得经营信函、明信片或者其他具有信件性质的物品的寄递业务，但国务院另有规定的除外。"

2009 年，《邮政法》修改，第 5 条规定"国务院规定范围内的信件寄递业务，由邮政企业专营"；第 55 条规定"快递企业不得经营由邮政企业专营的信件寄递业务，不得寄递国家机关公文"；第 56 条规定"快递企业经营邮政企业专营业务范围以外的信件快递业务，应当在信件封套的显著位置标注信件字样。快递企业不得将信件打包后作为包裹寄递。"

之后 2012 年、2015 年的《邮政法》两次修改延续相关规定，邮政专营范围由"信件和其他具有信件性质的物品的寄递业务"缩小为"信件业务"，并且由国务院规定例外转为规定限制。

### 2.2.3 基础设施属性

**1. 市政基础设施特征**

要论证邮政基础设施是否属于市政基础设施，不妨先考察一下市政基础设施的典型特征。

服务普惠性：市政基础设施必须服务于所有区域、所有对象。

设施网络化：市政基础设施往往强调全程全网，网络化程度越高，系统效率越高。

空间排他性：市政基础设施（尤其是管网）需要占用城市空间，空间资源的有限性决定了市政设施天然的具有空间上的排他性。

成本沉淀高：由于普惠性、网络化，市政基础设施数量往往很庞大，所以建设投入巨大，成本沉淀金额高、时间长。

价格受管制：由于上述属性的成立，市政基础设施通常是垄断性的，为避免垄断经营导致民众利益受损，市政服务的价格会受到政府监管部门的严格管制。

**2. 邮政基础设施运行特征**

（1）公务性

邮政是从古代驿站传递官方文书演变而来的，现代邮政仍承担着为国家传送内部公务文书的功能，如机要通信，这就是邮政的公务性。其鲜明特征是一种专门为国家机关单一主体服务的活动。在我国，邮政的这种公务性还扩展到党报党刊的传递和义务兵免费通信。

公务角色的运行规律：非再委托性。国家公务委托给邮政企业，邮政企业不能再委托。且邮政企业要按照政府的要求，根据公务活动的需要，内部配备专门的机构和人员，自成体系，封闭运行，以满足国家公务的基本要求。

（2）公益性

在本国境内，无论距离有多遥远、路途有多险峻，传递成本有多高，邮政都必须把公民的信件廉价地送达目的地。其鲜明特征是一种为全社会每个公民生产、生活服务的活动。相比而言，电信、电力、交通等公益性服务现在还都达不到像邮政廉价、便民、普及的水平。

邮政行业具有典型的公益性，其公益角色的运行规律如下。

无差别：本国境内的所有用户，不论贫穷还是富贵，不论住在城市还是农村，甚至偏远的山区，都享有同等的邮政服务。

廉价性：邮政提供的这种服务价格不能高，必须保证人人可以承受。

便民性：邮政服务网点必须靠近人们的活动场所，方便公民办理邮政业务。

非营利：邮政经营收入只能用于邮政公益事业的发展，不能用于分红。

永久性：只要社会普遍需求一直存在，邮政服务就要永久满足。

**3. 邮政基础设施属性**

对照邮政基础设施属性，不难看出邮政基础设施符合市政基础设施的特征。

邮政产业主要提供基于邮运网络、分拣中心与投递网络全程全网生产过程的信函、包裹的传递，邮政汇兑与报刊发行这四项传统业务（函、包、汇、发），同时还提供储蓄业务以及属于政府严格管理的垄断业务—邮票发行。

在生产功能上，邮政网络与电信网络相似，邮运网络等同于电信传输网，分拣中心等同于电信网中的交换中心，投递网络则与电信本地用户接入网类似；同时，全国范围的邮政网络也与电信网络一样具有分级的结构以及与此对应的生产管理机构；但是在经济特征上，邮政网络与电信网络却具有明显的差异。

邮政业具有自然垄断的技术经济特性，沉淀成本较大形成较高的进入和退出壁垒，邮政全程全网和联合作业的特点使之具备典型的规模经济性和范围经济性，因此邮政业中的邮政投递路网是自然垄断的部分。网络的规模经济效应会随着未来邮政技术水平的提高而更加充分地发挥出来。

邮件处理环节具有较强的规模经济性。这个优势主要体现为设施的多业务兼容性。信件与小包件都可以共用部分或全部邮件自动分拣设施，特别是在长途邮件的处理方面就更是如此。[4]

综上所述，邮政基础设施具有鲜明的基础设施特征，属于典型的市政基础设施。

### 2.2.4 邮政代办制度

为有效控制运营成本，邮政企业对部分低效邮政营业场所采取代办模式。由于邮政代办局所与邮政企业没有隶属关系，邮政企业对其没有人事管理权，在控制力上就显得比较薄弱，存在影响邮政普遍服务质量的可能性。这些营业场所一般位于农村偏远地区，邮政公共服务责任凸显。为此，国家对邮政营业场所实施代办加强了制度规制。

《邮政普遍服务监督管理办法》对邮政企业以代办方式提供邮政普遍服务业务提出了要求。邮政地方立法也对此提出管理规范，并运用备案、审批方式进行规制，还规定了应当遵守的行为规范及相应的法律责任。

据统计，目前有16部地方性法规、地方政府规章对邮政营业场所实施代办作出制度规范。例如，《海南省邮政条例》第十条规定："邮政企业委托单位或者个人代办邮政普遍服务业务，应当签订代办协议。代办邮政普遍服务业务的单位或者个人，应当具备国家和本省规定的条件，执行邮政普遍服务的规定和资费、服务标准。邮政企业应当加强对代办营业场所邮政普遍服务质量的管理，并对邮政普遍服务质量负责。"江苏、湖北、广西等10个省（区、市）对提供邮政普遍服务的自办营业场所转为代办或者设置代办邮政营业场所规定了备案管理措施，河北、海南则规定了审批程序；山西、海南等6个省（区、市）对违反邮政营业场所代办制度规范设置了法律责任。这些管理制度应当引起有关邮政企业的关注，并遵照执行。

由于邮政代办制度的存在，使得邮政网络末端的"毛细血管"设施，不必纳入城市规划，完全可以通过市场化代办的方式得以解决。

### 2.2.5 规划需求分析

随着我国城市化进程的快速推进，对于很多城市（尤其是大城市）而言，宏观局面是城市建设用地资源日益紧缺，土地价值不断攀高，普遍的独立用地邮政设施成为一种越来越不明智的用地规划措施，需要采取差异化的策略来推动邮政基础设施规划布局，并充分满足实物通信所需要的功能需求（如交通便利、必要的分拣场所、车辆转弯半径等）。

因此，必须严格区分邮政普遍服务和竞争性业务，并梳理邮政设施体系，对于提供普遍服务的、功能重要且要求特殊的邮政设施，各级规划应予以用地支持，如邮区中心局、邮件转运设施等大型邮政基础设施；而对于邮政服务网点（如邮政支局、邮政所），则可采取多种形式来推动建设，地理位置重要、功能突出且需要考虑行政职能等因素时，可布置单独占地的邮政支局，其他邮政支局可采取附建方式布置，而以服务功能为主的邮政所，则以附建方式布置为主，服务功能不足的片区，也可以用社会代办点来补充。

## 2.3　规划方法

### 2.3.1　技术标准

截至目前，我国发布的涉及邮政设施设置的技术标准/规范主要有《城市邮电支局所工程设计暂行技术规定》（1990 年）、《通信工程项目建设用地指标》（1995 年）、《邮政普遍服务标准》（2009 年），对邮政设施的等级体系、服务半径、用地指标等给出了具体的规定。

但上述标准多已经年日久，内容已不符合当前发展趋势和实际需求，例如《城市邮电支局所工程设计暂行技术规定》YDJ 61—90 中根据业务量预测来确定基础设施服务半径，由于业务量的单位一直在变化，早期按袋（捆）来计量，后来按人民币来计量，两者都容易出现较大的误差，且业务种类也由早期的八大类演变为四类普遍服务业务，按此操作难度较大，以业务收入为基础确定标准已经不适应目前邮政发展的需要。

因此，各地需根据实际情况，因地制宜地制定邮政服务网点的服务半径和服务人口指标，并出台相应地方行业管理规定，切实保障邮政基础设施建设；《城市通信工程规划规范》也采取服务半径和服务人口来规划邮政服务网点，并给出邮政局所的服务半径和服务人口，但对邮政支局、邮政所未确定差异化的标准。

### 2.3.2　基础设施体系及空间需求

邮政基础设施的体系一般包括邮区中心局、邮件处理中心、邮政支局和邮政所；设置邮区中心局的城市，邮件处理中心可与邮区中心局合设。

**1. 现行空间需求标准**

《通信工程项目建设用地指标》（1995 年）规定了各类邮政设施的用地指标，详见表 2-1～表 2-4[5]。我国传统的邮政营业网点的体系架构是"邮政支局—邮政所"二级架构，根据邮政业务收入与业务处理量划分为一、二、三等支局与一、二、三等营业所。这种等级划分的基本方法是根据邮政支局、所完成的全年产品量折算成标准邮件，并根据标准邮件数量来确定邮政支局所等级。其中，"标准邮件"是按照数理统计原理，将不同业务种类的产品量转化成同一计量能力的单位。

《通信工程项目建设用地指标》综合邮件处理中心建设用地指标　　　表 2-1

| 序号 | 项目名称 | 建设规模<br>[万袋（捆）/d] | 用地指标<br>（m²） |
|------|----------|------------------|------------|
| 1 | 特类中心 | 4.60 以上 | 52500 |

| 序号 | 项目名称 | 建设规模<br>[万袋（捆）/d] | 用地指标<br>（m²） |
|------|----------|------------------------|-------------------|
| 2 | 一类中心 | 2.10 以上 | 39300 |
| 3 | 二类中心 | 1.50 以上 | 27000 |
| 4 | 三类中心 | 0.90 以上 | 21000 |
| 5 | 四类中心 | 0.90 以下 | 14200 |

注：表中建设规模某数以上，均不包括该数，某数以下，均包括该数。

**《通信工程项目建设用地指标》城市邮政（电信）支局、所建设用地指标**　　表 2-2

| 序号 | 项目名称 | 建设规模<br>[营业席位数（个）] | 用地指标<br>（m²） |
|------|----------|---------------------------|-------------------|
| 1 | 一类局 | 23 以上 | 3800 |
| 2 | 二类局 | 14 以上 | 3200 |
| 3 | 三类局 | 14 以下 | 2600 |
| 4 | 一类所 | 5 以上 | 500 |
| 5 | 二类所 | 3 以上 | 400 |
| 6 | 三类所 | 3 以下 | 200 |

注：对于邮政支局、所内不设电信营业席位时，本建设用地指标的一类局、所应乘以 0.87 的系数；二、三类局所应乘以 0.92 的系数。

**《通信工程项目建设用地指标》铁路邮件转运站建设用地指标**　　表 2-3

| 序号 | 项目名称 | 建设规模<br>（万袋/d） | 用地指标<br>（m²） |
|------|----------|---------------------|-------------------|
| 1 | 特类站 | 4 以上 | 24600 |
| 2 | 一类站 | 3 以上 | 21000 |
| 3 | 二类站 | 2 以上 | 15100 |
| 4 | 三类站 | 1 以上 | 11500 |
| 5 | 四类站 | 0.5 以上 | 6300 |
| 6 | 五类站 | 0.1 以上 | 4500 |
| 7 | 六类站 | 0.1 以下 | 2700 |

注：公路邮件转运站建设用地指标，应按铁路邮件转运站建设用地指标乘以系数 1.03。

**《通信工程项目建设用地指标》航空邮件转运站建设用地指标**　　表 2-4

| 序号 | 项目名称 | 建设规模<br>（袋/d） | 用地指标<br>（m²） |
|------|----------|-------------------|-------------------|
| 1 | 一类站 | 3000 以上 | 5000 |
| 2 | 二类站 | 2000 以上 | 3900 |
| 3 | 三类站 | 1000 以上 | 2700 |
| 4 | 四类站 | 500 以上 | 1700 |
| 5 | 五类站 | 500 以下 | 1000 |

**2. 推荐空间需求标准**

由于受电话、互联网等新技术的影响，以信函为核心的邮政普遍业务受到巨大冲击，原有按业务量来划分网点等级的方式已不适应当今邮政发展趋势，且在城市规划阶段很难预测业务量及建设规模，有必要重新梳理邮政基础设施的空间需求标准。

结合多座城市邮政基础设施近十多年的空间需求规模，作者团队建议，为方便运营管理、提高生产效率，邮政基础设施的分级应与城市政府行政序列紧密对应，分为市级、区（县）级、街道（乡镇）级三级，详见表 2-5。

邮政基础设施体系及空间需求表　　　　　　　　　　　　　表 2-5

| 序号 | 项目名称 | 对应政府管理层级 | 用地指标（m²） |
|------|----------|------------------|----------------|
| 1 | 邮区中心局 | 省级 | 50000～100000 |
| 2 | 邮政中心局<br>（邮件处理中心） | 市级 | 10000～50000 |
| 3 | 邮政支局 | 区（县）级 | 附建式优先<br>2000～3000 |
| 4 | 邮政所 | 街道（乡镇）级 | 原则上不独立用地 |

邮区中心局一般分为三级，一级邮区中心局是区域级，如广州市设置一级邮区中心局，覆盖广东省及华南地区的邮件转运，广州市一级邮区中心局的用地面积约为 10.38 万 m²，建筑面积约为 5.16 万 m²。二级邮区中心局是省级，如深圳市设置二级邮区中心局，与邮件处理中心合建，其用地面积约为 10.5 万 m²，覆盖深圳市、惠州市等城市，靠近深圳机场和高速公路，这样规模用地面积建设二级邮区中心局在寸土寸金的深圳市十分难得；深圳市二级邮区中心局的现场照片参见图 2-1。三级邮区中心局是城市级，如惠州、东莞均设置三级邮区中心局。

图 2-1　深圳市二级邮区中心局现场照片图

市级邮政基础设施，称为邮政中心局，可视当地实际条件设置在机场、港口或火车车站附近，作为全市的邮件处理和中转中心；一般位于交通比较便利的片区，便于通过车辆转运邮件。

区（县）级邮政基础设施，称为邮政支局，作为市内各区的邮件中转中心和分拣场所；如果是县级城市，则作为全县的邮件处理和中转中心。

街道（乡镇）级邮政基础设施，称为邮政所，作为区内各街道（乡镇）的邮件分发投递中心。

邮政支局、邮政所作为服务市民的营业网点，应尽量靠近用户中心和城市规划确定的不同片区的商业文化区附近。

《邮政法》第十八条规定，"邮政企业的邮政普遍服务业务与竞争性业务应当分业经营"，城市规划作为城市空间资源配置的重要工具，应该只解决普遍服务邮政设施的空间需求，经营竞争性业务的邮政设施应通过市场化的方式自行解决空间需求（注：对于邮政运营主体而言，普遍服务与竞争性业务在空间上当然往往是合并的，但对于城市规划而言，应只针对普遍服务设施予以空间保障）。

### 2.3.3 设置标准

特别说明：本书内容侧重于规划方法创新，旨在提供一种工作思路，而非厘定具体指标。考虑到我国幅员辽阔，不同地区的人口密度、经济水平、城市建设差异巨大，以下关于服务人口、服务半径、设施用地面积等具体指标仅供参考，各地规划从业人员可结合项目所在地区特点，制定符合自身需求的地方性指标。

**1. 邮区中心局设置标准**

邮区中心局，根据国家和省级的邮政宏观发展规划确定，一般每个省设置1座或多座，邮区中心局用地面积宜为5～10公顷。

**2. 邮政中心局（邮件处理中心）设置标准**

邮政中心局（邮件处理中心），每座城市至少1座，可视业务需求酌情增设；优先设置在机场、港口、车站等交通枢纽或大型物流园区。

邮政中心局用地面积宜为1～5公顷，若城市人口规模不大，同时又兼具机场、港口、车站等多种交通枢纽，可在各枢纽分散设置邮件处理中心，同时每个邮件处理中心的用地面积适当缩减。

**3. 邮政支局设置标准**

地级市及以上城市的邮政支局，服务半径1km～2km，服务人口1万～5万人；市级邮政中心局可与办公楼等用地合建，如深圳市邮政中心局就是如此，具体参见图2-2。建议设区的城市每个区至少设置一个独立用地的邮政支局，用地面积2000～3000m²（中心城区可适度提高标准，一般城区可酌情降低标准）；每个乡镇至少设置一个独立用地的邮政支局，用地面积1000～2000m²。对于建设用地资源高度紧缺的城市，邮政支局也可不独立用地，优先设置在交通便利的临街建筑首层或地下层，建筑面积1500～3000m²，同时主体建筑应设置邮政专用停车位及相应的出入通道；附设式邮政支局的现场照片参见图2-3。

图 2-2　深圳市级邮政中心局（与办公楼合建）现场照片图

图 2-3　附设式邮政支局的现场照片图

**4. 邮政所设置标准**

《邮政普遍服务标准》YZ/T 0129—2016 第 5.1.1 规定："提供邮政普遍服务的邮政营业场所的设置应至少满足下列条件，详细设置标准见表 2-6。[6]

（1）北京市城区主要人口聚居区平均 1km 服务半径或 1 万～2 万服务人口；

（2）其他直辖市、省会城市城区主要人口聚居区平均 1～1.5km 服务半径或 3 万～5 万服务人口；

（3）其他地级城市城区主要人口聚居区平均 1.5～2km 服务半径或 1.5 万～3 万服务

人口；

（4）县级城市城区主要人口聚居区平均 2～5km 服务半径或 2 万服务人口；

（5）乡、镇人民政府所在地和乡、镇其他地区主要人口聚居区平均 5～10km 服务半径或 1 万～2 万服务人口；

（6）交通不便的边远地区，应按照国务院邮政管理部门的规定执行。

邮政所设置标准一览表　　　　　　　　　　　　　　　表 2-6

| 序号 | 城市类型 | 服务半径<br>（km） | 服务人口<br>（万人） |
|---|---|---|---|
| 1 | 北京市 | 1 | 1～2 |
| 2 | 其他直辖市<br>省会城市 | 1～1.5 | 3～5 |
| 3 | 其他地级市 | 1.5～2 | 1.5～3 |
| 4 | 县级市 | 2～5 | 2 |
| 5 | 乡镇 | 5～10 | 1～2 |

注：随着城市人口密度的日益提升，为更加方便地服务人民群众，邮政所的服务半径可在上表的基础上视情况进一步缩减至 500m，同时服务人口进一步增加至 5 万人，邮政所建筑面积宜为 100～500m$^2$。

5.1.2　规定，"乡、镇人民政府所在地应至少设置 1 个提供邮政普遍服务的邮政营业场所。"

5.1.3　规定，"较大的车站、机场、港口、高等院校和宾馆，应设置提供邮政普遍服务的邮政营业场所。相关单位应在场地、设备和人员等方面提供便利和必要的支持。"

**5. 邮筒（箱）设置标准**

《邮政普遍服务标准》YZ/T 0129—2016 第 5.3.1 规定，"邮筒（箱）的设置应至少满足下列条件。

（1）直辖市、省会城市城区主要人口聚居区平均 0.5～1km 服务半径；

（2）其他地级城市城区主要人口聚居区平均 1～2km 服务半径；

（3）县级城市城区主要人口聚居区平均 2～2.5km 服务半径；

（4）乡、镇人民政府所在地主要人口聚居区平均 5km 服务半径；

（5）交通不便的边远地区，应按照国务院邮政管理部门的规定执行。"

5.3.2　规定，"提供邮政普遍服务的邮政营业场所门前应设置邮筒（箱）。"

5.3.3　规定，"较大的车站、机场、港口、高等院校等人口密集的区域，宜根据需要增加邮筒（箱）的设置数量。"

### 2.3.4　布局要点

**1. 布局原则**

邮政基础设施是邮政企业为用户提供服务的场所，是邮政最基层、最基本的服务单元，是邮政企业联系广大用户的桥梁和纽带，是邮政企业创造和传递价值的根本保证。邮政基础设施布局应该遵循方便性原则和最大覆盖原则。

（1）方便性原则

方便性原则体现为用户在购买产品或者接受服务的过程中对时间和努力的感受程度。邮政基础设施作为服务性设施，为用户提供最大的方便是其存在的根本宗旨。由于每一个人所拥有的时间和努力的资源不是无限的，消费者在某一项活动中消耗了过多的时间和努力，必然会影响他在另一项活动中相关资源的投入，因此，从经济学上说，该投入就是组织消费者从事其他活动的机会成本。消费者在购买行为中存在的便利成本的大小，是消费者选择是否做出购买决策的重要影响因素。便利成本是消费者为获得产品或者服务而在时间、体力和精力上的支出。对于邮政企业来说，网点的位置是用户接受邮政服务所付出的时间和努力的直接相关因素。邮政法中用局（所）平均服务半径和服务人口两个因素反映了用户用邮的方便程度。

（2）最大覆盖原则

邮政是国家重要的社会公用事业，包括网点在内的邮政服务设施是国家重要的基础设施。满足每一个用户的用邮需求是邮政企业应尽的义务。世界上很多国家对邮政网点的设置密度提出了严格要求。我国邮政法主要是根据地区类别、主要人口聚集区服务半径、服务人口三个因素来设置网点。邮政服务网点作为网络型服务设施，应该通过科学选址提高单个网点的辐射性，在选址和数量设置方面用最小的成本服务最多的用户，即实现最大的覆盖。

**2. 影响因素**

（1）城市规划因素

了解地形、气候、风土等自然条件，调查行政、经济、历史、文化等社会条件，从而判断城市的类型是工业城市还是商业城市，是中心城市还是卫星城市，是历史城市还是新建城市。同时，还要密切关注城市发展进程，如大型住宅区的开发，大型商业中心的新建，街道开发计划，街道拓宽计划，高速、高架公路建设计划等，都会对未来邮政网点的商业环境产生巨大的影响。譬如在某些即将被开发的区域，也许此时该地区比较落后，地价、房价等都比较便宜，但是一两年后，这个地方将成为商业繁华地带，带动地价迅速飙升。因此，商业选址还需要与城市规划步调一致。因此，只有了解城市规划，才能预期该网点的选址是否符合规划要求以及以后网点周围情况的变化，这样才能对该网点以后商圈范围内的客户数量及其他情况提前做出合理的估计，从而对该网点的长远发展作出精确的预测。

（2）人口需求因素

一般来讲，商业中心就是消费中心，从经济效益上讲，商业中心必须满足整个城市消费市场的要求，争取尽可能多的用户；从成本效益上讲，要争取最大的聚集效益，要能够最大限度地利用城市已有的各种基础设施，因为城市人口分布的空间形态是商业中心形成发展的重要制约因素。从某种意义上讲，社区大，并不一定代表客流量大，并不能代表对邮政业务的需求大。如果客流量无法保证，选在大的社区开办网点并不是明智的行为。所以，在选址决策之前需要对拟开发地点周围人口的经济潜力和收入支出状况进行分析。重点分析用地附近是否有值得依托的大量居住人口，人口的结构、人口的收入、光顾力状况、消费习惯和消费心理等。另外，在人口分析时还要特别注意用动态预测的手段来分析，即要关注未来人口自然增长和迁移趋势以及人口收入的变化等。

（3）便利性因素

便利性分析的主要指标是交通易达性。交通易达性即交通便捷程度，主要取决于购物者从起点到服务网点所花费的时间，需要特别指出的是，空间距离和时间距离是有区别的。网点选址中的易达性分析不仅仅是空间距离，更多情况下是交通工具或者行人行走需要的时间距离。为此，有必要对交通工具到达该网点所需要的时间进行测试。为了有效确定行程时间，可以根据所花费的时间绘制等时间距离图。实际上，交通状况的好坏直接影响到客流量。据地产专业人士分析，交通状况对于任何一种物业形态都非常重要。一般来说，商业在追求最大商品销售范围的原则下，选址应使交通费用达到最小。商业中心交通易达性的实质就是有服务需求的用户到达商业中心的出行时间总和达到最小。目前，中国大部分城市居住郊区化还不普遍，相比于发达国家，家庭轿车普及率还不高，因此商业网点大都选择在市中心，因为这些地点交通便利，可以吸引到更多的客流量。除此之外，随着中国家庭轿车拥有量的提高，选址除交通便利外，邮政网点附近便于停车，对于用户来说也是一个巨大的吸引力。

**3. 结论**

综合而言，规划布局邮政基础设施时必须顾及土地用途需求、当地的情况、发展限制、可运用的资源，以及财政上是否可行等因素，灵活变通。邮政局所是面向群众、服务社会的城市基础设施，一般布置在闹市区、居民集聚区、文化游览区、公共活动场所、大型工矿企业、大专院校所在地、车站、机场、港口以及高级宾馆内应设邮政业务设施。同时，邮政局所设在交通便利、运输邮件车辆易于出入的地点，有较平坦的地形，地质条件良好。

## 2.3.5 方法创新

**1. 界定规划对象**

在城市规划领域，针对邮政设施主要存在两种误区：一种误区认为邮政设施属于物流设施，在当今高度发达的物流市场背景下，规划无需考虑邮政设施需求；另一种误区能够认识到邮政基础设施的市政基础设施属性，也将邮政设施纳入了规划方案，但无法正确区分邮政普遍服务于经营性业务之间的本质差异，使得邮政设施数量过多或用地指标过大，导致将城市的公共空间资源错误地向邮政经营性物业倾斜，破坏了物流行业的正常市场秩序。

有鉴于此，作者团队建议，城市通信基础设施规划必须纳入肩负普遍服务义务、作为城市市政基础设施之一的邮政设施，但不包括经营竞争性业务的邮政设施。

**2. 梳理基础设施体系**

邮政基础设施的传统体系分类过于繁杂，且分类标准过于陈旧，已经不符合当今时代的实际需要。结合我国政治经济发展实际，作者团队提出将邮政设施体系与城市行政体系相对应，不仅有利于在各层次规划中落实邮政基础设施用地需求，也有利于邮政基础设建成后提高运行工作效率。

### 3. 采取多种形式促进邮政服务网点建设

我国总体城市化率已超过 50%，城市化进程已进入下半场，此阶段的特征是城市建设用地资源日渐稀缺，多种性质用地兼容、提高用地效率正成为各城市的研究热点。

考虑城市规划较难合理地预测邮政业务，作者团队认为，除了沿用《城市通信工程规划规范》采用"服务半径、服务人口"来布局邮政服务网点外，还需采取多种形式来规划布局邮政服务网点；除了必须独立用地的重要邮政支局外，其余邮政支局优先考虑附建式，邮政所原则上不予独立用地。对于用地资源充足的城市，亦可视情况确定地方性技术标准。

同时，考虑到邮政设施分拣处理设施机械化、自动化、智慧化水平飞速提升，各级邮政设施的用地面积指标、建筑面积指标均较之前的技术标准或规范有明显的缩减。

## 2.4　规划实践

邮政基础设施规划实践取自《××合作区市政工程详细规划》中通信工程详细规划，邮政基础设施是通信工程规划中一个分项；该片区属于高强度开发建设的城市中心城区，人口密度高达 5 万人/km²，邮政基础设施布局结合本地建设特点和建设用地格局，设置规律的指标选取突破上限值，采取附设式邮政支局和邮政所相结合的方式来满足邮政普遍服务。

### 2.4.1　项目背景

南方城市某合作区位于珠三角区域发展主轴与沿海功能拓展带的十字交会处，在粤港澳大湾区具有重要的战略地位。

合作区作为国务院批复"粤港现代服务业创新合作示范区"，2020 年生产总值将达到 1500 亿元，单位用地平均效益达 100 亿元/km²，肩负国家综合改革试验和产业、城市建设转型的重任，也将成为我国改革开放 30 年后新一轮 30 年深化改革的新标杆，因此，合作区建设备受国家和地方重视。

### 2.4.2　基本情况

规划区域位于珠江口东岸，总用地面积约 14.92km²。

#### 1. 战略定位

粤港现代服务业创新合作示范区；现代服务业体制机制创新区；现代服务业发展集聚区；中国香港地区与内地紧密合作的先导区；珠三角地区产业升级的引领区。

#### 2. 规划目标与定位

建设成为具有国际竞争力的现代服务业区域中心和现代化国际化滨海城市中心。

#### 3. 总体规模

远景适宜开发规模：远景总体适宜开发规模为 2600 万 m²（最大规模为 3000 万 m²）。

产业功能占约 70%，其中办公约占 44%，面积约 1160 万 m²；商业约占 14%，面积约 360 万 m²；酒店约占 3%，面积约 70 万 m²；公寓约占 24%，面积约 630 万 m²；教育培训约占 3%，面积约 70 万 m²；文化休闲约占 2%，面积约 60 万 m²，弹性用途及其他用途约占 10%，面积约 250 万 m²。

岗位人口：远景岗位人口适宜规模为 65 万人（最大规模为 75 万人），职居平衡系数为 4∶1，带眷系数采用 1∶1.2～1∶1.5，合作区内居住人口适宜规模为 15 万人（最大规模为 20 万人）。

**4. 规划产业**

合作区服务业包括生产性服务业、生活性服务业、公共性服务业三种类型，优先规划金融业、现代物流业、信息服务业和科技与专业服务业等四大主导产业功能及商贸流通业等重点产业。

## 2.4.3　规划构思

该项目规划对象是提供普遍服务的邮政基础设施，规划范围内邮政基础设施主要包括邮政支局、邮政所。

所有邮政设施均不独立用地，采用附建式的方式兼容于主体地块内；邮政支局建筑面积不超过 2500m²，邮政所面积不超过 350m²。

考虑到规划区土地开发强度高、路网密度高、用邮需求大，扩大邮政服务网点的服务半径和服务人口指标，邮政支局服务半径最大不超过 2000m，服务人口最大不超过 30 万人；邮政所作为邮政支局的补充，服务半径最大不超过 1000m，服务人口最大不超过 10 万人。

## 2.4.4　规划成果

邮政服务网点是邮政通信开展普遍服务的最基本要求。为满足规划区发展的用邮需求，根据邮政网点的服务半径和服务人口的设置要求，规划新增 3 座邮政支局，分别位于 1 单元 A－4 街坊、9 单元 B－7 街坊和 15 单元 C－10 街坊，建设形式为附设式。其中，9 单元 B－7 街坊邮政支局附设在该区同址的通信机楼内，需建筑面积 2500m²，该支局也作为规划范围内的邮政中心支局；A 区的邮政支局附设在 1 单元（交通枢纽）的首期工程内，C 区的邮政支局附设在该区同址的通信机楼内，上述两座邮政支局各需建筑面积约 1500m²。

此外，为了弥补上述三座邮政支局布局和服务能力的不足，作者团队另布置 4 座邮政所，各需建筑面积 300～350m²；其中，A 区的邮政所附设在同址的通信机楼内，其他三座邮政所附设在街坊的相关建筑物内，详细情况见图 2-4。

邮政所和邮政支局在空间分布上相互补充，共同构成合作区的邮政服务网点。邮政服务网点需设置在便于群众交寄、领取邮件的临街建筑物的首层，并满足邮政车辆回车要求的场地。

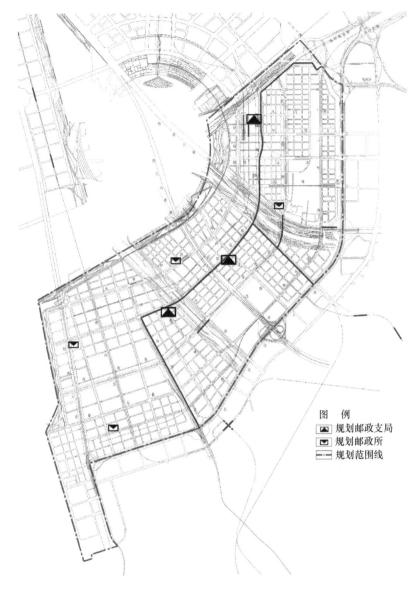

图 2-4  某合作区邮政基础设施布局规划图

## 2.5  政策建议

**1. 进一步缩小邮政专营业务范围**

现行《邮政法》规定，邮政专营业务范围为信件寄递，并明确信件的定义："是指信函、明信片。信函是指以套封形式按照名址递送给特定个人或者单位的缄封的信息载体，不包括书籍、报纸、期刊等。"

实践中不难发现，对于非重要的普通信件，并不存在邮政专营的必要，用户完全可以在市场上自主选择物流公司。有观点认为，即使是普通信件，由于包含了用户隐私信息，也不宜由市场化的物流公司寄递。这种观点的错误在于，小看了市场本身固有的优胜劣汰机制，如果物流公司确实泄露了用户隐私信息，用户可以"用脚投票"，去选择服务品质更高的运营商。因此，作者团队建议，邮政专营业务范围应进一步缩小，仅限以政府公文为代表的国家机要通信。

**2. 将邮政普遍服务设施纳入城市通信基础设施规划**

邮政业务的递送对象是实物，寄递效率强烈受制于交通条件。因此，邮政网点的密度直接决定普遍服务的质量。

我国目前正处于快速城市化阶段，对邮政的普遍服务提出了严峻挑战。城市老城区被拆除的邮政网点得不到合理补偿，新城区的开发又往往对邮政设施需求考虑不足；农村的邮政网点因人口减少而亏损扩大，但由于人口流动的不确定性又难以取消。连一些机场、港口、公路、铁路交通枢纽的规划中，都没有顾及邮政的需要，没有为邮政转运、分拣中心预留空间。

既然邮政基础设施属于市政基础设施，理应纳入政府规划；并且考虑到普遍服务邮政设施的非盈利性质，应以"行政划拨"的方式提供用地资源供其建设，真正落实《邮政法》第八条"地方各级人民政府应当将邮政基础设施的布局和建设纳入城乡规划，对提供邮政普遍服务的邮政设施的建设给予支持。建设城市新区、独立工矿区、开发区、住宅区或者对旧城区进行改建，应当同时建设配套的提供邮政普遍服务的邮政设施"的相关要求。

第 3 章

# 无线通信
# 基础设施规划

无线通信基础设施包括无线发射（接收）场
站等大型场站和基站等小型站址；因基站属于接
入设施，具有数量多、分布广、技术变化快等独
特特点，将在第5章详述，本章重点介绍大型无
线通信基础设施。

## 3.1 行业特点分析

**1. 无线电特性**

所有无线电业务都离不开无线电频率，就像车辆必须行驶在道路上。无线电是自然界存在的一种电磁波，是一种看不见、摸不着的物质，且不受国家或地区的边界限制；按照《中华人民共和国物权法》规定，无线电是受法律保护的国家自然资源，它具有以下四种特性。

（1）有限且非耗竭性

无线电频谱资源不同于矿产、森林等实体资源，它是可以被人类利用，但不会被耗尽；不使用它是一种浪费，使用不当更是一种浪费，甚至由于使用不当而产生干扰或造成危害。由于较高频率无线电波的传播特性，无线电业务不能无限地使用较高频段的无线电频率，目前人类对于 3000GHz 以上的频率还无法开发和利用，尽管使用无线电频谱可以根据时间、空间、频率和编码四种方式进行频率的复用，但就某一频段和频率来讲，在一定的区域、一定的时间和一定的条件下使用频率是有限的。

（2）排他且可复用性

无线电频谱资源与其他资源具有共同的属性，即排他性，在一定的时间、地区和频域内，一旦被使用，其他设备是不能再用的。虽然无线电频谱具有排他性，但通过时间、空间、频率和编码等技术处理，无线电频率又可以重复使用，即不同无线电业务和设备可以频率复用和共用。

（3）易干扰性

如果无线电频率使用不当，就会受到其他无线电台、自然噪声和人为噪声的干扰而无法正常工作，或者干扰其他无线电台站，使其不能正常工作，使之无法准确、有效和迅速地传送信息。

**2. 大型无线通信基础设施特点**

对于大型无线通信基础设施而言，无论是发射场站，还是接收场站，都具有以下特点。

（1）一点对多点

每个城市的发射和接收场站数量较少，一般为 1 个或几个，负责对辖区范围信号覆盖或监管，采取单向通信方式，对应的用户数量却很多，如一个广播发射塔，可覆盖城市所有用户听众；这种单向传输方式的无线电频率不能复用，与现代移动通信蜂窝网的双工通信方式（在不同蜂窝网中频率可复用）有较大不同，也说明无线通信基础设施的重要性，需要重点保护。

（2）战略需求且属于保密设施

无线广播、无线电视是 20 世纪七八十年代广泛应用的技术，随着有线通信快速发展以及移动蜂窝网通信的发展，无线广播电视的受众逐步减少；当小汽车成为主要交通工具后，无线广播电视的受众有所回升。目前，尽管中波、短波等广播的受众较少，但它是城市的战略资源，特别是边境城市，应该维持其正常功能。随着移动通信网、无人直升机等无线通信广泛应用，城市的电磁环境日趋复杂，机场等重要场所需要专用接收设施来监管，接收场站更是一个城市不可缺少的战略设施。另外，大型无线通信设施一般属于保密设施，开展规划时需按照保密要求做好保密工作。

（3）应急（灾备）的重要手段

正因为无线广播电视的一点对多点特性，使其建设时成本较低、建设快且覆盖广泛；当出现重大自然灾害时，在移动通信、有线通信等常规通信手段都无法使用时，无线广播电视成为十分重要的通信手段，起着十分重要的作用；如汶川大地震救援时，起关键作用的就是无线广播和无线电视。

## 3.2 规划要素分析

### 1. 无线电传播方式及主要应用

无线电具有固有的传播特性。在自由空间中，波长与频率之间关系符合 $c=f\lambda$，其中 $c$ 为光速，$f$ 和 $\lambda$ 分别为无线电波的频率和波长。无线电波从发射机天线辐射后，电波的能量会被地面、建筑物或高空的电离层吸收或反射，或在大气层中产生折射或散射，从而造成强度的衰减；接收机只能收到其中极小的一部分。而政府部门主管的监测是在较有利的位置用专业设备对某些频段进行监视和测量，确定是否有非法频率或干扰源等，维护无线电通信正常运行。

决定传播方式的关键因素是无线电信号的频率；不同频段信号的产生、放大和接收的方法不同，传播的能力和方式也不同，应用范围也不同。根据无线电波在传播过程所发生的现象，电波的传播方式主要有绕射（地波）、反射和折射（天波）、直射（空间波）。

地波沿大地与空气的分界面传播，采取绕射传播；地波的能量易被大地吸收，波长越短，减弱越快；长波（波长为 1000～10000m，频率为 30～300kHz）、中波（波长为 100～1000m，频率为 300～3000kHz），无线电信号就是利用地波传播的；但地波不受气候影响，可靠性高。长波的应用主要为远距离通信，如无线电导航、远洋航行的舰艇通信等；在低频和甚低频段，地波能够传播超过数百公里或数千公里。中波以靠地面波传输为主（也可靠天波传播，仅晚上传播效果较好），中等功率的中波传输距离一般为几百公里，主要应用有近距离本地省内广播、海上通信、无线电导航及飞机上的通信等。

天波是利用天空的电离层折射和反射而传播；电离层只对短波（波长为 10～100m，频率为 3～30MHz）的电磁波产生反射作用，能以很小的功率借助天空波传送到很远的距离，一次反射跳跃距离可达 4000km；短波也可采用地波传输，一般只应用近距离通信，传输距离约几十公里。短波的应用主要有远距离国际无线电广播、远距离无线电话及电报通信、无线电传真、海上和航空通信等。

空间波是由发射点从空间直线传播到接收点的无线电波，也称直射波，在视距范围内传输；超短波和微波通信就是利用直射波传播，传播过程强度衰减较慢；限制直射波通信距离的因素主要是地球表面弧度和山地、楼房等障碍物，其天线一般设置较高（如山体顶部、建筑物屋顶等）。直射波的应用较广，包括多个波段，含超短波波段（波长为1～10m，频率为30～300MHz，应用有移动通信、电视广播、调频广播、雷达导航等，传输距离约为几十公里），分米波波段（波长为10～1000cm，频率为300～3000MHz，应用有中继通信、移动通信、卫星通信、电视广播、雷达等），厘米波波段（波长为1～10cm，频率为3～30GHz，应用有中继通信、雷达，卫星通信等），毫米波波段（波长为1～10mm，频率为30～300GHz，应用有定点通信及移动通信、导航、雷达定位测速、卫星通信、中继通信、气象以及射电天文学等）。

上述各频段的主要特征及主要应用参见表3-1。

常用无线电频率资源波段特征及主要应用表    表3-1

| 频段名称 特性应用 | 符号 | 频率 | 波段 | 波长 | 传播特性 | 主要用途 |
|---|---|---|---|---|---|---|
| 甚低频 | VLF | 3～30kHz | 超长波 | 100km～1000km | 波导 | 海岸潜艇通信；远距离通信；超远距离导航 |
| 低频 | LF | 30～300kHz | 长波 | 1km～10km | 地波为主 | 越洋通信；中距离通信；地下岩层通信；远距离导航 |
| 中频 | MF | 0.3～3MHz | 中波 | 100m～1km | 地波与天波 | 船用通信；业余无线电通信；移动通信；中距离导航 |
| 高频 | HF | 3～30MHz | 短波 | 10～100m | 天波与地波 | 远距离短波通信；国际定点通信 |
| 甚高频 | VHF | 30～300MHz | 米波 | 1～10m | 空间波 | 电离层散射；流星余迹通信；人造电离层通信；对空间飞行体通信；移动通信 |
| 超高频 | UHF | 0.3～3GHz | 分米波 | 0.1～1m | 空间波 | 微波中继通信；对流层散射通信；中容量微波通信 |
| 特高频 | SHF | 3～30GHz | 厘米波 | 1～10cm | 空间波 | 大容量微波中继通信；数字通信；卫星通信；国际海事卫星通信 |
| 极高频 | EHF | 30～300GHz | 毫米波 | 1～10mm | 空间波 | 短距和中距点到点移动通信 |

**2. 规划需要考虑的要素**

由于长波需要庞大的天线设备，在城市建设用地范围内应用较少。从城市空间规划角度来看，大型无线场站在城市公共发射领域应用主要有广播、电视、移动通信、卫星、微波通道等，在公共接收领域应用主要是监测。按照各分项业务的主要应用和对城市空间的相关要求来看，上述应用可进一步细分为中波及短波发射台、调频广播及无线电视发射台、微波通道及卫星雷达等专业台站。除了移动通信外，无线电技术其他应用的技术革新相对较慢，城市规划主要应用成熟技术，从规划方法来看创新的内容较少；城市规划在面对上述场站设施时，需要考虑的要素如下。

（1）遵守无线电传播规律，满足相关技术要求

在无线电传播过程中，不同频率的无线电有自己的传播规律，需满足其本身的特殊要求，如微波通道须在直线视距范围内通信；也由此决定不同场站有自身的要求，如中波发射站须有地网（地线组成地网），调频广播及无线电视的发射站的基准高度较高（按地球半径推算，采取直射波传输时，如天线高 100m，无线覆盖距离可达 50km）等。每类基础设施的要求不尽相同，需针对规划对象区别对待。

（2）保护广播电视源和传输通道

随着光纤传输快速发展，电视进入以有线电视为主的时代；每个城市的有线电视中心是重要的通信设施，70 万人及以上的城市，除了有线电视中心外，还须建设灾备中心。另外，电视台（需说明的是，电视台是城市公共设施，不属于通信基础设施）至无线发射台之间，一般需设置无线和有线相结合的双传输通道，以加强传输安全。

（3）规划布局与站址选址同步开展

考虑到无线发射（接收）站址与无线电频率、传播方式和城市地形地貌密切相关，也与站址所在位置的地质和土壤等因素相关，还需要通过专业软件进行模拟分析（地形地貌复杂的城市更需要通过此项工作来分析覆盖率），从而确定站址的具体位置；因此确定大型无线站址规划布局时最好同步开展选址工作，并与广播电视规划设计院合作，借助专业工具科学合理地确定站址的位置。

（4）协调好大型发射场站与城市建设区的关系

从无线电波发射天线辐射后，有大量电波能量被吸收或反射，只有少量电波被接收机接收；为达到较好的覆盖效果，广播电视的单频率发射天线一般功率较大（10～20kW），大部分发射架上有多幅不同频率的天线，且天线的频率较高，容易出现辐射超标的情况；部分站址还有明显的主通信方向。随着城市建设区域扩展，20 世纪 60～70 年代建设在城市边缘的发射场站，容易与城市建设区冲突，国内已有多座城市（如深圳、重庆、武汉、常州、六安）发生广播电视发射场站搬迁，有些城市正计划搬迁发射场站；无论是新建还是搬迁发射场站，都需要处理好发射场站与城市建设区的关系，避免出现辐射影响市民身体健康。

## 3.3　无线发射设施及发信区

大型无线发射基础设施尽量位于城市发信区内，减少发射设施与城市发展空间冲突；常见的发射设施包括中波及短波发射台（站）、调频广播及无线电视发射台（站），有条件时布置在靠近城市中心区的山体上，相关情况见图 3-1。发信区的防护距离取决于发信区内主要发射设备及其要求。

图 3-1　某市无线广播电视发射塔及微波基站实景照片图

### 3.3.1　中波及短波发射台（站）

中波（MW）的频率为 300kHz～3MHz，中国规定无线电广播中的中波频率范围为 535～1605kHz；中波的主要传播途径为地波，传输距离为几百公里，常作为省内广播。短波工作频率一般为 3～30MHz，短波（SW）的主要传播途径是天波，传送距离可达几千公里，常作为远距离通信。短波沿地面传播时最多传播几十公里，沿海面传播时可达 1000km 左右。中波、短波发射台（站）对场地要求较大，对场地及周边空间要求比较严格。

**1. 站址规划**

（1）工作频率及发射塔

工作频率是新建中波、短波发射台（站）时首先面对和需要确定的，该频率必须符合全国总体的广播电视覆盖规划和全国的无线电频率规划；对于搬迁的中波、短波发射台（站），可沿用现状台站的工作频率，但搬迁新址必须与邻近市县的工作频率相协调，确保相互之间不冲突。以工作频率为基础，适当选择地网部分交叉的技术方案，合理布局好塔基位置；在频率、功率合适的情况下采用多频共塔技术，选择合适的塔高、塔距；最后确定发射天线数量和发射塔的数量。

（2）台（站）数量

大部分城市只需设置 1 座中波发射台，部分城市因地形地貌复杂可能适当需要增加 1 座；另外，部分地理位置特殊的城市，可能会需要设置 1 座中波实验台。而短波通信具有设备简单、建设快捷、通信距离远、机动性和抗毁性强等特点，常用于军事通信及指挥，可从更广区域或更加专业的角度来确定数量及布局。

（3）用地大小

中波、短波发射台主要由发射场区、技术设施设备、配套设施三部分组成。中波沿地表传播，发射天线周边应建设地网；一般发射塔高约为（60～70m）～（160～170m），发射塔周围敷设有半径与塔高相当的地网；当有多个发射塔时，发射塔之间还有较严格的要求，加上地网建设，从而使得中波发射塔占用的面积较大。中波发射台（站）的用地面积可结合发射塔的数量和天线形式综合确定；单座中波发射台的用地面积约为 5.4～70 公顷。短波发射台（站）比中波发射台（站）的用地要小很多，但其用地面积约为 1.95～4.3 公顷[7]，用地面积也比其他通信基础设施用地大很多。

（4）规划布局

确定中波、短波发射台（站）的规划布局，最重要的考虑因素尽量有利于电波对服务区的覆盖，提高信号覆盖率。同时，由于各频率天线发射功率较大（5～25kW），应考虑电磁辐射对城市建设区的影响，避免在影响区内建设医院、学校、居住、商业及办公等城市建设用地，降低电磁辐射对周边市民身体健康的影响。当发射功率不超过 1kW 时，宜靠近服务区的中心选址；当发射功率较大时，宜靠近服务区中心，并与城市居民密集区保持适当距离。由于中波、短波发射台（站）的具体位置受多个条件影响，在开展站址布局时，须同步开展站址选址工作，以便更加合理地确定场站的具体位置。

随着中国城市化进程持续深入发展，城市建设用地也不断扩展，部分城市的城区围绕现状城区已扩大 1～2 倍，部分城市在维持现状城区基本不变的情况下，在其他区域另建新建城区，不可避免出现早期建设在城市边缘的中波、短波发射台，慢慢被新建城区包围的状况，需要搬迁发射场站；最突出的就是各地市县的中波、短波发射台站，此类场站数量大，一般建设在平地，且用地面积较大，与城乡规划冲突大。需要在全国广播电视覆盖规划、全国无线电频率规划和避开城镇中心片区、保护农田保护用地之间进行平衡，既保证中波台对城市的覆盖，又避免电磁污染和妨碍居民收听广播。

以南方某城市为例，该城市某座公园内有座中波广播实验台，于 1963 年 3 月建站，建设时间较早；在该城市发展过程中，该台位置位于后来建设的人民公园内，天线场地分别在人民公园里（两根）和某道路 2 号大院内（1 根）；主体发射天线高度约 76m，塔体边宽 0.5m，形状为三角形单根直立铁塔；发射频率 747kHz、1206kHz、1008kHz、900kHz；每套发射功率 1kW。尽管该台发射功率较小，但由于与周边居住区太近，导致周边部分片区电磁辐射超出国家规范规定范围；后经多次协调、选址、比选、论证，该台于 2007～2008 年期间搬迁至该城市中西部地区，更接近服务中心地区；该城市早期（2007 年以前）中波台天线的相关情况参见图 3-2。

（5）土地集约利用

从前述用地指标来看，中波、短波发射台（站）的用地面积比较大，且对周边坡度、树木、建筑有较严格的要求；这对土地资源十分紧缺的城市而言，可进一步开展土地资源的集约利用，以便高效利用城市土地。如南方某城市中波发射台，结合某条河河口滩涂湿地改造，充分利用中波台周边平坦的可建设用地，将中波发射台与周边河道用地及设施一起改造为城市红树林生态公园，大大提高城市土地的利用效率；改造后相关情况参见图 3-3，图中 15 号标示即为中波发射天线。

图 3-2　南方某城市公园中波台天线（2007 年以前）

图片来源：深圳市无线电管理办公室．深圳市无线电电磁辐射情况调研报告，2006

图 3-3　中波发射场地与生态公园关系示意图

图片来源：某区红树林生态公园，［online image］http：//cgj. sz. gov. cn/zwgk/ztzl/lszt/cjgjslcsx/sd
bh/201610/t20161023 _ 5007123. htm

**2. 规划选址**

开展中波、短波发射台（站）选址时，在确定工作频率和发射功率的前提下，需先初步确定用地大小、覆盖区域或服务中心位置，同时结合城市地形地貌进行分析，确定几个候选场址；对于含有山体、丘陵等复杂地形的城市，需借助专业软件进行覆盖模拟分析，通过比选确定性价比更高的场址。

（1）选址要求

中波、短波发射台选址与规划布局密切相关，也是台站建设中一个十分重要的环节；

在开展选址时，可从常规条件、专业条件两方面开展工作。

常规条件：候选站址需靠近道路，获取便利水电等基础设施（发射台的供电属一级负荷，应由两个外部电源供电），同时避开灾害性气候地区、电磁辐射干扰等不利因素，在飞机场附近、风景名胜区及其保护区等特殊场所建设时，须取得有关部门同意的书面文件。

专业条件：除了前述中波、短波发射台（站）的用地面积较大外，中波、短波广播发射台还对周边的用地有一些限制条件，在塔基外围 500m 范围内，地形应该是平坦的，总坡度不宜超过 5%；对中、远地区（大于 2000km）广播的短波发射台，天线发射前方 1km 以内，总坡度一般不应超过 3%；在地形复杂的地区建设时，应论证地形对电波发射的影响。另外，禁止"以天线外 250m 为计算起点兴建高度超过仰角 3°的高大建筑[8]；应避免主要通信方向通过城区，远距离通信用天线的正前方 500m 以内，无高大树木、房屋建筑、输电线或通信线路的阻挡。同时，宜选择有利于中波传播的土壤，如土壤湿润、地导系数较高的土地。

（2）候选场址

由于中波采用地波传播，有一定绕射能力，中波发射台可绕山体和地面建设；但同时，发射台需要处于相对较平坦开阔地势，且对周围城市建设有一定限制要求。在满足常规条件和专业条件的基础上，可以选择一些较热闹的乡镇、农村、景区等附近地区，避开农田保护用地等政策法规禁止建设的区域，并优先选用荒地、劣地，不占用或少占耕地和经济效益高的土地。

在遵循"十分珍惜和合理利用每寸土地，切实保护耕地"的原则基础上，按照上述条件在接近覆盖区域中心的位置，可初步选择 2~4 个候选场址；同时，了解候选场址的城镇土地利用规划和土地的功能性质，候选场址是否与当地法规政策相冲突（如生态控制线、自然保护区、一级水源保护区、农田保护区等），掌握改变土地利用规划和地块功能性质的相关条件和手续。

（3）方案比选

鉴于中波、短波发射场站面积较大，属于城市通信设施用地，且需要远离城市建设区，既满足中波、短波发射站的建设条件，又满足城市土地利用规划的场站，可能比较困难；各候选场址可能存在常规条件或专业条件的某些内容无法满足要求，也可能存在覆盖范围不太理想等情况，也可能需要调整规划或缺乏建设用地指标等；也须通过专业软件对候选方案的覆盖率进行分析。因此，需要通过比选因子对候选方案进行方案比选。

比选因子可分为常规条件、专业条件、覆盖率、与城市规划吻合度、建设用地指标五个方面指标，每个方面的权重因子分别为 0.15、0.2、0.3、0.15、0.2，每个方面还可进一步细分；按照权重和分项对候选方案进行比选，从而得出分值较高的推荐方案。在取得规划、国土等主管部门认可和"一书两证"后，按规定程序开展工程建设。

**3. 调规**

中波、短波发射台属于城市通信基础设施用地，其建设用地以地网围合的范围为准。确定发射场站后，还需确定发射台的主通信方向以及空间上的防护要求。对于未列入规划用地计划的场站，则要进行土地规划调整以及城市建设用地规划调整；对于在城市建设用地范围内的场站，也需要开展调规，将场站及防护要求纳入法定规划中。

### 3.3.2 调频广播及无线电视发射台（站）

中波、短波广播也称为调幅广播，而超短波（波长为 1～10m，频率为 30～300MHz）广播则称为调频广播，这种广播的特点是音质清晰，声音还原度高，也可双声道立体声传输；传播方式以直射波为主，距离比较短，约为几十公里，现在城市广播大都会选择调频频率播出。无线电视的频率一般分布在超短波和分米波波段（波长为 10～1000cm，频率为 300～3000MHz）的前半段，每个频道带宽为 8MHz，也是以直射波传播方式为主。我国无线电视和调频广播的频率范围是 48.5～960MHz，属于超短波与分米波频段。现在城市的电视以有线电视为主，无线电视一般要保留几个频道作为公益内容。这两类设施不仅是城市战略资源，也是市民每天都使用的通信基础设施。由于调频广播及无线电视的频率较高，以近似于直线传播，对发射塔高度的要求较高，以便覆盖更远的距离。

**1. 站址规划**

发射台（站）址规划的内容和步骤与中波、短波的基本相同，但要求存在较大的区别。

（1）工作频率及发射台数量

按照全国总体的广播电视覆盖规划、全国的无线电频率规划以及广播电视主管部门的批文，确定调频广播和电视广播频道（天线）的数量，以及各天线在发射塔的中心高度和总高度。由于调频信号和广播电视的频率较高，达不到天线高度 100m 能传播 50km（由地球曲面及半径推算）的要求时，可通过提高功率或天线挂高来实现传输；但功率和频率是重点管控的内容，通过提高天线挂高来实现信号传输更加普遍。调频广播和电视广播发射台一般集中设置，大部分城市只需设置 1 座发射塔；部分地形地貌特别复杂的城市，可采用小功率多点覆盖的布置方式。

（2）用地大小

发射台用地内主要由发射塔、发射机房、技术辅助用房、供电用房以及辅助设施、生活服务设施组成；发射台的用地大小取决于发射台的定位和等级，其用地大小符合《调频广播、电视转播台（站）建设标准》GY/T 5065—1999。中央级、省（直辖市）级电视调频广播发射台为一级，其用地不超过 2.0 公顷；省辖市级（地区级）、县（市）级电视调频广播发射台为二级，其用地不超过 0.7 公顷。

（3）规划布局

调频广播、电视发射台（塔）场地位置，应有利于增加覆盖服务区的人口，获得最佳的覆盖效果；由于两类频率均以近似直线的方式传播，发射塔天线的高度和电磁辐射影响是确定布局的重要参考指标。一般而言，发射塔高度可根据发射功率和需要覆盖范围来确定，塔高明显高于周边场地高度，可达 200m 及以上。比较理想的布局是设置在离人口集中区稍远的山上，如南方某城市将发射台布置在某区东侧的山体（场地海拔 660m＋天线约 198m），不仅在高度上满足覆盖要求，更可避免发射塔与今后城市建设发展冲突。对于城市中心区周边没有合适山体的城市（如上海、广州等），政府主管部门直接将发射台布置在城市中心区，并将其作为城市地标性建筑，塔高达到 400～500m，发射天线高度也可远超越周边建筑物，如广州市小蛮腰发射塔（塔高达 600m），其与周边空间关系示意参见图 3-4。这种情况因与城市开发建设、土地利用、开发强度等密切相关，较难在规划阶段就确定发射台的布局和位置。

图 3-4　广州市小蛮腰广播电视发射塔实景照片图

另外，由于发射塔一般加挂 8～10 副天线，累计发射功率接近 200kW，对周边有一定的电磁污染，所以，虽然发射台宜选在靠近人口集中区，但应避免在天线影响区建设医院、学校、居住、商业及办公等建筑，以减少电磁辐射对周边市民身体健康的影响。当城市地形特别复杂须采用小功率多点覆盖的布置方式时，一般需开展调频广播、电视发射台布局专项规划，并确定多点同步传输的实现方式，更合理地确定发射塔的平面布局（含数量和位置）。

**2. 规划选址**

尽管高度和位置合适的调频广播、电视发射台位置并不多，其发射场地也没有中波、短波要求的地线和场地平坦等条件限制，但由于调频和无线电视以近似直线的空间波方式传送，发射塔发射的电磁波以一个扁盘状覆盖塔顶天线可视之地平线内所有区域（塔越高意味着覆盖半径越大），信号也易受周边不能有高大障碍物遮挡、少受电磁干扰、地质情况较好等条件限制，因此，在开展布局规划时最好同步开展站址选址工作，以更加合理地确定场站的具体位置。

在确定发射台具体位置时，除了在规划布局阶段考虑发射塔高和电磁辐射影响外，须避免与天线高度基本相同的周围有高山、森林和高大建筑物阻挡，否则会直接影响到信号的传输效果，接收信号的质量会下降。如与机场较近时，还需与机场净空保护要求进行协调，并取得有关部门同意的书面文件。发射场周边存在军事通信、导航、雷达、公共通信发射等强电磁辐射源时，须考虑电磁兼容，并报主管部门批准避免影响信号传播。另外，还须避免发射站址布置在9度及以上高烈度地区、地质构造有严重缺陷的地区、矿区等区域。对工程地质与岩土条件较复杂的场地，应进行地质测绘及必要的勘探工作，避免场地内存在滑坡、断层、地基不稳等不良地质地区。

**3. 规划协调**

在确定发射台选址位置、高度、天线排列方式等内容后，还须确定发射塔的空间影响范围，并将其纳入城市法定规划，避免今后出现发射塔与城市建设发展相冲突。当发射塔上最低天线高出周边建筑屋顶35％时，天线发射的电磁波主瓣越过周围建筑顶部向远处辐射，周围地面的高层建筑均处在天线辐射电磁波的弱副瓣区域，高层建筑的电磁辐射值一般处于国家规定的安全区域内。发射塔的影响区范围，应控制电视塔一公里范围内建筑高度，防止高层建筑顶部（超过最低天线高度的2/3）进入发射塔辐射强副瓣区，造成电磁辐射水平超出国家规定的安全值。

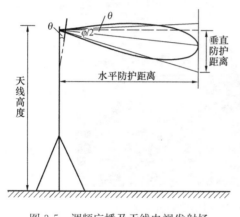

图3-5 调频广播及无线电视发射场
影响区域示意图

一般情况下，天线塔周围一公里范围天线辐射方向宜避开高大建筑物或障碍物，不能避开时，高大建筑物或障碍物的高度不宜高于最低天线高度的2/3。正因为调频广播及无线电视发射场的影响区是立体的，仅以常规的平面方式来表达就不太准确；除了标注平面一公里外，还须标注受影响的最高高度，与城市规划的空间进行协调；而一公里范围内不受影响的其他空间，仍按城市规划的常规方法进行管理；相关情况分析参见图3-5。

### 3.3.3 发信区

发信区是早期城市规划遗留下来的概念。我国对发信区划分没有国家标准，只能参考苏联确定的技术规定，且因早期技术原因，发信区的用地偏大。在固定电话、移动通信、数据等通信业务尚未大规模普及之前，发信区对城市通信发展起着重要作用。随着各类通信业务日趋普及和光纤通信网的发展，发信区的作用也逐步减弱。另外，部分城市中短波台初建台时，周围还是一片荒地，也未画出防护空间及保护范围并纳入城市规划。而当周边出现城市建设用地（特别是居住用地、商业用地等高密区时），且是电磁辐射的近场区时，会出现发射台与城市空间的冲突。目前，对于发信区，《城市通信工程规划规范》GB/T 50853—2013给出了部分原则性要求，但只有比较粗的划定方法和用地大小控制，且与实际情况有较大差距。

**1. 发信区的规划与控制**

从现代通信业务来看，城市发信场地主要有中波、短波发射台和调频广播及无线电视发射台（站）等，以上述发射台（站）为基础分别确定发信区比较合适；综合前两个章节的内容，发信区的规划与控制（数量、大小及防护范围）也由对应的发射塔及其功能决定。

发信区的数量直接与城市发射场地的数量对应。发信区的大小以影响电磁波传输的空间为主，其中中波、短波发射场的发信区主要控制地表面向上的空间，主通信方向按500m控制，其他方向按250m（以天线外250m为计算起点兴建高度超过仰角3°的高大建筑）控制；调频广播及无线电视的发信区主要控制发射塔上最低天线的空中影响区，即一公里范围内高度超过天线高度2/3及以上的立体空间，该发信区除了标注平面一公里外，还须标注受影响的最高建筑高度，而一公里范围内未受影响的地面及以上的高度区域，不属于发信区范围，仍按常规方法进行管理。

发信区的防护范围与发射塔天线数量、功率、挂高等因素相关，同时考虑天线高度与周边建设用地的高差影响；尽管理论上有相关计算方法，但由于天线之间相互影响以及计算模型的偏差，计算值也会有误差，比较准确的方法是理论计算值结合直接测量值来确定防护距离。

**2. 控制地理位置重要且高度合适的山头**

移动通信持续快速发展，也带动了无线通信行业发展，未来也会不断出现新业务，如移动多媒体广播、微波通道、小型发射基地等。但无线电传送规律决定了城市中心区及周边高点是理想的差转、中转区域；从未来无线电业务发展角度来考虑，政府部门可控制地理位置重要且高度合适的山头或城市超高层建筑，作为支撑未来城市无线通信发展的基地。对于山头而言，每个控制用地约200～500m²，并配套电力、通信等基础设施；对于超高层建筑而言，宜在屋顶天面留有建设相关设施的通道及位置。

### 3.3.4　规划实践

目前，国内城市开展含发信区内容的专项规划比较少，规划实践以城市总体规划为主。总规中通信工程规划开展无线发射设施及发信区规划的内容和深度也参差不齐。下面以南方《某市城市总体规划（1996—2010）》说明相关情况。该总规的编制时间，正是固定电话超高速发展、移动通信刚起步发展的时间窗口，通信业务发展正处于转型时期。当时，城市道路交通网络以及光纤通信网络还不太发达，较多片区之间的中继通信还依赖微波。另外，城市广播电视发射塔和中波发射基地也未立项。城市总规中通信工程规划体现了这段时间的业务特征，也规划了两处发信区，但发信区是以微波站为基础来规划的。也正是由于发信区是以微波站为基础而划分的，因而无法明确其控制要求和用地大小。

该城市于2010年修编城市总体规划时，通信行业已发生较大变化。微波的重要性大大降低，而移动通信、固定电话、数据通信已得到长足发展，有线电视已成为电视的主体，中波广播台、调频广播及无线电视发射塔已建成。但因行业内缺少划定发信区的技术标准指导，业内也未就划定发信区达成共识，城市通信基础设施专项规划也没有编制相关内容，因而该版总规也未划定城市发信区。按照《城市通信工程规划规范》GB/T 50853—2013，虽然规范有发信区的相关内容，但因缺少划定收信区的具体方法，也无法确定发信区和相关范围。即使住房城乡建设部、工业和信息化部于2015年联合发布的《关于加强城市通信基础设施规划的通知》中有将基础设施纳入城市规划的要求，但大部分城市也缺乏此部分内容。

综合而言，在国内城市普遍缺乏通信基础设施专项规划的宏观背景下，缺少发信区及收信区（详见3.4章节）规划也比较正常，还需要行业内有志之士共同努力，推动城市通信基础设施有序建设和发展。

## 3.4 无线接收设施及收信区

无线接收设施即监测设施，主要监测各种频率是否正常工作，排除不正常的干扰源，保护重要通信设备正常运行，以维持空中电波的正常秩序。各种监测设备是灵敏度较高的高精度仪器，对电磁环境要求十分严格；城市内主要接收设施尽量位于城市收信区内，减少收信设施与其他电磁波和城市发展空间冲突；常见的接收基础设施包括国家级和省级监测站、城市主要监测站。收信区的防护距离取决于收信区内主要接收设备及其要求。

### 3.4.1 国家级和省级监测站

根据前述无线电频谱特性及传播模式来看，只有短波、卫星微波能实现超长距离通信，也广泛应用到国际之间的通信业务。目前，国家级和省级监测站主要有短波监测站和卫星监测站，国家级具体需求由信息产业部和无线电管理局统一部署确定，省级监测站需求则由省级政府主管部门确定业务需求；城市政府按要求落实监测站。监测站建成后，为我国与其他国家、地区之间以及城市之间的正常无线电管理提供原始证据。

**1. 短波监测站**

（1）功能

短波波长10～100M，频率3～30MHz；尽管短波的传播途径有地波和天波两种，但国家级监测站以监测远距离传输的天波为主，经电离层反射回地面的天波可传播距离达几百至上万公里，不受地面障碍物阻挡。而短波以天波方式传播过程中，路径衰耗、时间延迟、大气噪声、多径效应、电离层衰落等因素，都会造成信号的弱化和畸变，影响短波通信的效果。

全国短波监测网络系统由国家无线电监测管理中心和分布在各地的多个固定监测站及多个移动监测站组成。该系统是一个无中心的网络，任何监测站可成为指挥操作控制中心，具有无人值守工作模式下的不间断工作能力，能按照监测管理中心的要求，自动完成收集信号和记录、信号参数的测量及信号源地址的定位等功能，常用两个或多个固定测向站联网进行测向定位。

（2）选址要求

国际电联对监测站的技术要求十分严格；而短波的天波传输方式不稳定，短波监测站（含测向天线场和监测天线场两种）对周边地理环境和电磁环境要求更加严格。短波监测站的测向天线场和监测天线场设备边界以外 1000m 为计算起点，建筑高度不得超过仰角 3°；监测场强室半径 300m 以内不得有任何建筑物、架空线路、铁路及树林存在，地形坡度不大于 2°；监测场址及周边地势基本平坦，土壤导电率相对较高，也没有砾石和裸露岩石；同时确保来波的主要方向上没有遮挡物（天线具有很强的方向性），也需要远离机场、交通干线和城市建设区，避免产生各类干扰和影响测向的准确性。[9]

对于国家级监测站和省级监测站而言，城市规划很难在规划上主动控制用地，主要是在上级政府主管部门确定意向后在空间上配合，并做好选址工作。监测天线场选址时还需要考虑的重要因素是电磁环境，场址需要远离大功率电磁干扰源以及 110kV 高压线、变电站等干扰源，也要远离高速路、快速路等交通干道，并由专业部门采用专业设备进行测量，确定拟选场址及周边环境噪声电平和潜在干扰影响等重要指标是否满足建设要求。同时，短波监测站一旦建成后，对周边开发建设有较大限制作用，事先在选址时就必须充分考虑这种影响。

短波监测站比较常见的布置是在接近监测目标的山区和相对偏僻的位置，如国家短波监测站在某个城市的监测站分设在两处，其中测向天线场就位于城市东部山峰之中，为无人值守监测场，测向天线场的用地面积约为 6400m²，场地周边视野开阔；监测天线场及场强室布置在国家卫星监测站内，为有人值守的监测站，需要将监测信号和控制信号传输到国家监测中心；测向天线场及监测场的现场照片参见图 3-6 和图 3-7。

图 3-6　国家短波监测站某分站测向天线场现场照片

（3）规划布局及规划协调

规划布局：对于国家级监测站，城市规划主要在空间上配合；同时，从选址条件来看，短波监测站的要求十分高，在确定规划位置时，需同步开展选址工作。初选场址最好远离城市建设区，且未来也基本不会出现交通干线、高压线、变电站等设施；同时，满足

图 3-7　国家短波监测站某分站监测场现场照片

场地对电磁环境、地理环境的要求。

用地协调：在确定短波监测站的位置和功能后，还须以此为基础再确定天线布置、主要方向及用地大小、红线范围。监测站用地面积较大，属于城市通信基础设施用地；在城市建设用地内确定卫星监测站选址后，需开展土地用地性质的变更手续；在城市非建设用地内确定卫星监测站选址后，在维持建设用地指标平衡的基础上，需将该用地转变为城市建设用地，再转变为通信基础设施用地。

空间协调：中短波监测站对天线周边空间有一定限制，空间限制的具体内容由测向天线场和监测天线场的条件决定，并纳入城市规划进行空间协调；另外，中短波监测站对电磁环境要求较严格，周边不能存在强电磁干扰源，对周边城市地块开发建设和高速路、快速路、电力高压线等基础设施建设也有限制；上述内容需纳入中短波监测站的空间协调内容中，避免今后监测站与城市建设发生冲突。

**2. 卫星监测站**

（1）功能

卫星系统的工作频段为 C 频段和 Ku 频段，具体频率范围为 C 频段 3400～4200MHz；Ku 频段 10700～12750MHz。极化方式为 C 频段线极化和圆极化；Ku 频段为线极化和圆极化。整个卫星监测和干扰定位系统所实现的功能包括对无线电频谱进行常规和系统监测、测量记录空间电台发射特征、查找消除有害干扰源、确定转发器或空间电台发射机的占用度和使用效率、协助开展科学实验测量等工作。

（2）选址要求

对于国家级和省级卫星监测站而言，城市规划很难在规划上主动控制用地，主要是在上级政府主管部门确定意向后在空间上配合，并做好选址工作。在开展选址时，可从常规条件、专业条件两方面开展工作。

常规条件：因卫星监测站是专业人工值守的专业建筑，对周边的交通、水、电、通信等基础设施的要求较高；其中，监测站的用电负荷按一级负荷考虑。另外，每幅卫星天线口径大，重达 5t 多，抛物面天线接收精度要求十分高，需要有较好和稳定的地基，也需要满足运输车辆通行的基本条件；因此，卫星监测站一般在城市建设用地中选取，或靠近城市建设用地且具有便捷的交通市政基础设施建设条件。

专业条件：主要体现在卫星抛物面天线场的建设要求。因为卫星的工作频率十分高，以直线方式传播，对信号接收方向的视场因素要求较高；《广播电视保护条例》对卫星地球站抛物面天线前方 50m 的净空保护做了严格规定，卫星监测站同样也有类似的要求，天线前方工作仰角 5°范围内应无障碍物遮断，视野开阔；国内曾经有某个卫星地球站天线前方 300m 建设 60m 高度的酒店，因处于卫星抛物面天线净空保护范围而被停止的事例。另外，所有监测站都对周边电磁环境有严格要求，以便获取不失真的信号图像，卫星监测站也是如此，需要远离大功率电磁干扰源、变电站以及 110kV 高压线、电气化铁路等，具体控制指标由专业部门确定；同时，还应考虑卫星通信的多路径效应等影响。

用地大小：卫星监测站的用地大小主要取决于监测站的功能及抛物面天线数量；其中功能决定配套建筑面积的标准和大小，而天线数量主要取决于监测站的定位和建设目的。监测站场地的大小主要取决于抛物面天线的数量，由于监测卫星信号的抛物面天线口径较大，4～6m，且每副抛物面天线之间有一定距离，相互之间不能影响和干扰，将天线合理地布置，就基本可以确定监测站场地的大小。

国家无线电监测中心某分站是集卫星监测和卫星干扰定位、短波监听和测向为一体的综合性监测站。该站卫星监测的主要目的是针对覆盖我国的地球静止轨道卫星，对其相关参数进行监测和测量，对地面卫星干扰信号进行定位。该站发射场地布置在某个海湾附近，由短波监测天线场、主控大楼、卫星天线场三部分组成，依次沿海岸线布置；该站离城镇中心区较远；站内共规划设置 22 副抛物面天线，实际建设 14 副抛物面天线，其中 4 副为监测天线，10 副为信号接收天线（口径 1～2m），留有部分发展空间；监测站内设短波监测控制中心和卫星监测控制中心；监测站的总用地面积约 3.4 万 m²（含短波监测站用地）；某分站现场照片参见图 3-8。

图 3-8　国家无线电监测中心某分站现场照片

（3）规划协调

用地协调：卫星监测站的用地属于城市通信基础设施用地。在城市建设用地内确定卫星监测站选址后，需开展土地用地性质的变更手续；在城市非建设用地内确定卫星监测站选址后，在维持建设用地指标平衡的基础上，需将该用地转变为城市建设用地，再转变为通信基础设施用地。

空间协调：卫星监测站的空间协调，主要是抛物面天线场的净空要求协调。每幅抛物面天线均须满足视场角（指天顶垂直位置到视场范围边缘处组成的夹角）大于5度的场地净空无障碍要求；天线场内所有天线的视场角形成的净空保护即为卫星监测站的空间保护范围。另外，卫星监测站的防护距离由引起电磁干扰源确定，避免今后监测站与变电站、电力高压线等基础设施发生冲突。

**3. 其他监测站**

随着移动通信、卫星通信带动无线通信快速发展，服务多座城市的不同功能监测站不断新增，需要在城市建设不同功能监测站，如卫星导航系统监测站、区域电离层闪烁监测站、广播电视监测站等，这些监测站都对周边的电磁环境有严格要求，对物理环境的要求均可参考上述中短波监测站、卫星监测站；相比较而言，中短波监测站对周边环境要求最严格。

### 3.4.2 城市监测站

**1. 规划目标**

城市监测站对行政辖区内全业务频率（长波、中波、短波、超短波、分米波、厘米波、微米波）、全时段、全方位（海域、陆域、空域）进行监测，并与辖区内国家或省级监测站相互补充联动，通过固定监测站和移动监测站相结合的方式构建完整的监测系统。

**2. 需监测的重要目标及其分布**

（1）航空

民航飞行安全关系到广大人民群众的生命财产安全，而保障民用航空无线电专用频率的安全使用是民航飞行安全的重要前提之一。由于航空飞机的无线通信系统需与世界各国、各城市均采用统一标准，因此，民航飞机的无线电通信仍采用调幅、调频方式来导航，系统的抗干扰能力远低于目前广泛采用的数字通信系统，需对机场周围及进出港航道进行严格监测，以确保航空无线电专用频率的安全使用；特别是导航台、定向台及周边，是需监测的重要目标。

（2）港口码头及水上航道

船泊航行和导航、停靠、作业都需要无线通信来调度指挥，需要监测各种频率正常运行；当水域处于国家边境时，更应该对周边国际航道进行监测，以便在国际合作和交流时提供必要的支撑和证据。

（3）边境及边界

在国家和地区之间口岸、通道处无线电频率及电磁环境，尤其需要进行重点和自动监测，为频率协调和干扰查处提供准确的技术数据，也为无线电通信安全提供保障。

（4）移动通信用户及基站

辖区范围所有移动通信用户及成千上万的基站。

（5）专业无线调度通信网路

公安交通指挥、地铁、能源、气象等专业无线调度通信。

（6）广播电视

各类广播电视发射塔、差转站等。

（7）其他无线通信用户

数量庞大的无线电对讲机、个人爱好者电台等。

**3. 无线电监测站层次结构**

现行《VHF/UHF 无线电监测设施建设规范和技术要求（试行）》将监测站分为一级无线监测站、二级无线监测站、三级无线电监测站，主要是从监测站的功能、设备及附属设施等来区分，包括固定监测站、移动监测站。从城市规划重点关注场站布局角度来看，可将监测站分为主干监测站、次干监测站、一般监测站、其他监测站四类[10]。

主干监测站：此类监测站属于服务城市的重要监测站，与独立式的高山监测站相对应，具有测量、测向、定位、监听、数据存储与处理、控制等多种功能，各种测量数据、精度要求较高，同时要求有市电、不间断电源、发电机三种供电方式。

次干监测站：此类监测站属于服务城市的较重要监测站，有独立式和附设式两种，主要弥补主干监测站覆盖不足，具有测量、测向、监听、数据存储等多种功能，各种测量数据、精度要求适中，仅要求有市电、不间断电源两种供电方式。

一般监测站：此类监测站属于服务城市的一般监测站（包括特殊场合的专用监测站），主要为附设式，与主干、次干监测站一起实现无缝覆盖，具有测量、数据存储等功能，各种测量数据、精度要求较低，仅要求有市电、不间断电源两种供电方式。

其他监测站：主要指移动监测站和可搬移监测站，包括陆地、水上、空中的移动监测站，对城市基础设施及建设影响较小，其功能主要由管理者对其定位确定，可以与一级、二级或三级监测站分别对应。

**4. 监测站建设方式和规模**

各类监测站因功能和位置要求不一样而广泛地分布全市，从而也要求有不同建设方式，其建设方式主要有独立占地式和附设式两种，建设规模也因功能不同而有所区别。

独立占地式监测站：此类监测站主要分布在城市非建设区，如生态控制范围线内（包括高山）、海岛等，主要包括主干监测站和次干监测站。其中，主干监测站的用地需求相对较大，一般需要 500m²，次干监测站约需 200～300m²。

附设式监测站：此类监测站主要分布在城市建设区，以次干监测站、一般监测站为主。由于建设区内单独建设小规模监测站与周边环境不协调，故一般附设在建筑单体的屋面。此类监测站以附设在区政府、街道政府以及政府物业。其中，次干监测站的机房面积约为 100～150m²，一般监测站的机房面积约为 40～80m²。

**5. 主干监测站布局**

（1）功能要求

负责重要区域和重要频段的监测；负责对强信号的监测；负责处理小型监测站的监测请求，协助小型监测站对异常信号的搜索与定位；主干监测站应该具有单频测量、频段扫描、离散扫描、频谱分析、语音监听等常规监测功能，对各类台、站的测向功能，以及主干站之间协同交叉定位的功能；主干监测站本地可以使用单机进行所有测量工作，也可通过网络将测量数据发送到监测控制中心进行处理；主干监测站可充当临时监控中心，通过网络调度其他高山监测站和小型监测站协同完成监测任务。

（2）覆盖要求

首先保证监测测向重点保护的区域；其次保证监测测向民航、水上及边境通信等重点保护的业务；基本完成对中心城区覆盖，站点布局要合理（避免在一条直线上），相邻两个站点对重点区域要有一定的交叉重叠区，以利于交汇测向定位；综合考虑未来与周边城市高山站的联网。

（3）候选场址

按照上述覆盖要求，确定4~8个规划区高程比较合适的候选场址。对于辖区内有高度合适山体的城市，宜从城市中心区周边最高或次高的山体选取，如香港就在城市西部的青山山顶（海拔高程500m）建设高山监测站，详情参见图3-9，对应监测室参见图3-10。

对于辖区内以平原为主的城市，宜根据城市总体规划和分区规划，划分相应的监测区，每个监测区结合片区开发强度，在未来高层或超高层建设中，将建筑屋顶作为高楼监测站，并预留机房等基础设施，如上海市就在88层高的金茂大厦建设超高监测站。

图 3-9　香港青山监测站

图片来源：深圳市城市规划设计研究院有限公司 . 深圳市无线电监测网布局规划［R］.2008

（4）方案比选

确定候选站址后，可通过专业软件仿真模拟覆盖、强信号及解决对策、建设难度及成本、对环境影响四个方面进行比较。其中，仿真模拟覆盖比较关键，是决定建站场址的重要因素，在同等条件下，以覆盖率高的作为规划场址。如南方某城市为了加强对机场及其西部的无线电监控，需要在城市西部设置一个主干（高山）监测站，初步确定的候选场址

图 3-10　香港青山监测站室内监测机房

图片来源：深圳市城市规划设计研究院有限公司 . 某市无线电监测网布局规划 [R]．2008

有高山站点 1、高山站点 2 等场址；在两个站址的比选过程中，可以看出这两种之间的模拟仿真差别，最终选择高山站点 2 作为城市西部的主干监测站。某市高山站址 1 覆盖情况参见图 3-11，某市高山站址 2 覆盖情况参见图 3-12。

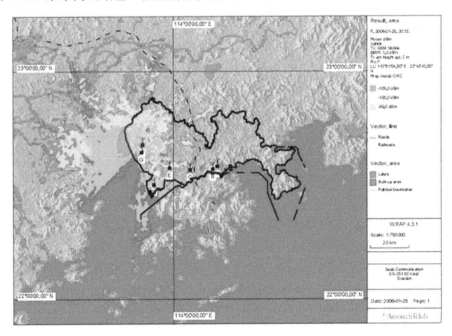

图 3-11　某市高山站址 1 覆盖仿真图

图片来源：深圳市城市规划设计研究院有限公司 . 某市无线电监测网布局规划 [R]．2008

　　另外，由于发射站与监测站的选址原理基本相同，有时两者之间距离较近，两者之间宜距离 1km（至少 600m）以上，因多种原因无法避开时还必须考虑与发射站同频信号干

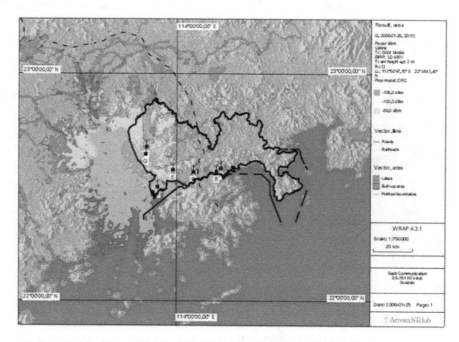

图 3-12 某市高山站址 2 覆盖仿真图

图片来源：深圳市城市规划设计研究院有限公司. 某市无线电监测网布局规划［R］. 2008

扰问题。

（5）确定布局

通过上述比较，基本上可确定城市主干监测站的布局；一座城市主干监测站约需 3～5 座，覆盖城市重要保护目标、中心城区 70％及以上区域，各主干监测站宜位于城市不同位置，且交叉布置，以便于对信号源进行定位。如南方某城市共设置四座主干监测站，分别位于城市高度较高且位置适中的山体上，四座主干监测站呈两个三角形布置，覆盖全市75％的区域；又如香港（辖区面积约 1100km²）也设四座山顶遥控固定监测站，分别是大帽山（900m）、红花岭（500m）、青山（500m）、太平山（550m）、四座高山站呈大三角布局，大帽山则为大三角的中心位置。

**6. 其他监测站**

（1）次干监测站

在确定主干监测站的布局之后，根据主干监测站的覆盖不佳的区域和较重要保护目标来确定次干监测站，形成覆盖 90％及以上区域。次干监测站设置比较灵活，既可以附设在其他建筑物上，也可单独占地；城市早期建设的高楼监测站，因高层建筑、超高层建筑大量出现遮断无线信号，可降为次干监测站。

（2）一般监测站

在已确定主干、次干监测站布局的基础上，再考虑一般监测站的布局，并作为主干、次干监测站的补充，实现无线电监测的无缝覆盖。一般监测站包括专用监测站和小型固定监测站；专用监测站主要布置在重要目标附近，除此之外的其他区域，采取网络化方式实现辖区精细化覆盖，完成各类日常监测工作，每个一般监测站约覆盖 3～5km² 区域面积；

可布置在区政府、街道政府物业上。

（3）移动监测站

一般可不用纳入城市规划。

### 3.4.3　收信区

当城市无线通信业务十分发达，需要保护的重要目标日渐增加，建设收信区就十分必要，如一线城市或经济发达的地级市；或处于边境边界的城市，因国家地区之间无线通信业务衔接需要，建设收信区也十分必要。对于发信区，《城市通信工程规划规范》给出了部分原则性要求，宜与发信区分别处于城市的两端，且中间留有缓冲区；但未给出具体划定方法和用地大小控制。经过近几年学习和认识，作者团队认为收信区应结合主干（高山或高楼）监测站来划分，其要求也由监测站的要求来决定；当城市内有国家级或省级监测站，也应建立相应的收信区，并划定收信区的保护范围。

**1. 收信区规划**

综合前两个章节的内容，收信区的规划与控制（数量、大小及范围）也由其内布设监测站的功能决定。一座城市可能会有多座收信区，收信区的数量直接与城市主干监测站和国家级、省级监测站的数量对应。与发信区不同的是，收信区内监测站没有电磁辐射，也没有防护距离的控制；与发信区一样，收信区也是立体的，以接收天线的基底高程来确定，确定高楼监测站的收信区时，尤其要注意不同高度的立体空间的影响，避免失真地确定收信区范围而影响城市正常开发建设。

**2. 收信区保护**

由于监测设备是高精度设备，且易受无线电传输产生的本地反射和二次辐射的电磁波影响，国际电联对此有比较严格的要求；无论是国家级或省级监测站，还是城市主干监测站，对环境的要求有一些共同点。首先，须远离强功率电磁干扰，即使是小于 1kW 的调频发射塔，远离的距离宜大于 2km 及以上，避免互调产物可能会落在监测站监测频率范围内，从而引起测向误差；对 100kW 及以上的高压线、城市建设区、高速公路、带有极大射频能量的设备等，也须距离 1km 及以上。其次，对监测站周边的物理环境也有要求，避免受场地建筑遮断影响而产生接收信号的失真，距离机场一定距离，位于跑道直线方向时大于 8km，位于跑道的其他方向时大于 3～4km；对 30MHz 以下频段进行测量的监测站，300m 范围内不宜建设建筑，且场地平整，坡度不大于 2°。

另外，当收信区内置中短波监测站（要求最严格，1000m 范围内不得建设建筑物，1000m 之外的建筑高度对天线设备边界的仰角不得超过 3°）、卫星监测站、广播电视监测站等功能监测站时，对周边环境的特殊要求、来波方向的非障碍物要求、视场角的非障碍物的要求，都应按照内置监测站的要求来确定。

综合而言，300m（500m）可作为划定一般收信区范围的控制距离，1000m 可作为以中短波监测站为基础的收信区的范围。

### 3.4.4　规划实践

南方某城市无线电管理局于 2007 年组织编制《城市无线电监测网布局及选址规划

（2007—2020）》，作者团队有幸成为该专项规划的编制单位，这也是深规院继通信机楼和通信管道专项规划之后在通信专项规划领域的又一次拓展实践；在此之后，该城市也成为将监测站纳入城市通信基础设施范畴进行有效管理的首个城市。限于作者团队当时认识和规划要求，规划并未画出对应的收信区。

**1. 背景**

（1）在全国无线监测网中具有重要战略位置，时逢国家级监测站拟在该城市建设

该城市拥有230km海岸线，是一个同时拥有边境和"粤港边界"的城市，在维护国家无线电安全方面起着不可替代的作用。国家级无线电短波监测站共9个，其中一个站点分布在该城市；国家级卫星监测站有2个，也有一个分布在该城市；该城市同时兼有国家级短波监测站和国家级卫星监测站，由此可见该城市在全国无线电监测方面具有重要战略地位。当时，两个国家级监测站正在该城市选址，也需要将两个监测站纳入城市规划。

（2）城市无线电业务已居全国之首，而监测设施却十分落后

该城市无线电业务居全国之首，无论是无线电台站数、移动电话用户数及其饱和率，还是无线通信产业产值，均处于全国各城市首位。与此不相对应的是，该城市的无线电监测却处于十分落后的境况；该城市仅有2个固定监测站（早期高楼监测站也因城市开发强度逐步提高而失去应有的作用）和2个移动监测站，与中国香港、广州、上海等城市存在较大差距；监测设备也是10~15年前购置的，技术含量和自动化程度较低，难以适应日新月异的无线电技术；在监测站的布置中，尚无高山监测站，小型固定站也严重缺乏，无法做到与国家、广东省和香港地区的监测联网，既拖了国家无线电监测网规划的后腿，又严重影响和阻碍城市无线电产业的发展。

**2. 基本情况**

（1）无线电行业持续高速发展，迫切要求监测管理水平快速提高

监测设施具有"管理无线电频谱资源、维护空中电波秩序、保障国家安全"等功能，须与无线电高速发展同步发展，才能促进无线电产业可持续发展；经济越发达，人口台站越密集，无线电监测站的密度也就越大。随着移动通信带动无线通信业务和无线技术迅速发展，无线电监测的任务越来越重，并快速向数字化监测转变；欧美发达国家（如美国、德国、法国等）以及日本、韩国、中国香港地区等亚洲国家及地区自2003年开始加快监测站建设步伐，我国也决定在"十·五"期间建设许多国家级短波监测站和卫星监测站，各省市准备在"十一·五"期间建设功能更加完整的无线电监控设施，进一步完善监测功能、实现无缝覆盖。该城市也正是在上述时间节点敏锐地意识到行业发展契机，于2006年完成监测网建设情况调研报告后，迫切地感受到需要全面提高监测水平、加大监测站建设力度。

（2）城市重要监测目标主要分布在中西部地区

该城市建设区主要分布在城市的中部、西部，这也是无线电设备的主要分布区域，机场、边界地段、水域等重要目标也分布在城市中部、西部地区，而两座现状监测站仅能覆盖中南部、东北部的部分地区，全市约有70%~80%的地方难以实现监测覆盖，对无线电信号的测向定位也存在很大的缺陷，无法形成无线电监测网，很难确保无线电业务的正

常运行，也与城市无线电行业状况和城市整体形象极不相称。

**3. 规划构思**

（1）建立监测站体系，总结设置规律

无线电行业管理监测站时，常按设备功能将监测站分为一级、二级、三级监测站，也包括移动监测站，与城市规划更关注空间的角度有所不同；因此，作者团队将监测站的体系重新梳理，按照主干、次干、一般三个层级监测站来构建体系，更偏重监测站的空间特征和对空间需求。同时，按照三类监测站的设置条件，总结其设置规律，并与城市规划建设的特征相结合，增加规划的可操作性。

（2）借助专业软件，提高成果科学性

由于无线电监测需要全方位、全频率、全时段监测，而各频段无线电波传输方式也不尽相同，加大了无线电监测的难度；另外，该城市地势以丘陵和平原为主，主要高山沿城市两座山脉分布，高山将城市建成区分隔成多个区域；而高山的电磁环境相对稳定，是理想的监测站址，只有将重要监测站布置在高山上，才能实现以少量监测站完成大范围监测覆盖，达到事半功倍的效果。如果将重要监测站布置在城市建成区，一个高山监测站往往需要 3～5 个监测站才能弥补，同时监测信号因不能穿透障碍物，其覆盖效果也较差。而借助专业软件，能有效消解上述两种因素带来的困扰，可以更科学合理地确定主干监测站的布局。该城市四个主干（高山）站监测站组合覆盖情况参见图 3-13。

图 3-13　南方某城市四个主干（高山）站组合覆盖仿真图

**4. 规划成果**

国家级监测站：规划一座中波测向天线监测场，用地面积约为 6400m²；规划一座集卫星监测和卫星干扰定位、短波监听和测向为一体的综合性监测站，用地面积约为 34000m²。

主干监测站：规划四座主干监测站，分别位于城市中东部、西南部、中西部、西部，这四座主干监测站都是位于地理位置的高山监测站；美中不足的是，受地理和山头高程因素限制，中东部和中西部的两座主干站基本位于一条水平直线上，对测向有一定影响。每个主干监测站的机房和辅助机房的面积约为 380m²；受山头地形限制，四座主干监测站的

用地面积为 $350 \sim 500 m^2$。

次干监测站：共规划 11 座次干监测站，其中 9 座为新增监测站，均为单独占地的监测站，每座监测站的用地面积约为 $200 \sim 300 m^2$，机房面积约为 $100 \sim 150 m^2$（如果采取附设在大楼内布置次干监测站，则需控制 $100 \sim 150 m^2$ 的机房面积，并在大楼屋顶预留架设天线的位置及结构）；为了弥补城市东部因地形复杂造成主干监测站覆盖盲区，在东部共设置 5 座监测站。

一般监测站：共规划 42 座一般监测站，均为附设在建筑物屋顶的附设式监测站，其中 9 座为专用监测站，33 座小型固定站；每座一般监测站所需机房面积约为 $40 \sim 80 m^2$。

## 3.5 微波通道

微波是一种视距通信（与光的传播特性基本相同），微波工作频率范围为 $0.3 \sim 300 GHz$，波长在 1m（不含 1m）到 1mm 之间的电磁波，是分米波、厘米波、毫米波和亚毫米波的统称。微波通信具有容量大、投资省、见效快、抗灾能力强等特点，在光缆无法到达的地方或企业因其他因素无法敷设光缆时，微波常作为主要通信手段；在重要通信通道上，微波也常作为备用通道。微波通信形成微波通道，微波通道保护与城市空间发展相互制约，城市规划面对微波通道，主要做好两件事情：一是确定需要保护的微波通道；二是确定重要微波通道的建筑限高。

### 3.5.1 需保护的微波通道

#### 1. 早期应用

在道路路网不通畅或光缆未大规模使用前，微波通信的应用场景很多，除了大部分在城市内使用外，也可在城市间使用，实现远距离长途通信（通过 1 座或多座中继站转接）。城市内使用微波的最常见主体是城市主导通信运营商，可用于电信局之间的中继通信，也可用于海岛与陆地之间的用户通信，也可用于有线通信较难覆盖的边缘地区基站等接入设备的通信。微波通信的另一大主体是广播电视集团的传输中心，常用于山顶发射塔与平地发射基地之间通信以及发射基地之间的通信。供电局（公司）也常将微波用于 220kV 变电站（分控中心）与主控中心之间通信。此外，公安局也常将微波用于城市之间的长途通信，机场、核电等城市重要保护目标，也常将微波作为备用通信通道。

#### 2. 正在使用的微波通道

随着城市化率持续提高，高速公路、城市道路普及率大幅提高，在道路范围建设的通信管道和光缆也日趋普遍；而光缆具有容量大、成本低、损耗低等优势，已在城域网中迅速和大规模使用，早期使用的微波通道在 2002 年之后逐步被停用，如深圳电信的微波通道在 2003 年全部被停用；公安局、供电局的微波通道也因同样的原因，使用率逐步下降。目前，正在使用的微波通道主要是广播电视的微波传输（因无线、有线双通道要求）、机场及核电等重要保护目标的备用通道、偏远地区的基站等接入通信等。

**3. 需保护的微波通道**

《城市通信工程规划规范》GB/T 50853—2013 介绍上海确定微波通道级别的方法，从网络级别、重要性、通信容量、微波通道高度、主用还是备用五个方面来判断微波通道的重要性，并将微波通道分为一级、二级、三级，分别开展保护。微波通道大规模停用后，对上述微波通道的判别更加简单；按照上述方法，除了三级（接入类）微波通信不需要保护外，其他正在使用的微波通道均可一级、二级进行保护；对于需要保护的一级、二级微波通道，需确定通道上城市建设区的建设限高。

### 3.5.2 重要微波通道范围内建筑限高

微波通道是以两点视距线为轴心的橄榄状形体，两端近场范围保护范围不太规则，中间可套用经验公式来计算。确定沿途建筑限高时，可借用专业部门的已绘制的微波通道保护图；如没有微波通道保护图，城市规划可采取以下相对简单的方法来确定沿途的建筑限高。

**1. 了解微波通道的基本参数**

微波通道由两处相向的天线互射微波而形成微波通道，计算某处的建筑限高，需了解两端天线之间的距离 $d$ 以及天线口径 $D$、微波工作频率 $f$、天线的海拔高度 $H_1$ 和天线挂高 $h_1$ 等微波通道的基本参数。

**2. 近场空间保护**

微波通道的两端为抛物面天线，天线之间以近似光的传播方式传输；在天线前方净空区域的近场空间（一般为 $10D$，几十米）尤其不能被遮挡，该区域内不能有森林、较高树木、建构筑物、金属等。在距离某副天线 $d_1$（距离另一副天线距离为 $d_2$，$d = d_1 + d_2$）处，即 $D < d_1 < 10D$ 时，此时保护空间沿抛物面天线的角度逐步扩散，按照 $K_d = D + 2 d_1 X \tan 20°$ 可推导需要保护的空间。

**3. 中远场空间保护**

随着距离天线位置的延伸，保护空间逐步演变为圆柱体，圆柱体的直径为 $8.3D$，即当 $10D < d_1 < 17.2 D^2/\lambda$（约 1km 左右）时，$K_d = 8.3D$，此段空间的直径维持不变；当 $17.2 D^2/\lambda < d_1$ 时，$K_d = 2 F_1$，$F_1$ 随距离不同而变化，$F_1 = (\lambda d_1 X d_2/D)^{1/2}$；相关示意情况参见图 3-14。

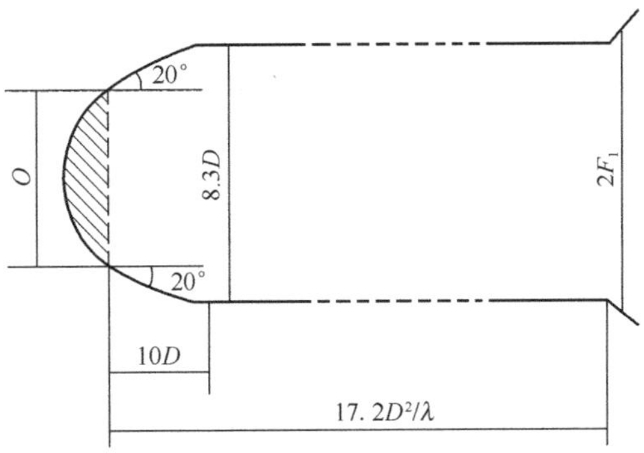

图 3-14　微波通道天线前方净空要求示意图[11]

**4. 建筑限高确定**

确定上述三段微波通道的保护体的直径之后，再通过两端抛物面天线中心点高程，可通过简单数学公式初步计算出不同位置的建筑限高。当建筑限高与建筑高度比较接近时，需考虑微波通道沿途较高建筑的影响，计算等效地球半径凸起的影响值，请微波通道的所有者核实精确高度。

### 3.5.3 规划实践

在地面光纤网覆盖不足时，微波通信对加强城域网覆盖和通达性有着重要作用，但对城市相关的空间高度也有一定限制。鉴于上海、深圳等城市出现了新建建筑阻断微波通道传输的案例，深规院在 2000 年编制南方某城市通信管网专项规划时，专项规划增加了确定穿过城市重点片区微波通道的建筑限高的规划内容；本书选取当时正在使用的 20 多条微波通道中的 1 条来介绍微波通道的建筑限高情况。

**1. 基本情况**

经过多年发展，该城市基本形成以中东部、中西部为传输中心（中继站）的微波通道格局；城市规划主要对重要微波通道进行保护，在通信管道资源比较丰富的城区，部分微波通道已停止使用。使用微波通信的单位有电信运营商、供电局、公安局、机场、核电等单位，上述单位的微波通道都属于需要保护的微波通道。

**2. 微波通道保护图案例**

以专项规划确定的现状两个站点之间的微波通道为例来说明微波通道的保护情况，并画出微波通道的保护图以及沿途建筑限高。该微波通道长 8.12km，站点 1 位于建筑屋顶，天线中心点高度为 117.6m，站点 2 天线中心点高度为 629m，工作频率为 2GHz，具体情况参见图 3-15。该图上半部分为微波通道的保护通道，下半部分为建筑限高，考虑图纸展现范围有限，图中仅画出微波通道一半长度（对城市建筑限高有影响的一半长度）的具

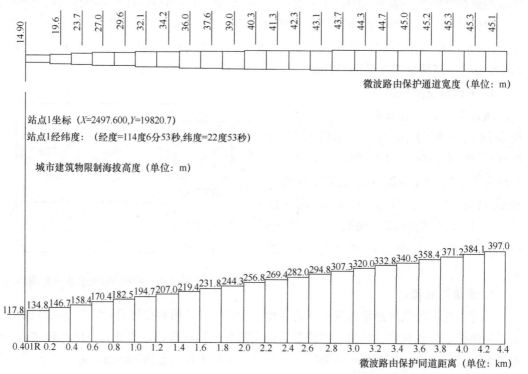

站点2坐标（$X$=2499.87,$Y$=19828.5）
对站点1方向为253度47分06秒（磁北角）

微波路由保护通道宽度（单位：m）

站点1坐标（$X$=2497.600,$Y$=19820.7）
站点1经纬度：（经度=114度6分53秒,纬度=22度53秒）

城市建筑物限制海拔高度（单位：m）

微波路由保护同道距离（单位：km）

图 3-15　某城市站点 1 对站点 2 方向微波通道保护图

体情况，从图中可以看出，微波通道需保护的最宽处位于微波通道的中心位置。大多数情况下，微波通道长度在几十公里范围内，可粗略地按半径为 25m 柱形控制微波通道。

**3. 特殊情况应对措施**

城市规划管理部门一般会按照重要微波通道的建筑限高来控制相关建筑的高度，避免出现建筑物遮断微波通信的事件发生。如果因缺少微波通道的建筑限高控制等事先协调，而出现某栋建筑物遮断重要微波通信的情况，停止该栋建筑物建设可能会引发与行政许可条件冲突的新矛盾；这种情况下，可采取在该栋建筑屋顶增加微波中转站的补救措施，通过微波中转站来继续延续微波通道的功能，同时在该栋建筑屋顶预控必要的配套通信机房，作为微波中转站的设备机房。

## 3.6　其他专业无线基础设施

超大城市常存在一些专业性很强的大型无线电设施（如卫星地球站、专业雷达站等），这些设施一般由专业设计院确定布局，同步开展选址；当选址和天线主要参数确定，也牵涉空间保护，需要纳入城市规划。城市规划主要从空间方面进行协调。

### 3.6.1　卫星地球站

卫星地球站即以卫星通信为业务的通信站，较常见的有已上卫视电视节目的卫星基地，如各省或直辖市（特批卫视节目的城市）的卫星发射及控制基地，以及具有国际通信出口的城市的卫星长途通信站，如北京、上海、广州等城市；北方某城市卫星通信地球站的实景照片参见图3-16。

卫星地球站的防护条件与前述的卫星监测站基本相同，一个是电磁辐射，另一个是天线视场无障碍；相关要求参见卫星监测站的描述。

### 3.6.2　专业雷达站

雷达站与卫星地球站类似，也是比较

图 3-16　北方某城市卫星通信地球站实景照片图

少见的专业无线通信站址，如机场雷达、海事雷达、气象雷达等；不同的是，雷达站的峰值功率比较大，大大超过一般广播电视发射场，达到上百千瓦，影响十分大。相比较而言，机场雷达每天都在使用，如有问题马上就可发现；海事雷达的天线一般面对海域，一般也不会与城市空间冲突；而气象雷达相对比较隐蔽，当其建设城市边缘时，不会与正在建设的建筑发生冲突，但随着城市不断扩展，部分城市已出现气象雷达与正在建设的建筑发生冲突，如湖南省某城市就出现此类事件。气象雷达站的实景照片参见图3-17。

图3-17 南方某城市气象雷达站现场照片图

气象雷达站的天线如同微波站抛物面天线，工作频率达2800MHz，抛物面天线一般指向天空，有平面位置扫描、体积扫描、距离扫描等方式，不同方式受影响的范围值略有不同；以南方某城市为例，该气象雷达天线的基准高程为132.7m，相关扫描区参见图3-18。一般而言，气象雷达周边500m（每座气象雷达站的具体值有待结合气象雷达的功率和工作方式确定）范围内易受雷达天线的影响，以此来确定气象雷达的防护距离比较合适。另外，气象雷达应尽量设置在城市外围或边缘，远离城市中心区，气象部门也需制定气象雷达站的空间保护图，纳入城市规划进行空间保护。

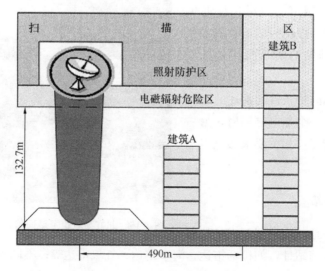

图3-18 气象雷达电磁辐射影响范围分析图

图片来源：深圳市无线电管理办公室.深圳市无线电电磁辐射情况调研报告，2006

## 3.7　电磁环境影响分析

### 3.7.1　电磁辐射的特点

**1. 电磁辐射与电磁信号共生**

电磁波在提供电磁信号的同时，也产生电磁辐射；一旦电磁辐射设备停止工作，其辐射立即消除；只要电磁设备工作，其辐射只能控制不能根除；这点与水、气、声、渣等污染相比有明显不同，后者的污染与产品本身是分开的。

**2. 电磁辐射的可预见性**

电磁发射设施对环境的辐射能量密度可根据其设备性能和发射方式进行估算，具有可预见性；可以初步估算出对环境辐射的不同结果，并进行方案的比较及取舍。

**3. 电磁辐射的可控制性**

电磁发射设备向环境发射电磁能量，可以通过改变发射功率或改变增益等技术手段来控制；另外，电磁发射设备的方向与周围建筑物的布局和人群分布有关，可以在一定范围内控制天线方向。

**4. 不易察觉性**

电磁辐射还具有无色、无味、无形、无踪、无处不在，无任何感觉，可以穿透包括人体在内的多种物质，有专家称这是继大气污染、水污染和噪声污染的第四污染。

为了最大限度地发挥电磁辐射的经济性能，减少环境污染，对电磁辐射设施的建设项目，必须进行环境影响评价。

### 3.7.2　电磁环境的控制限值

**1. 早期标准**

在 2014 年之前，我国实行的相关标准有两个：一个是《电磁辐射防护规定》GB 8702—88，另一个是《环境电磁波卫生标准》GB 9175—88。其中，《电磁辐射防护规定》没有沿用国际流行的 SAR 标准，而是采用电场强度（V/m）和功率密度（$\mu W/cm^2$）作为电磁辐射强度单位；而卫生标准是针对人群健康，主要针对人的居住环境，限值更严格，提出一级安全区、二级中间区的分别控制值。在上述标准中，对长波、中波、短波、超短波电磁辐射，以电场强度值表示辐射强度限值；对微波电磁辐射，以功率密度值表示辐射强度限值。

**2. 现行控制限值**

从 1998 年底开始，国家六部委共同参与着手进行新的电磁辐射国家标准的修订和统一工作，并整合修订两个标准，于 2014 年颁布《电磁环境控制限值》GB 8702—2014。该标准参考了国际非电离辐射防护委员会（ICNIRP）《限制时变电场、磁场和电磁场（300GHz 及以下）曝露导则》（1998），以及电气与电子工程师学会（IEEE）《关于人体曝露到 0～3kHz 电磁场安全水平的 IEEE 标准》，也规定了电磁环境中控制公众曝露的电场、磁场、电磁场（1Hz～300GHz）的场量限值、评价方法和相关设施（设备）的豁免范围。

针对本章的中短波、调频广播、无线电视以及微波、雷达站等工作频率，其频率均在30MHz～3000MHz 之间，现行标准给出的控制限值为电场强度 12V/m 或功率密度 $40\mu W/cm^2$；该标准的频率范围综合了早期标准的三个频段范围，电场强度的控制限值比一级安全区略为宽松，功率密度的控制限值与二级中间区基本相同。即使这样，中国电磁环境保护的控制值也比欧美国家严格很多，约为欧美国家标准的 1/15 左右。另外，现行电磁环境控制限值适用于电磁环境中控制公众曝露的评价与管理，不适用于医疗、无线通信终端控制等的评价与管理和对产品质量管理的要求。

### 3.7.3 大型无线发射设施的电磁环境影响分析

按照辐射作用于物质时所产生的效应不同，人们将辐射分为电离辐射与非电离辐射两类。电离辐射包括宇宙射线、X 射线和来自放射性物质的辐射。非电离辐射包括紫外线、热辐射、无线电波和微波；本节也是针对大型无线发射设施的非电离辐射开展分析。

电磁辐射对人体影响程度随波长而异，波长越短对人体作用越强，微波段电磁辐射的作用最为突出；处于中、短波频段电磁场的操作人员，可能会产生身体不适，但脱离作用区后可恢复，而处于超短波与微波电磁场的操作人员，受影响程度比中、短波严重。在微波作用下，人体除反射部分能量外，部分被吸收后产生热效应，如果过热会出现损伤，还有一种影响是非致热效应，但会引起人体细胞膜的共振，使细胞的活动能力受限。广播电视发射天线前方的空间可分为近场区、中场区和远场区，不同波长的不同场区电磁辐射特性有差别，应根据其属性有区别地开展预测；较常见的预测依据《辐射环境保护管理导则——电磁辐射监测仪器和方法》HJ/T 10.2—1996 中广播电视发射塔周边的电磁辐射预测。

**1. 中波广播电磁辐射分析**

一般而言，中波以地波传输为主，需要根据地波考虑其辐射情况；中波频率范围为535～1605kHz，波长较长为 186m<$\lambda$<561m，其天线比较单一，近场范围为 $r$<0.5088 $*\lambda/2\pi$（约为 45m 以内），中场范围为 45～90m 左右，电磁辐射防护主要考虑近场和中场，两个场区的预测方法也不相同；鉴于计算方法比较复杂，这里不再展开，有兴趣的读者可查阅相关参考资料；另外，预测时还可采用国外专业软件进行模拟分析，也可采用仪器实测来校核预测结果。

**2. 调频广播和无线电视电磁辐射分析**

对于调频广播和无线电视而言，其波长较小，计算电磁辐射时只需计算远场的辐射即可；但需要指出的是，仅按标准中给定的计算方法来预测时，预测值也会出现较大误差，这主要是因为标准没有考虑广播电视发射塔周边的复杂建筑物的分布情况，实际预测时需结合周边建筑物的三维立体模型，对由此产生的发射、绕射等因素进行综合计算，从而建立一种计算精度较好、实用性较强的电磁辐射预测模型。

**3. 电磁环境控制距离**

不同广播电视发射塔的电磁环境控制距离，可按现有技术规范来控制；考虑不同发射塔的天线数量及功率不相同，可按 $S=100\times$

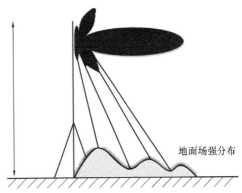

图 3-19 广播电视发射塔防护距离

$\dfrac{P_t \cdot G_t}{4 \cdot \pi \cdot d^2}$ 来校核具体电磁环境控制距离，其中 $S$ 按照规范确定的值（如 $0.4\text{W/m}^2$），$P_t$ 为天线功率、$G_t$ 为天线增益，如有多幅天线，则为所有天线的乘积之和；由此，就可以按照理想情况简单地推算出电磁环境控制距离 $d$。大部分电磁环境控制距离以天线的挂高为基准按照无线电波的特性来确定，一般以水平距离来衡量；比较特殊的是调频广播及无线电视类发射塔（特别是设置在城市中心城区的发射塔），此类发射塔的天线较高，其电磁环境控制距离是立体的，包括水平控制距离和垂直控制距离，相关示意情况参见图 3-19；控制的主要内容是防止周边高层建筑顶部进入电视塔辐射强副瓣区（可位于弱副瓣区域），造成电磁辐射污染。

### 3.7.4 电磁环境的控制措施

改善电磁环境的最佳措施是在项目建设前期开展项目环境影响评价，因地制宜地采取措施，降低广播电视发射塔等大型无线电设施对城市规划建设的影响。不同频率的无线电设施产生的电磁辐射特性不一样，需要因地制宜地开展防护措施；如中波发射台，虽然波长较长，可绕山体和地面建设，但发射塔近场有较强场强，产生的电磁辐射衰减较慢，在较大范围内电磁强度都很高，需要对部分地区进行控制，对外围地区限制发展；而调频广播电台发射台站周围需要设置防护区，城市规划部门要注意控制周围建筑物的高度，防止高层建筑顶部进入广播电视塔电磁辐射的强副瓣区，造成电磁辐射污染；又如通信、雷达及导航多为定向不定时发射，需要定向设置控制距离。

在我国城市化过程中，随着建设城区的范围不断扩展，由于城市规划建设未将各类大型无线点发射设施的空间保护纳入城市规划空间保护进行控制，常出现新建城区位于某些大型无线发射设施的控制距离内；在短期无法搬迁的情况下，可采取部分控制措施来减少或降低电磁辐射对市民的影响，如出现超标区域，应采取加屏蔽网等，电磁辐射屏蔽网。根据测算，缩比采用 2.8cm×2.8cm 网孔的屏蔽网一般都可以屏蔽 20dB 以上（辐射量减小 100 倍）的电磁辐射，如实际尺寸采用（2.8×50）×（2.8×50）＝1.4m×1.4m 的屏蔽网即可以得到 20dB 以上的屏蔽效果，只要在家里阳台、楼顶加装屏蔽网，能大大降低中波辐射对居民的影响。又如对于电磁辐射超标的地区，需设置电磁辐射安全警示牌，警示市民不要长时间停留；对大功率发射台站应划定规划控制区（包括控制区和限制发展区两部分），要求在其"控制区"内，严禁公众进入，而外围的"限制发展区"内的土地，不得修建居民住房或其他公共建筑。

# 第 4 章

# 有线通信机楼
# 及机房规划

　　广义上讲，有线通信是指通过光（电）缆线处理与传送语音、数据、文本、图像、视像和多媒体信息的高速通信网。结合城市规划建设的特点，城市规划行业将城市有线通信设施进一步细分为有线通信设施和有线通信基础设施。

　　城市有线通信设施是指局端设备、传输设备、接入设备以及长途线路、中继线路、汇聚线路和接入线路；有线通信基础设施是指承载或支撑上述有线通信设施正常运行的局房和通道的空间设施。城市规划中将有线通信基础设施分为通信机楼、通信机房两大类，按照有线网络层级在这两类基础上再进一步细分。

## 4.1 设施特点

### 4.1.1 技术特点

通信技术的革新，影响通信设施的组网与布局，与通信基础设施所需的空间面积（用地面积与建筑面积）产生直接的关系。

**1. 技术发展快**

国内传统有线通信机楼及机房基于传统模拟通信技术和窄带技术，分为枢纽机楼、汇聚机楼、端局与模块局等，且机楼数量规模庞大、布局分散，包含了机房及办公等综合功能。基于传统技术的机楼与机房设施，网元种类众多，需占用大量空间资源；然而，由于技术发展迅速，设备更新快、周期短，有线设施对基础设施空间需求的变化速度，远超于基础设施规划建设的速度。

**2. 服务覆盖面广**

随着通信和信息技术的不断融合，通信机楼、通信机房等通信基础设施和数据中心、数据机房等信息基础设施之间的联系也日趋紧密，界线也日趋模糊；研究分析有线通信基础设施时，不仅仅要从传统意义上分析理解通信技术行业，还需考虑到其借助高速无线技术、物联网传感技术、云计算技术等先进技术带来的影响变化。服务对象已扩展至其他各领域（物流运输、电力能源、工业制造业、公安交通、环境、水务、环境、教育、医疗等），传统有线通信基础设施已部署在各个行业设施中，并出现集约建设、融合发展等特征。随着智慧城市建设的推进，从长期发展角度来看，任何与信息化相关的行业都需依赖于通信机房等通信接入基础设施。另外，通信设施还有小型化、容量高的独特性，对通信基础设施的安全性要求高（含灾备、冗余、防水等）。

### 4.1.2 规划建设特点

**1. 专业性强**

随着技术革新，有线通信设施的功能及组网发生较大变化，有线通信基础设施的空间需求随之变化，并随城市功能提升、土地开发强度提高、服务水平提升发生变化。从城市规划角度，有线通信基础设施是功能性较强的专业基础设施，其功能及位置、用电、层高、容积率等具有比较强的专业性。

**2. 功能综合**

城市市政基础设施按专业自成体系，需分别单独规划布置，规划布局位置按照专业技术特性布置。大型有线通信基础设施（如通信机楼）以满足全市乃至周边城市需求为主，数量较少，功能以满足全市需求为主，属于枢纽级别，不直接服务用户（中小型城域网也服务用户），一般分布在城市重要功能区或城市中心区。中小型有线通信基础设施（如中小型接入机房）以满足片区、小区需求为主，分布广泛，部分设施具有服务用户的功能，一般分布于用户密度的中心，具有一定的服务半径。

**3. 共建共享**

市政基础设施一般按各专业由对应的职能管理单位建设。大型且重要的有线通信设施一般单独建设，建筑功能单一。由于其专业性较强，建设要求较高，因此兼容性不足；同时，绝大部分市政基础设施的净容积率较低，以通信机楼为例，容积率 1.5～2.5 居多。中小型有线通信设施空间面积相对较小，一般附设于办公、商业等建筑主体内，但对层高、电源、消防、通道等设施要求较高，针对建筑主体及配套设施建设要求较高。通信基础设施的规划建设始终贯彻共建共享的原则，在城市规划布局上需留有发展余地[12]。

## 4.1.3　市场化特点

市政基础设施的特殊性也表现在市场化程度上，根据其市场化程度不同可分为完全市场化类型、半市场化、完全政府类型三种。完全市场化类型设施有液化石油气，具有市场竞争能力且市场调节灵活，可通过市场的调节达到共用事业的发展；半市场化类型的有供热、自来水、公共交通等设施，这些行业具有一定垄断性，投资较大但收益较低，其作为社会综合服务性设施又涉及公众利益；完全政府类型的有消防、城市防洪等基础设施，从根本上讲，是公益性项目，一般没有直接经济效益，其建设、运营和管理职能由政府或政府委托有关单位承担。

通信基础设施是完全市场化类型的城市基础设施，但其特点更加突出，其特殊性主要有以下两点。

**1. 市场化程度高**

通信行业是最早进行市场化改造的行业，经过多轮改革，市场化格局十分明显，已完全形成多家通信运营商平等竞争的格局；各通信运营商也形成各具特色的差异化状况，具体体现在用户群体、财务状况、规划发展计划等方面；因此分析各地区运营商差异化需求是通信基础设施规划的重要内容。通信基础设施应同时满足多家通信运营商的发展需求，整体上考虑各通信运营商需求，尤其是受制于建筑单体内资源紧缺和条件受限的接入基础设施。

**2. 多元化投资趋势明显**

通信基础设施建设已完全市场化，其建设投资体系也相应发生变化，由早期单一的政府投资演变为多元化投资，并具有公共性和公益性。对于每座城市而言，可根据城市现有条件、现有基础设施状况、发展需求等要素，综合确定通信基础设施的建设方式，不同基础设施还可采取不同的建设方式。国内较多城市已成立专业的通信基础设施公司，无论是2004～2005 年期间成立的通信管道公司，还是 2014 年成立的铁塔公司，以及最近成立的经营通信机房的公司，都是如此。

## 4.2　规划要素分析

### 4.2.1　技术发展要素分析

通信技术受信息技术的影响发生较大变化，特别是近几年出现软件定义网络 SDN、网络功能虚拟化 NFV 以及云计算三大关键技术，各运营商正依赖上述技术逐步开展网络重构。首先，网络的层级、种类、类型减少，网络可快速部署及扩缩容，相较传统网络结构更加开放、敏捷；其次，以物联网、5G 技术为依托的虚拟实境 VR、无人驾驶汽车等新型业务形态，带来海量数据流量，影响未来网络结构的扁平化、智能化发展。有线通信机楼及机房中设备受技术与业务影响明显，且发展趋势不可逆转。

**1. 技术发展趋势分析**

光纤已成为主导传输介质。光纤具有频带宽、通信容量很大、衰减小、无中继传输距离远、串扰小、信号传输质量高、尺寸小、重量轻等优点，使得光纤在传输网中大量被应用，也由此出现"光进铜退"的趋势，无论是建筑内通信介质还是新建道路通信管道内敷设的城域网传输介质，均已广泛使用光纤（光缆）。光纤传输使通信网络形成环形的组网方式，通信质量、容量、可靠性进一步提高。

IP 网云化和智能化已成为网络演进的方向。SDN、NFV、云计算等新兴技术构建简洁、集约、敏捷、开放的新一代网络运营系统，也是各家运营商的网络重构方向的核心。以 SDN、NFV 为助力，控制与内容等功能分离，容量大幅提高，构建云化和智能化的 IP 城域网，实现网络升级转型，提升网络服务能力和降低网络运营成本，实现高效、弹性的业务网络，是 IP 城域网发展演进的必然方向，如图 4-1 所示。

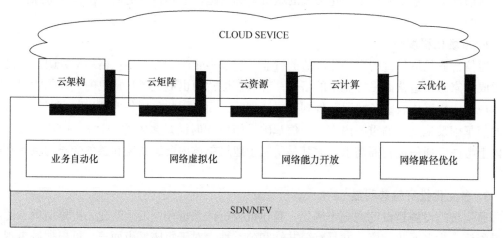

图 4-1　IP 城域网云化和智能化的发展演进方向

图片来源：《2018 年上半年通信业经济运行情况》［Online image］.
http://tech.ifeng.com/a/20180722/45076382_0.shtml

SDN 实现网络软件可定义功能，集中式的控制器实现网络功能的虚拟化、提供优质的端到端的解决方案，便于组建大型网络，实现不同厂家、不同设备类型的混合组网。同时开放的网络结构可使网络设备归一化，极大地降低网络建设成本。

NFV 即网络功能虚拟化，将传统电信设备的软件与硬件进行解耦，使网络设备功能不再依赖于专用硬件，可以实现新业务的快速开发和部署，并基于实际业务需求进行自动部署、弹性伸缩、故障隔离和自愈等，逐步实现设备集中化、虚拟化和池化。传统网络设备随着技术的不断升级，每次升级都需要新的网络设备，不仅成本很高，对于网络管理也非常复杂，并占用大量空间。

通过实现基于 SDN/NFV 技术的新型城域网结构，可将传统网络的控制管理从设备网络层面转移到架构管理云中，实现了从分散管理到集中管理、从本地管理到远程管理的转变，并实现灵活的业务调度，加速新业务的开通；如果网络功能需要升级，运营商也不用购买专用硬件，直接部署新的网络软件就可以，如果计算资源不够，则可多部署一些虚拟机。重构后的城域网架构图如图 4-2 所示，包括三大部分：SDN 控制部分，云化资源池部分及通用交换网络部分。

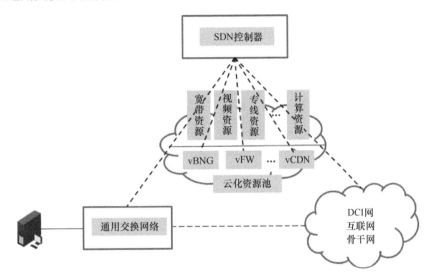

图 4-2　重构后的新型城域网架构图

图片来源：黄志军，冯铭能，刘璐 . 基于 SDN/NFV 技术的 IP 城域网演进方案研究［J］.
移动通信，2017，42（1）：00-00

**2. 技术要素影响分析**

通过上述分析可知，通过 SDN/NFV/云等技术实现的高效智能的网络，更有利于网络维护、降本增效、灵活快速地响应及引入新业务。这是一种全新的网络技术和架构，能很好地解决传统运营商所遇到的问题，2016～2020 年已成为各运营商网络重构的关键时期。

SDN/NFV/云等技术的影响使通信网络越来越扁平化、网络 IP 化，网络重心下移、综合型加强，使通信机房等基础设施越来越重要，而通信机楼的组网原则及设置规律也随技术变化滚动更新，有线通信机楼向综合化和扁平化方向发展，且数量要求减少。"少局址、大容量"已成为通信机楼的重要组网原则，而网络重心下移使得城域网更加依赖接入设施，通信接入机房更加重要，需要的接入机房数量也出现增加的趋势；随着 5G 大规模商用，这种趋势更加明显。上述新出现的通信接入机房，急需纳入城市规划建设。

## 4.2.2　共建共享要点分析

共建共享是通信设施和通信基础设施规划建设共同遵守的基本原则。目前，我国通信基础设施建设方面还存在较多早期电信改革遗留问题（如通信机楼、通信机房、通信管道等基础设施资源不平衡），影响运营商公平使用基础设施和公平竞争；为有效节约电信基础设施的建设成本，减少运营商重复建设的浪费，工业和信息化部于 2008 年就发布了《关于推进电信基础设施共建共享的紧急通知》，2015 年住房城乡建设部印发国家标准《通信局站共建共享技术规范》GB/T 51125—2015，各省市也先后出台"共建共享实施细则"。

多家通信运营商平等竞争的格局，决定了通信基础设施规划建设须贯彻共建共享原则；不论是从节约资源、节省投资方面，还是从提升网络质量等方面来看，通信基础设施共建共享原则都必须坚持和贯彻始终；在开展各类通信基础设施规划时，也必须始终坚持共建共享的基本原则，促进通信基础设施（特别是接入基础设施）共建共享。

**1. 满足通信基础设施集约化的需要**

多家通信运营商都需要建设通信城域网，都需要通信机楼、通信机房、基站、通信管道等基础设施，但城市土地资源、站址资源、缆线敷设通道等基础设施不可能为每家通信运营商都预留一套基础设施，因此，多家运营商平等竞争的格局决定了通信基础设施必须共建共享，避免造成公共资源的浪费和公共通道的严重不足。另外，从城市角度来看通信基础设施，共建共享有助于保持通信基础设施的完整性，避免各运营商分散建设带来通信基础设施的零碎化，特别是资源紧张、通道受限的通信机房、基站、通信管道等基础设施更是如此。

**2. 满足节约投资的需要**

通信基础设施（包括通信局站、铁塔、管道）的共建共享，可以极大地减少用地和传输资源的浪费，也可减少施工成本。在以往各家运营商分散分次建设电信基础设施过程中，常常需要耗费大量的人力、物力和财力，并造成重复浪费。共建共享的规划建设模式只需在运营商之间进行协调，使人财物方面的成本得到大量减少。同时，它在租赁谈判、施工协调以及相关流程的办理上，其周期显著缩短，使施工进度加快，减少了时间方面的成本[13]。

每个运营商的通信机楼与通信机房业务侧重点及用户数不同，尤其是每个运营商在小区服务的用户数量不同，通信机房、光纤等共用基础设施更有必要共建共享，共建共享也必须以保证用户网络质量，减少各运营商彼此之间的矛盾为基础。因此共建共享模式下的相关单位应互相合作，明确分工，共同组织好通信机房设施建设，满足用户高质量通信要求[14]。基站、通信管道等基础设施的共建共享技术内容，参见后面的相关章节。

## 4.3 面临问题及挑战

《城市通信工程规划规范》GB/T 50853—2013 于 2013 年颁布实施，大大晚于其他工程规划规范，导致通信基础设施长期处于通过市场化方式建设状态，积累了大量问题；另外，通信技术发展快、专业技术性强、需求比较独特、多家运营商平等竞争等因素叠加，使得规范对通信基础设施规划建设的指导作用较弱，通信基础设施规划本身也面临大量挑战。

## 4.3.1　常见问题

**1. 早期规划建设通信机楼难以满足业务发展需求**

早期建设的通信机楼已无法满足用户需求且扩容难度大，其原因包括：其一，在有线通信机楼（机房）规划前期，用户需求分析不够充分，导致规划设计对用户需求、设备数量出现偏差，容易造成难以弥补的缺憾；其二，软交换、三网融合、IP 城域网技术的快速发展，使得早期规划的通信机楼中机房面积远远不足；其三，电源不足；由于电子设备集成度大幅提高，设备的用电需求大幅增加，而早期预留的电源不足，且较难扩容，也因此制约了扁平化技术发展和通信机楼按新组网原则组网。

**2. 现状通信机楼布局分布失衡，难以应对差异化发展格局**

随着城市建设与城市更新的推进，新建城区缺乏核心机楼来承载重要网络节点，部分运营商通信机楼数量不足现象严重；同时，还存在通信机楼的重心与业务重心及城市规划建设重心不一致，以南方某城市通信运营商为例，其核心通信机楼重心分布位于城市的西南部，而业务和通信机楼的重心位于中西部，两者的重心不一致，对未来发展数据业务产生不利的影响，也难以组织高效可靠的传输网络。另外，通信机楼用地规划对中小型运营商的需求考虑不足。

**3. 通信机房以通信运营商通过采取市场化方式获取为主，稳定性较差**

一般情况下，中小型通信机房随地块或小区开发同步建设，运营商采用租赁形式，运营商对其产权自有率低，租用合同期均在 5 年以下，容易出现被逼迁的现象，极不利于通信城域网的稳定运行。另外，中型通信机房的出局通道往往不能实现双路由，传输网络及通信管道的安全性低；据珠三角某城市的通信运营商提供数据，该运营商的单路由出局机房占比 75% 以上。同时，在通信运营商采取市场化方式获取通信机房的过程中，还受物业是否同意准入的影响，常常遇到进入难或收取高额使用费等问题，也影响通信机房的稳定运行。

## 4.3.2　面临挑战

**1. 在现状城区增补通信基础设施的难度十分大**

通信技术变化快，导致通信机楼的组网原则（少局址、大容量）和需求规模（用地规模和建设规模）会发生改变，需要在现状建成区增补部分通信基础设施的状况。但由于现状城区的土地已基本出让、土地大幅升值等因素的影响，增加独立占地的通信基础设施的难度相当大；这对新增通信机楼提出挑战，需要采取多种方式（独立式、附设式）推动通信机楼建设。另外，通信技术发展需要新增大量通信机房（附设在其他建筑物内），获取机房资源比较困难，特别是面积较大的机房，而且获取机房后将其改造为满足要求的难度也大，改造后也面临经常被逼迁的困境；这对通信机房建设提出严峻挑战，急需将通信机房作为城市基础设施全面纳入城乡规划，并抓住正在新建或改造工程的机会，增补各类通信机房，缓解通信机房的建设困局。

**2. 现行标准滞后于实际发展需要**

近 10 年来，国内通信技术发展迅猛，各项业务指标、网络结构不断发生变化，但现行的《城市通信工程规划规范》已明显滞后技术发展和行业现状，无论是业务预测，还是通信机楼的设置规律和需求规模，无论是为片区服务的大量中型通信机房，还是为小区大楼服务的本地通信机房，都是如此；这就对通信机楼、通信机房规划提出挑战。另外，城乡规划的规划期限较长，一般有 10～20 年，最短的近期建设规划也有 5 年，与国内通信运营商的业务和网络规划期限短（1～3 年）、对基础设施需求时间短（0.5～2 年）不一致，对通信基础设施的设置规律提出挑战，亟需在总结通信机楼、通信机房的设置规律时留有弹性余量，并随通信技术发展进行滚动更新，同时结合各地具体条件适当变化，全面纳入当地城市规划建设中。

## 4.4 主要业务类别及预测

城乡规划行业的通信业务可分为移动通信用户与有线通信用户两大基础类别，其中有线通信用户包括固定通信用户及有线电视用户；移动通信用户和固定通信用户可合称为综合信息用户，而有线电视用户因广播电视行业的特殊性而独立存在。随着通信技术发展演变，新的业务基于移动通信与有线通信发生交叉、衍生。针对移动通信业务与有线通信业务两大基础类别，常用的业务预测方法有普及率法、市场调查法、成长曲线法、分类用地（建筑）综合指标法等，在城市规划的不同阶段可采用不同的预测方法，并互相校核。

### 4.4.1 业务发展趋势

移动通信技术、互联网技术发展促进信息通信产业的不断创新与变革，新技术、新产业、新业务、新应用、新产品在业务发展中不断涌现壮大；同时，从全球的趋势看，通信运营商的话音业务、短信业务等传统业务正逐步下滑。下面介绍主导业务发展的主要趋势。

**1. 固定宽带光纤化**

2015 年以来，在宽带中国、光网城市的战略指导下，光纤建设推进加快，固定宽带用户的规模和网速进一步提升。我国地级市已基本建设光网城市，据工业和信息化部统计数据，2017 年我国光纤用户规模扩大至 3.1 亿户，占固定宽带用户的比重超八成；100M 及以上用户达 1.6 亿户，占固定宽带用户的比重达 45.2%。良好的宽带基础为多样信息交流提供畅通无阻的连接通道，将推动通信业务从网络到终端的全 IP 化组网，以及通信终端的全智能化发展。

**2. 移动终端多样化与移动用户宽带化**

首先，智能手机、便携式电脑、智能手表等智能终端设备日趋多样、丰富，使得宽带用户从有线接入转向无线接入。另外，随着近年 4G 基站快速部署，全国 4G 基站累计达到 336.9 万个，实现城区、县城深度覆盖，高铁、地铁、景区等重点场所基本覆盖，4G 用户数突破 11 亿。4G 移动网络为用户提供了灵活、便捷的无线接入环境，满足用户移动办公、移动支付、高清视频、游戏、电子商务等需求。据工信部《2018 年上半年通信业经济运行情况》统计显示，移动互联网应用的不断丰富，宽带用户无线接入呈爆炸式增长，2018 年上半年，手机上网的用户数达 12.3 亿户，对移动电话用户的渗透率为 81.6％，如图 4-3 所示。

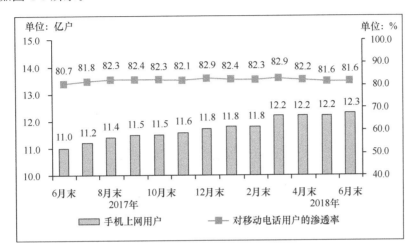

图 4-3　2017 年 6 月末—2018 年 6 月末手机上网用户情况

图片来源：《2018 年上半年通信业经济运行情况》［Online image］．http：//tech. ifeng. com/a/20180722/45076382＿0. shtml

**3. 业务综合化**

光纤用户可满足电话、宽带数据、有线电视（IPTV）等多种业务；每家通信运营商都能提供光纤服务，通信运营商强大基础网络能力还能提供新型物联网、云服务等多元业务。目前，我国在物联网方面投入巨大，各运营商部署 NB-IoT 精品网络基础设施，并利用先进的信息技术与工业生产系统相结合，促进物联网业务在更多行业推广，其中包括车联网、共享经济、智慧金融、智慧能源等。据工信部数据［工业和信息化部关于电信服务质量的通告（2017 年第 3 号）］显示，截至 2018 年二季度末，物联网终端用户达到 1.81 亿户，同比增长 120％。搭建运营商统一云平台，实现统一业务承载、集中运营管理、一致行业模版和技术实现；统一数据存储和处理，实现全国的共享协同，为用户提供低成本、高效率、快速安全的业务方式[15]。

**4.4.2　光纤端口用户**

城乡规划在不同阶段、不同规划层次预测通信业务时采取的预测方法有所不同。城市总体规划阶段通信用户预测应以宏观预测方法为主，可采用普及率法、分类用地综合指标法等方法预测；城市详细规划及通信基础设施专项规划阶段应以微观分布预测为主，可按不同用户业务特点，采用单位建筑面积用户密度法等方法预测。

根据业务发展趋势及光网城市建设情况，固定通信用户以光纤端口（承载语音和数据业务）预测为目标，采用综合指标法和分类用地（建筑）用户密度法进行预测，并相互校验。

（1）综合指标法以规划的常住人口数为基数，预测指标可按每百人 50～70 个用户，平均每用户 1～2 个光纤端口预测；部分人口结构特殊城市，需考虑调整系数。

（2）分类用地用户密度法结合城市及片区规模、用地类别，参考分类用地固定通信用户密度指标，推算城市及片区光纤端口用户数。分类用地用户密度预测指标参考表 4-1，根据城市的经济发展水平、人口结构选取相对应的高、中、低值指标。

分类用地固定通信用户密度指标 表 4-1

| 用地类别 | 分类用地用户密度指标（光纤端口/公顷） |
|---|---|
| 居住用地（R） | 250～500 |
| 商业服务业用地（C） | 200～400 |
| 公共管理与服务设施用地（GIC） | 70～250 |
| 工业用地（M） | 100～200 |
| 物流仓储用地（W） | 30～60 |
| 交通设施用地（S） | 10～20 |
| 市政公用设施用地（U） | 20～50 |
| 绿地与广场用地（G） | 5～10 |
| 发展备用地（E9） | ＞200 |

（3）单位建筑面积用户密度法是城市详细规划阶段根据地块建筑面积进行预测。单位建筑面积用户密度预测指标参考表 4-2，根据城市的经济发展水平、人口结构取相应高、中、低值指标。需要说明的是，表中带 * 的指标，与宾馆等特殊功能建筑对应，此类建筑一般有语音等内网，指标与内网指标对应，统计语音等外网指标时宜进行折算。

单位建筑面积用户密度预测指标 表 4-2

| 用地类别（大类） | 用地类别（中类） | 单位建筑面积固定通信用户密度指标（m²/光纤端口） |
|---|---|---|
| 居住用地（R） | 一类居住用地（R1） | 80～150 |
| | 二类居住用地（R2） | 50～110 |
| | 三类居住用地（R3） | 50～100 |
| | 四类居住用地（R4） | 30～60 |
| 商业服务业用地（C） | 商业用地（C1） | 60～130 |
| | 办公用地（C2） | 20～50 |
| | 商务公寓（C3） | 30～80 |
| | 旅游业用地（C4） | 80～130 * |
| | 游乐设施用地（C5） | 200～300 |
| 工业用地（M） | 新型产业用地（M0） | 30～80 |
| | 普通工业用地（M1） | 200～500 |

### 4.4.3　移动通信用户

据统计，2017 年全国移动电话用户总数达 14.2 亿户（图 4-4），移动电话用户普及率达 102.5 部/百人，可见国内移动通信用户普及率已达到饱和状态。

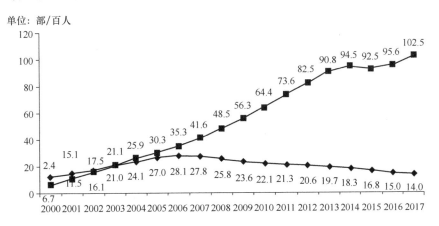

图 4-4　2000—2017 年固定电话、移动电话用户发展情况

图片来源：2017 年通信业统计公报［Online Image］. http：//www.cww.net.cn/article? id=427313

移动通信用户预测应以规划的常住人口数为基数，人口结构特殊的城市考虑人口的当量系数，按忙时有效移动用户普及率进行预测。有效移动通信用户普及率宜按每百人 95～145 部选取，各类城市指标宜符合表 4-3。在开展片区级用户预测或小范围用户预测时，对于高速公路、快速路等交通干道，宜单独预测，按忙时的最高车速、车流量、每辆车平均载客数等指标，并按普及率的高值预测移动通信用户数。

**移动通信用户普及率预测指标[16]**　　　　　　　　　　　　　　　表 4-3

| 特大城市、大城市 | 中等城市 | 小城市 |
| --- | --- | --- |
| 125～145 | 105～135 | 95～115 |

### 4.4.4　有线电视用户

随着三网融合、移动互联网的影响，IPTV 和 OTT TV 等多类型用户的涌现，尽管传统有线广播电视用户业务有下降趋势，但有线电视通过互联网融合、大数据分析平台、增值服务等方式向数字化、交互化和高清化方向加速转型，因此，有线电视用户市场容量巨大。

有线电视用户分为住宅类用户与非住宅类用户。有线电视用户预测采用普及率法，以住宅类用户数为基础，取住宅类用户 100％入户率，核算出有线电视住宅用户，有线电视非住宅类用户按 10％的入户率计算，两者总和即规划区有线电视用户数。

## 4.5 通信机楼规划

### 4.5.1 通信机楼体系

#### 1. 通信传输网络架构

通信传输网络结构的划分在业内已形成共识，即核心层、骨干层、汇聚层及接入层，如图 4-5 及表 4-4 所示，各层级节点之间通过城市光（电）缆形成互联互通的完整网络。

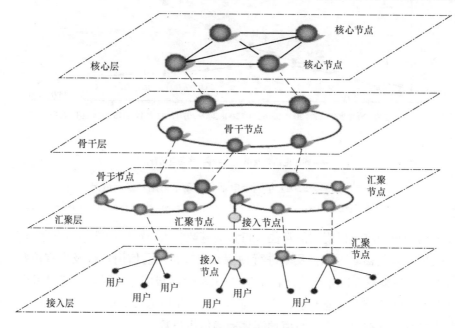

图 4-5 传输网络层级示意图

图片来源：张亚朋. 新时期的通信设施专项规划编制方法探讨［A］. 中国城市规划学会，贵阳市人
民政府. 新常态：传承与变革——2015 中国城市规划年会论文集（02 城市工程规划）
［C］. 中国城市规划学会，贵阳市人民政府，2015：10

核心节点：指承担长途交换、骨干/省内转接点/省内智能网 SCP、一二级干线传输枢纽，设置有 IDC 机房、骨干数据设备、国际网设备、省际网设备、光传送网一级干线设备，是城域出口、长途交换中心、本地交换中心、有线电视信号传输中心。核心网络节点设施必须确保高可靠性架构，多位于交通极为便利的城市，对通信机楼的安保、电源等要求极高。

骨干节点：指本地传输网、数据骨干节点，本地网内各类业务核心设备所在的机房，含服务与重要客户的交换设备、传输设备，包括固网 IMS、固网软交换 SS/TG、移动网电路域/分组域网元、城域网 IP 核心点、传输核心节点、骨干网等设备。考虑骨干节点机房的各网元、电源等设备机房需求时，应综合考虑中长期需求。

汇聚节点：本地网内各类业务汇聚设备所在的节点、汇聚层数据机房，包括传输汇聚节点、IP 网汇聚节点或业务控制层（BRAS/SR）等设备。

综合接入节点：综合业务区内小范围业务收敛设备所在机房，包括集中设置 BBU、OLT、传输边缘汇聚等设备，是区域内传输汇聚节点的延伸，也是聚节点和末端接入点之间的衔接节点。

网络层级与基础架构 表 4-4

| 网络功能 | 基础架构 |
|---|---|
| 核心节点 | 区域级枢纽机楼 |
| 骨干节点 | 本地枢纽机楼、一般机楼 |
| 汇聚节点 | 一般机楼、汇聚机房 |
| 综合接入节点 | 综合接入机房 |

**2. 体系划分**

由以上网络结构分析可看出，骨干层及以上的通信机楼涵盖了长途通信枢纽、本地通信枢纽、业务汇聚、IDC 数据中心处理与传输等功能，其安保、动力及应急用房等方面至关重要，对各运营商而言是发挥基础支撑作用的重要设施。大型通信基础设施一般单独建设，建筑功能相对单一，仅满足其独特功能需求。由于其专业性较强，建设要求较高，因此兼容其他建筑性质的功能相对不足。

通信机楼一般由各运营商根据自身网络特点、省级公司的要求和地级分公司的业务需求而建设，运营商在使用通信机楼时可灵活调整其机楼内的设备布置，通信机楼综合布置多种网络功能节点。在城市规划领域，以往较多地关注大型通信基础设施用地、建筑体量等内容，较少对通信机楼体系开展详细讨论。实质上，在具体规划工作过程中，合理地确定通信机楼体系，能够对确定通信机楼的布局及用地面积大小起决定性作用，对汇聚及接入机房、通信管道等基础设施规划也有较好的帮助作用。

根据全业务网络发展趋势，各运营商的通信机楼均可为用户提供固定通信、移动通信、宽带网络、IPTV 和多媒体、互联网等综合业务，是 ICT（信息和通信技术）的深度融合。综合不同城市对通信机楼的功能需求，作者团队将通信机楼划分为枢纽机楼、中心机楼、一般机楼、数据中心四个层次；有线电视因其特殊功能要求和网络特点，有其自身独特的有线电视机楼层次。

（1）枢纽机楼

为全国集中承担全网或大区域性业务的核心，是一二级干线传输枢纽、省际网节点，位于交通极为便利且位置重要的城市，对通信机房的要求（如电力供应、恒温、安全等）最高；枢纽机楼布置在通信网络区域中心城市，如北京、上海、广州等一级干线城市和武汉、重庆、沈阳、西安等二级干线城市。枢纽机楼还包括各省内干线传输枢纽和省内网节点，布置在各省的中心城市内。

（2）中心机楼

为城市信息枢纽中心，是城域网的出口、本地交换中心等，需互为备份。由于对机楼安保、电源等要求较高，一般需单独占地建设专业建筑。目前，现有中心机楼内设置有交换网长途局、关口局、汇接局，传输网核心节点，数据网骨干层核心节点等。

（3）一般机楼

为区域业务汇接点，主要用于服务区域的业务汇接，逻辑上互为备份。目前，现有一般机楼内设置有交换端局、数据业务汇聚节点（BRAS/SR）以及本地传输网汇聚节点等设备。

（4）数据中心

也称专用机楼，主要用于存放业务网设备，如视频、存储、数据处理、网管等服务器，对环境和配套设施（如机房荷载、电源保障、抗震等级、温度等）要求相当高。数据中心作为信息产业中的一个重要环节，每个地区按需设置。需要特别说明的是，因数据中心建设已完全市场化，城乡规划对数据中心的用地性质认定尚未统一，行业内倾向将用地性质划入工业用地范畴；另外，大型数据中心的用地规模十分大（几公顷～十几公顷），建设形式多样，是否纳入通信工程规划值得广泛探讨，但可以纳入通信基础设施专项规划，对特定的对象开展布局和用地规模规划。

以深圳市通信机楼为例，典型拓扑图如图4-6所示。

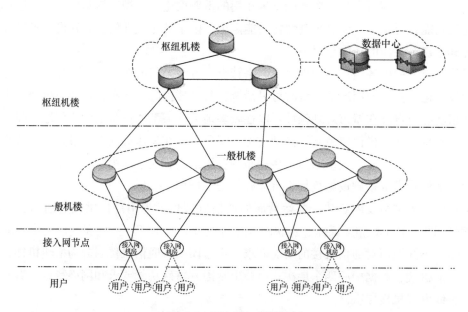

图 4-6　固定网拓扑结构图

（5）有线电视机楼

有线电视网是以分支分配网为基础发展起来的，由于与舆论导向、宣传等内容密切相关，广播电视从诞生之日起就形成不同的管理体制和经营方式。有线电视总前端一般独立建设，并与电视台、地球卫星站等建立专线联系。有线电视总前端主要放置数字电视前端设备、骨干传输设备、播出控制和信号检测设备、数据核心设备、IT支撑系统数据等，是有线电视所有业务发起的总源头，起着十分重要的作用，是重要保护目标。

自2016年起，有线电视网络开始经营数据网络，有线电视分支分配网逐步向电信网转变，并按最新的电信网络结构来组网，其骨干网由有线电视机楼和光缆环网组成；有线电视总前端是有线电视机楼的一种表现形态，有线电视灾备中心也是有线电视机楼的一种表现形态；这两种有线电视机楼一般单独占地，独立建设。此外，各城市还可根据城市建设用地分布和有线电视业务重心，增设其他有线电视机楼，这些有线电视机楼可采取独立式、附设式多种方式建设。

### 4.5.2　设置规律

#### 1. 枢纽机楼

国家级枢纽机楼负责省间信息交互以及运营商之间交互和国际访问交互，由国家及运营商集团组织部署；如中国电信核心网由北京区域、上海区域、广州区域组成，形成国内三大超级核心，中国电信北方区域网络的主节点在北京电信某机房，该机房是 ChinaNet 骨干网三大国际出口之一，也是中国电信北方网络主节点 ChinaNet 骨干网的交换中枢。中国联通共设置北京 1&2、上海、广州四个核心节点，四大节点间组成全连接结构。

城市级枢纽机楼主要负责省内、城市间信息通信交互，布放着城域网层面最高的设备；对于大型电信网络而言，重点城市各运营商均应部署两座枢纽机楼，并互为数据备份。枢纽机楼一般单独占地，其用地面积不宜少于 $6000m^2$，建筑面积宜为 $20000m^2$ 以上；对于中小型电信网络而言，枢纽机楼可与下述中心机楼合建。

#### 2. 中心机楼

中心机楼为城市信息枢纽中心，对全市机楼的业务进行汇接，同时集中和备份全市其他机楼的本地网的业务，保障全市网络的正常运行。中心机楼是各运营商发展本地业务的重心，应综合预留本地业务拓展的设备布置空间。中心机楼的位置应尽量与城市业务重心一致，以便能组织高效便捷的传输网络，并与城市总体规划、分区规划等土地利用规划协调。

城市中心机楼一般按服务用户 50 万～100 万户综合信息用户（包括光纤宽带用户、移动通信用户）设置，每座城市中心城区至少布置 2 座及以上的中心机楼，相互分担本地业务；城市中心城区之外的城市建设区域，可按组团来设置中心机楼。中心机楼用地面积宜控制为 $4000～8000m^2$，容积率一般为 2.0～3.0，建筑面积为 $8000～25000m^2$。不同城市和不同运营商根据主导业务和城域网发展规模，选取不同区段的建筑面积；一般而言，以固定通信为主的一线城市通信运营商，可按上限取值。不同运营商的中心机楼情况参见图 4-7。

#### 3. 一般机楼

一般机楼主要适用于规模较大的城域网，用于本区域的业务汇接，提供交换端局、数据汇聚、传输汇聚以及部分接入功能，可采取独立式、附建式等多种形式建设，并靠近用户密集、管线资源丰富的区域；大部分一般机楼由早期交换端局演变而成。规模较小的城域网，可不设置一般机楼，采用区域型机房、汇聚机房来代替一般机楼。

目前，运营商网络智能化与云化的发展趋势使得设备逐步精简，一般机楼成为汇聚节点与骨干/核心节点之间"承上启下"的节点，逐步与区域型机房、汇聚机房融合。但由于传统网元退网与新型网络重构还将在很长一段时间内并存，因此，在一段时期内出于综

图 4-7　南方某城市两个运营商比邻的中心机楼现场照片图

注：图中西侧中心机楼为以固定电信网为主的通信机楼，东侧中心机楼为以移动通信网为主的通信机楼

合考虑还需为一般机楼的空间需求进行预留。

**4. 数据中心**

随着互联网、云计算及智慧城市快速发展，城市需要建设数据中心，且数据中心规模越大，运行越高效；但由于建设大型数据中心需大量土地空间及能源保障，因此，大型数据中心一般设置于土地资源及能源较为充足的地区，为密集城市区域提供异地数据服务；同时，考虑安全因素将数据中心分散设置，还可避免突发事件造成大面积通信故障或瘫痪。然而，根据通信网络扁平化、互联网化的态势及物联网的部署，大规模接入点及本地化数据处理的需要，在靠近用户中心区域也应设置数据中心（机楼），以便快速处理即时、本地、安全的数据。大型数据中心以异地为主，本地数据机楼以小型为主，小型数据机楼可采用附设式建设。数据机楼宜根据用户的需求进行设置，建筑面积应根据数据机楼设计容量确定，每个机架平均占地机房面积（含设备通道）3.5～5.5$m^2$。

**5. 有线电视机楼**

有线电视总前端机房宜控制建筑面积约 8000～16000$m^2$，容积率按 2.0～3.0 考虑，若与办公、电视台等功能合建，用地面积需统一核算。当城市中心城区常住人口超过 70 万人时，需设置有线电视灾备中心，其机房建筑面积约为 5000$m^2$；每座有线电视机楼覆盖有线电视用户约为 20 万～30 万户。考虑有线电视网络的特殊性，有线电视机楼可与有线电视营业厅、记者站、维护站、办公服务点及影视体验厅等功能合建。

### 4.5.3　规划方法创新

**1. 以现代通信技术发展为基础，更新通信机楼的体系与设置规律**

随着光纤、软交换技术的发展，多元化应用的旺盛需求，通信机楼的体系架构向扁平化方向转变，且设备需求仍存在并存性、快速增长的现象，中心机楼地位进一步提升，对接入网机房的依赖加强。因此，通信机楼的设置规律相应发展变化，针对通信机楼的规划需相应开展滚动化更新、调整，以应对技术革新、信息化市场的需求。

作者团队强调固定通信业务用光纤端口代替电话主线，主要是因为 2017 年 12 月底程控交换机已彻底退出通信市场，已不存在电话主线，且电信网络已实现 IP 化，也不存在单个交换局服务多少用户。另外，通信机楼体系进行更新，并适应不同城域网规模变化要求，通信机楼规划容量放大到 50 万～100 万综合信息用户，大大高于《城市通信工程规划规范》GB/T 50853—2013 所推荐的 8 万～15 万户，真正落实通信机楼"少局址、大容量"组网原则。

**2. 以各运营商差异化需求为主进行机楼整体布局**

通信机楼的整体布局规划是基于预测的用户数。由于各运营商的职能和市场不一样，各运营商的市场规模存在较大差距，由此决定了各单位对通信机楼需求的数量差距较大，需求机楼的方式也不一样。针对各运营商的通信机楼规划的布局，应以业务为导向，差异化分析通信机楼的面积需求，确定各运营商的布局与建设方式。针对老城区、新建片区、城市核心商务区等不同片区或用地条件，差异化确定不同城区通信机楼的综合布局。

尽管各运营商从事的业务和网络结构、组网原则基本相同，但各运营商城域网的规模差别较大；以电信固定网为主的网络和以移动通信为主的网络差别较大，对通信机楼需求的数量和规模也存在较大差距；各运营商经过多年发展，已形成差异化的通信机楼格局，也形成不同网络规模，这是各运营商今后发展的基础，也会对通信机楼出现差异化需求。因此，以各运营商差异化需求为基础开展通信机楼的规划，是规划的基本出发点。

**3. 以共建共享为指导，结合片区功能定位确定机楼的建设形式**

通信机楼规划布局以共建共享为基础，采取多种形式推动通信机楼建设。结合运营商发展需求、各片区功能定位和区域位置，确定不同片区通信机楼的布局以及建设形式，可采取独立式、附建式、共建式等多种方式推动通信机楼建设。当通信机楼的功能、安全和专业要求较高且由运营商（或其他市场主体）主导开发建设时，一般选择建设独立式机楼；对于片区规模较小、区域位置特殊等片区，需要建设通信机楼时可采取共建式通信机楼；对于片区土地资源条件紧张、早期未规划通信基础设施用地但又需要增补建设通信机楼时，可选择建设附建式机楼，将通信机楼附设在其他建筑单体内并适当控制其建设规模。

共建式通信机楼是较为新型的建设模式，除满足主导运营商的通信机楼需求外，还需满足新型运营商或虚拟运营商的机楼发展需求，并延伸到数据中心等新型专业机楼的建设，已有其他国家、地区根据其市场竞争情况进行多种探索。韩国、中国香港地区的集中建设机楼的模式值得借鉴，政府将发展备用地推向市场，集中建设通信机楼或数据中心，除解决新型运营商的通信机楼需求外，还吸引大量的虚拟运营商进驻共建的通信机楼，香港地区的共建通信机楼内入驻的电信运营商及虚拟运营商达 80 多家。由于规划通信机楼用地的功能、区域位置和用地面积不一致，在沿用现行的由主导运营商建设机楼的同时，可借鉴韩国、中国香港地区经验，采取多种建设方式推动机楼建设，逐步解决中小型运营商通信机楼需求小、布局分散、通信机房经常搬迁等问题。

### 4.5.4 需求分析

通信机楼的需求包括公用通信业务需求、专网通信需求，按照需求受众群体来分，可分为个人、政府和企业三大类。其中，个体用户包括普通居民的公用移动通信、固网语音、宽带上网、有线电视服务；企业用户的高效语音通信、宽带上网等办公所需通信服务；特殊个人用户的特定时间段内的高安全要求的专用通信网服务。企业用户包括普通商户、企业的基础通信需求、国际化商业用户的数据专线及即时通信的高质量服务。政府及各级管理机构用户包括对基础设施建设、运营、管理的调度及优化，为形成优质社会环境及区域竞争力提出通信业务方面的需求。

国内各大运营商在不同区域或城市服务用户类型各有侧重，一般有以电信固定网为主、以移动通信网为主和以有线电视网为主三种，在不同城市的组网需求也呈现差异化的特征，从而出线通信机楼需求差异化。

**1. 以电信固定网为主的通信机楼需求**

在南方地区，中国电信及其分公司除了服务个人光纤端口等宽带业务、移动通信业务外，还有较大份额的宽带互联网业务，并且承担大量政企单位、校区等用户对宽带接入的旺盛需求。互联网业务主要通过 IP 城域网实现接入，最终业务承载在 ChinaNet 或 CN2 骨干网上，包括宽带窄带接入业务、IDC、CDN、互联星空等增值业务，企业客户等大客户的互联网专线接入业务；同时，通信机楼内除布置数据、传输、移动骨干网、媒体网关等设备外，按照现有业务容量及发展趋势，还要考虑互联网平台、4K 视频内容源/分发网设备所需通信机房。与此相对应，中国联通在北方地区有较大份额的宽带业务用户，截至 2018 年 7 月，其在北方十省的市场份额约为 70%；即使在南方地区，中国联通在移动通信和固定通信之间也取得较好的平衡，而混合所有制改革为中国联通注入了以信息为主的新生力量，发展前景广阔。另外，4G 和光纤宽带驱动业务增长，在南方地区和北方地区均以宽带业务带动大量数据系统、预控智能网关业务系统、重点预控数据系统等机柜的空间需求。

**2. 以移动通信为主的通信机楼需求**

在国内移动通信市场方面，中国移动 4G 用户先发优势明显；截至 2018 年 6 月，在移动业务方面的客户量依旧保持攀升之势，通信机楼的移动业务设备仍需按每年增长的趋势进行空间预备。移动通信的组网方式与固定通信的组网也有较大不同，不仅网元的数量及需求有较大不同，还可省略大量的接入缆线。另外，大量移动支付、社交平台、游戏、视频等多元终端侧上网需求量，不断呈现指数级增长的新现象，中国移动在移动业务庞大用户群的大背景下，通信机楼的 IDC 业务系统拥有大量机柜需求，并为 BAT（百度、阿里、腾讯）等 IT 企业提供定制化服务。近几年来，中国移动在家庭宽带业务上采取特殊营销手段，该公司的家庭宽带用户呈现爆炸式增长，也产生了大量的固定通信的机房需求，逐渐缩小该公司与其他单位在固定通信网上的差距。

**3. 以有线电视网络为主的通信机楼需求**

有线电视网是以分支分配网为基础发展起来的相对独立的网络体系，在国内各城市的业务包括数字电视广播、高清互动电视、有线宽带、数据专线、集成业务。由于有线电视网络的特殊性，其总前端、灾备中心承担着十分重要的作用，并需要单独运营管理。在现状业务基础上，有线电视网络将发展高清电视、4K 电视有线网络，数字电视节目的广播码流、互动点播码流的带宽只会越来越高；随着视频分发网 CDN 的节点逐渐下沉，离用户越来越近，对有线电视机楼的数量需求也会随用户数增长而增加，以确保网络架构安全。

另外，随网络市场的技术发展与竞争，云计算、大数据、移动互联网和智能终端等新一代信息技术发展，有线电视运营商在多个城市开展大量云视频监控平台、智能教育等业务拓展。在此基础上，高密度服务器将会逐渐普及使用，这对通信机楼的供配电、空调、机架空间提出了更高的需求[17]。

### 4.5.5　通信机楼规模计算

通信机楼向综合性方向发展，"少局址、大容量"是大势所趋，用户之间的业务交换按区域设置通信机楼。数据技术方面为满足不同用户需求发展了 ADSL、LAN、Cable Modem 接入、DDN 专线、SDH 专线、ATM 及 IP 技术等接入网技术。

对某家通信运营商而言，通信机楼规模计算须根据其现状业务数量、市场份额、现状机楼的数量和规模以及未来主导业务及用户数、发展需求等因素开展预测，其中最重要的是预测该运营商对通信机楼中通信业务机房建筑面积。通信机楼建筑面积主要是由业务机房、配套机房及其他用房构成，业务机房的实用面积是计算通信机房面积规模的关键因素，其他两类机房随机楼内业务机房的规模而配备不同的配置。

#### 1. 计算思路

通信运营商已成为开展固定通信、移动通信、数据等多种业务的综合运营商，计算某个通信运营商的业务机房时，也需分别考虑多种业务的业务机房面积需求。不同业务网元覆盖的用户数有所差别，每类网元的所需机房面积也略有不同；在预测某个通信运营商的业务用户数后，结合网元数及单个网元面积，即可计算出该业务系统的机房面积，扣除现状机房面积后即为新增实用机房面积；由此，结合单座通信机楼能提供的实用业务机房面积，可预测出通信机楼的数量。

以移动通信用户为例，考虑单个运营商移动通信用户量，每个网元按 20 万户计，按每个网元需实用机房面积 150～200m² 考虑，同时考虑 2G、4G、5G 系统并存发展系数、市场占有率；由此得出，单个运营商移动通信网实用机房面积＝（移动通信业务用户数/20）×200×系统发展系数×移动通信业务市场占有率。

按上述推算方法可知，在考虑固定通信等业务系统的实用机房面积时，各系统网元对机房面积的需求，需结合现网运行设备情况及主要厂家设备性能参数，来取定各系统主设备面积；同样也可以此为基础计算出固定通信业务实用机房面积。

#### 2. 单座通信机楼机房面积计算方法

对于单座通信机楼而言，业务实用机房面积总需求＝移动网机房面积＋固定网机房面积＋其他业务机房面积＋发展备用机房面积，其中其他业务机房面积＝省网（长途交换）

面积（按运营商/地区）＋数据备份需求面积＋辅助网元机房面积＋智慧城市及应用需求，在不同发展阶段和不同区域位置，其他业务机房面积的需求有一定差别；发展备用机房面积可以业务机房需求为基础，按 50%～100% 的比例来预留。

配套机房面积包括传输网机房面积、支撑网机房面积以及辅助设备机房面积，其中辅助设备机房指供配电、柴油发电机及电池等设施；配套机房面积也可以业务机房面积总需求为基础，按照 20%～40% 的比例来预留。

其他用房面积包括值班、仓库、基站机房等面积，一般控制在 500～600m²。

$$实用机房面积＝业务机房面积＋配套机房＋其他用房$$
$$通信机楼的总面积＝机房实用面积×(1＋30\%)$$

以十年前作者团队为某移动通信运营商推算的单座机楼面积为例，来推演单座机楼的实用建设规模，约为 4500m²，建筑面积约为 6000m²；相关数值参见表 4-5。

下表中未考虑其他业务机房、发展备用机房，按照 4G 发展影响和网络发展趋势估算，此部分需求约为 2000～3000m²，由此推算单座通信机楼的建筑面积约为 9000～10000m²；对于以电信固定网为主的运营商而言，其计算方法基本相同，但电信固定网的网元面积比移动通信网元所需面积要大，此类运营商对电信固定网的实用机房面积需求较大，对互联网接入、数据机房、智慧城市及应用等需求占用较大实用机房面积，单座通信机楼的总建筑面积也大很多，宜控制在 15000～25000m²。

**早期某运营商单座机楼面积概况表**　　　　　　　　　　　　表 4-5

| 序号 | 机房类别 | 机房名称 | 实用机房面积（m²） | 楼层 | 备注 |
|---|---|---|---|---|---|
| 1 | 业务机房 | 网关及汇接机房 | 400 | 三层或四层 | 各 1 个系统 |
| 2 | 业务机房 | GSM 网交换机房 | 800 | 三层 | 2～3 个系统 |
| 3 | 业务机房 | 3G 网交换机房 | 600 | 四层 | 2～3 个系统 |
| 4 | 业务机房 | HLR 设备机房 | 400 | 三层和四层 | 2G、3G 各 2 个系统 |
| 5 | 业务机房 | 移动数据机房 | 400 | 五层 | |
| 6 | 业务机房 | 固定数据机房 | 400 | 五层 | |
| 7 | 传输机房 | 传输设备房 | 200 | 二层 | |
| 8 | 传输机房 | 光（电）缆引入室 | 200 | 二层 | |
| 9 | 支撑网机房 | 信令、网管设备 | 200 | 二层 | |
| 10 | 辅助设备 | 高低压变配电室 | 300 | 一层 | 包括柴油发电机、油库 |
| 11 | 辅助设备 | 电力、电池室 | 200 | 一层 | 直流电源 |
| 12 | 其他用房 | 基站 | 150 | 六层 | 3～4 个基站 |
| 13 | 其他用房 | 设备仓库 | 150 | 六层 | |
| 14 | 其他用房 | 值班室 | 100 | | |
| | 小计 | | 4500 | | |

### 4.5.6　通信机楼布局规划

采取集中和分散相结合的方式来布置通信机楼：对于新建城区而言，新建机楼全部按中心机楼标准建设，不再建设一般机楼，适应网络扁平化需求；对于现状城区，按照片区需求补建中心机楼，保留一般机楼；对于比较特殊的片区，可集中设置共建机楼或附建式机楼。

**1. 布局原则**

（1）以业务需求为导向原则

通信机楼规划应以当地的业务需求为导向，满足近期内通信机楼用地的发展需求，保障通信设施的安全运行，满足该区域的通信及信息化业务的需求。

（2）一体化原则

一体化原则是指通信机楼和管道的一体化规划发展。通信机楼布局与通信管道体系和容量的统筹建设，至少采用双通道出局，提高机楼的服务能力和管道的使用效率，杜绝"卡脖子"现象。

（3）统一性原则

统一性是指机楼布局应与城市规划协调一致。通信机楼作为城市配套的基础设施，布局应充分考虑城市总体规划，依据参考城市法定规划、分区规划，实现机楼布局的合理性。

（4）适度超前原则

通信机楼的配置不仅应完全满足规划期业务需求，还应留出适当的余量，满足未来信息化发展、通信技术革新和通信业务发展等带来的不可预见性需求；适度是指超前量不能过大，以免造成前期投资浪费。[18]

**2. 通信机楼布局规划**

一般来说，各运营商集团公司针对大型机楼布局方面，主要以结合现有设施为基础、合理精简为目标，实现高质量维护及降低网络建设成本、提高运行效率、节省人力资源、节约服务响应时间、提升服务质量和服务水平。

按照网络重构的思路，梳理现有网络架构，本地网的通信机楼、通信机房规划以构建新一代网络为目标，网络层级呈现扁平化态势。各通信机楼面积应能满足使用要求，出入通信机楼、通信机房的通信管道资源充裕，重要节点应该具备不同方向的不同通信管道路由。随着通信业务的发展，这些通信机楼、通信机房可能进入的设备通常呈现动力需求大幅增长的特性，后续存在按需增配电力供应的潜在需求。

通信机楼均需要考虑通信技术发展对通信机楼需求的影响，以及运营商网络布局和用户需求等方面的影响。对于独立占地的通信机楼，在城市总体规划和详细规划的土地利用规划图中，需标明通信机楼的位置和用地面积；对于附设式通信机楼和共建式通信机楼，也须在法定规划图纸及控制图表中，标明所需建筑面积及建设要求。通信机楼在建设时建筑面积的要求更加细致，因此通信机楼的规划用地面积和建筑面积需有一定的弹性空间，结合城市拟建片区的情况可适当调整。

（1）枢纽机楼

由于各地的经济水平不一样，各城市的业务水平也差异较大，如广州、深圳、东莞3个地市的运营收入约占全省运营收入的70％左右，3个地级城市的市场规模、网络规模也占据了全省的绝大部分份额。同时这几座城市的枢纽机楼的设备和重要数据需提供备份，确保任何一个枢纽机楼在出现紧急情况下网络能正常运行。从广州、深圳、东莞三个省级枢纽机楼的区域分布来看，枢纽机楼宜位于重要城市的重点发展中心区域，对全省枢纽机楼的组网比较有利。

（2）中心机楼

中心机楼对城市本地通信业务进行汇接，成为城市本地网的枢纽机楼，同时集中和备份该城市其他机楼的长途、本地网的业务，保障全市网络的正常运行。结合城市现状机楼布局、建设用地、人口的中心分布，规划机楼的重心布置在更能组织高效便捷的传输网络的区域。

（3）一般机楼

根据通信网络的演变，一般机楼布局需从现状机楼、城市空间结构、土地利用规划来整合，实现优化片区网络功能的布局。

### 4.5.7 通信机楼选址规划

**1. 选址原则**

（1）用地的性质尽量与城市规划一致

一般情况下，枢纽机楼、中心机楼及一般机楼的用地需从规划通信或电信基础设施用地中选择；若城市通信基础设施用地储备不足，需要调整其他用地性质来满足需求时，尽量调整工业用地，避免调整商业、办公用地。

（2）满足建设通信机楼的基本要求

该基本要求包括安全环境（避开地震断裂带、易燃、易爆、滑坡等）、配套设施（2～3个方向的出局通信管道、两个不同变电站的双回路供电等）齐全、满足通信技术要求（离开变电站和高压线路满足相关规范要求、远离水库或排涝地区）等。

（3）土地权属清晰

拟选址的土地权属与其他单位不冲突，满足运营商的集团公司或省公司对建设用地、建筑面积、建设进度的要求，同时避免需拆迁现状建筑物或构筑物的用地。

（4）通信机楼和主导业务的重心一致

作为汇接本地业务的中心机楼和一般机楼，其位置需与通信机楼（现状和规划）的重心、业务的重心基本一致，促进传输网络的高效运行。

**2. 选址思路**

开展通信机楼选址建设时，可按以下思路开展。首先，确定可建通信机楼的用地海选方案及分布。以规划通信机楼用地为基础，选取适合近期开展建设的用地，满足交通、水电的基本需求；如果缺少相关规划，可结合城市近期土地利用规划及相关法定规划，整理出可用、可控、可建的工业用地；如果拟建通信机楼用地超过规划控制用地，必要时可通过整合相邻地块、扩展地块等方式，增加海选方案的候选备用地。其次，确定备选方案用地。按照用地面积、建设条件、建设时序等要求，从海选方案中确定 2～5 个备选方案。再次，确定推荐方案用地。以用地面积及建筑面积、与城市规划吻合度、开展近期建设的条件、环境安全（确保不出现浸水、不存在地质断裂或滑坡等）、现状用地及场踏勘情况为比选因子，按照 0.2、0.2、0.25、0.2、0.15 的权重因子，对备选方案进行比选，选取分值最高、次高的方案为推荐方案。最后，确定用地方案。跟甲方一起将推荐方案与城市规划主管部门进行沟通，交流各种信息和管理要求，确定最终用地方案。具体选址路线参见图 4-8。

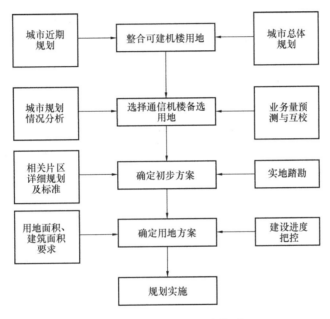

图 4-8　通信机楼选址路线图

在确定通信机楼的选址后，由城市规划主管部门核发选址意见书，再按照地块开发建设程序进行通信机楼的工程报建和建设工作。

### 4.5.8　通信机楼建设模式

通信机楼是城市公共基础设施，多家运营商并存且公平竞争是电信行业的基本格局；由于土地资源有限、运营商需求时间不统一等因素，如何协调运营商对通信机楼的需求，统筹规划通信机楼是未来通信机楼建设的一项重要工作。按通信机楼集约建设原则，单独建设的通信机楼宜满足多家运营商共同发展通信业务的需求。

通信机楼建设模式，从空间形式上可分为独立占地式和附建式两种，从建设主体上可分为以运营商自主建设和以市场（非运营商）建设为主两种。

**1. 从空间形式上划分**

（1）独立占地式机楼

独立占地式机楼为单独占地并全部用于布置通信及其配套设备的建筑单体，是通信机

113

楼规划和建设的主体和重点。随着通信运营商经营全业务以及各类信息化业务发展，此类机楼在规划期内会出现较大的需求。独立占地式机楼具有产权清晰、功能明确、各种配套设施（如管道、接地、电源等）齐全、能满足规划期发展需求等优点，也具有建设周期长、一次性投资大和需单独占地等缺点。

随着城市建设用地资源日趋紧缺以及通信网络结构的变化，独立占地式机楼逐步出现另一种形态：综合型独立占地式机楼。此类通信机楼以一家运营商建设、使用、运营为主，其他运营商为辅，或作为其他运营商的灾备机房。该形式不影响主运营单位产权、功能及配套，且能够解决通信机楼用地选址难的问题，也可满足其他通信运营企业对通信机房高专业性、高安全性等要求。在用地比较紧张的情况下，可预留 10％～20％给其他运营商使用，满足区域型通信机房、汇聚型通信机房严重短缺的问题；此类通信机楼也可演变为共建式通信机楼，由第三方建设，运营商租借通信机房。

（2）附建式机楼

此类机楼有两种建设形式，一种是政府主导控制的建设形式，规划主管部门将规划通信机楼及所需建筑面积纳入地块的土地招拍挂出让要点，由地块开发商按要求建设后移交给通信主管部门进行统筹管理；一种是运营商采取市场化方式改造现有建筑的建设形式，由急需通信机楼的运营商与建筑业主协商，通过租借或购买形式取得使用权或所有权，并将其他功能的建筑改造成通信机楼。

此类通信机楼一般适用于片区建设用地紧缺、通信机楼面积需求较小或通信机楼等级不高、建设独立占地式机楼困难的场合。例如，南方某城市总部基地，片区建设用地面积约 1.2km²，超高强度开发（总建筑面积约 600 万 m²），主导产业为云城市、物联网、智慧园区等新型产业，对通信基础设施的综合需求量大，但片区建设用地较为紧张，考虑各运营商的综合需求，规划附建式通信机楼，附设在某个地块内，所需建筑面积约为 6000m²，相关情况参见图 4-9。

附建式机楼具有不占用建设用地、易于实施、一次性投资小等优点，也具有产权复杂、管理难度大、需配套专业管理办法等特点；改造式通信机楼还存在改变建筑功能、改建行为较难被政府部门确认、各种条件（如荷载、接地、管道、电源等）不满足机楼的建设要求等缺点，此种情况只适合在某些小型运营商在组网初期急需建设通信机楼的特殊场景。

**2. 从建设主体上划分**

（1）以运营商单独建设为主

此类通信机楼主要适用于近期规划建设的机楼，运营商对拟建通信机楼有比较明确的需求计划，从城市统一规划的角度核实和调整，并落实其用地的可能性。

对于中远期拟建的通信机楼，由于存在较大的发展变数，相关需求在通信远景控制用地中统一考虑。此部分机楼在无单位申请时可先绿化改善环境，建设机楼时采取定向在运营商中间招拍挂的方式来出让用地。

需要强调的是，以运营商单独建设为主的通信机楼，需严格按照通信机楼标准建设；条件许可的情况下，通信机楼的机房面积除满足自身的需求外，还需提供 10％～20％的

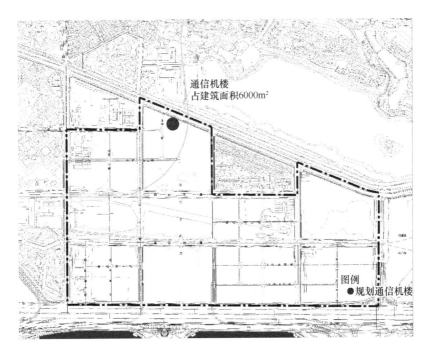

图 4-9　某城市总部基地片区通信工程规划图

图片来源：深圳市规划国土发展研究中心. 深圳湾超级总部基地市政工程详细规划［R］.2014

共享机房面积满足其他运营商的发展需求，并提供与其相应的电源、制冷等配套资源，出租价格也应与建设机楼的成本价格基本持平。

（2）以市场（非运营商）建设为主

此类机楼主要适用于地理位置重要、社会公共机房需求量较大、土地资源紧张且必须建设的机楼，以满足各运营商的共性需求和社会需求为主。目前，在各运营商向全业务网络演变过程中，结合各大城市土地资源显著稀缺的情况，在沿用现行的由运营商主导建设机楼惯例的同时，可借鉴国内外先进经验，尝试以市场（或非运营商）建设通信机楼的方式。通信机楼建设主体可以是政府指定的政府部门或企事业单位，入驻或使用的单位是各通信运营商或者虚拟运营商，大楼按通信机楼标准建设。由于此项工作的协调量较大，待选取条件成熟的用地，由相关政府部门协商确定较具体的操作细则。

### 4.5.9　规划实践

通信机楼是通信基础设施专项规划的主要内容，其规划实践案例相对较多；近年来，通信机楼组网原则发生较大变化，本书选取深规院近几年编制的两个案例来进行说明。案例一为片区级规划，编制时间为 2013 年，规划方案充分结合该片区的空间布局、主导产业和业务密度等因素；案例二为行政区级规划，编制时间为 2018 年，规划方案充分结合该区功能定位、以新建为主、"飞地"地理特征等因素。需要特别说明的是，开展新建城区的通信机楼规划，需贯彻"少局址、大容量"的组网原则，各运营商均按综合业务运营来考虑，并按最新的扁平化网络结构要求来统筹布局。

**1. 案例一：南方某城市《××区市政工程详细规划》**

（1）项目背景

该片区是沿海某城市重点片区之一，占地约 15km²，重点发展创新金融、现代物流、总部经济等产业的体制创新区。

（2）规划构思

根据国家相关政策批复，该片区是拥有国际通信专用通道的地区之一，对片区内的通信行业国际化发展产生深远影响；也由此决定了片区的通信机楼面积需求、通信管道对外联系通道等基础设施的规划水准高于其他地区。另外，该片区的主导产业是新型服务业，智慧城市及智慧设施需求十分强烈，还需重点考虑片区信息化专网的需求。综合而言，应结合该片区的土地利用规划、土地集中开发建设模式，采取集约、统建的方式来规划通信机楼。

（3）规划成果

业务预测：按分类建筑面积密度法进行预测，预测规划区电话主线约为 77.6 万线，移动通信用户约为 110 万户，有线电视用户 16 万户，有线宽带用户约 62.1 万户，再考虑信息化专网及具体企业或单位对计算机机房的需求。

机楼规划：本片区的空间特殊性在于——因水廊道而形成三个空间上相对独立的片区（A区、B区、C区），每个片区的业务量、业务密度均较高；另外，信息服务为片区的主导产业，也是区内其他主导产业的基础。根据预测的相关业务，以电话主线、移动通信用户为基础，综合邮政、有线电视、数据中心、智慧城市控制中心等多种功能需求，在三个功能空间独立片区，分别规划一座专用通信机楼，共规划三座通信机楼。

规划三座通信机楼均采取集约、统建方式共建，每座通信机楼以满足一家通信企业需求为主并兼顾其他通信企业或通信机房的需求，为光网城市、无线城市、智慧城市等通信载体提供汇聚节点，为多种通信业务及今后出现的新业务提供集中机楼。在单元（街坊）布局允许的前提下，三座通信机楼可在街坊内建设专用通信建筑；如果单元布局不适合在街坊内布置专用通信机楼，通信机楼则附设在其他建筑内，建筑面积需满足通信设施对层高、荷载、接地等专业要求。为保证机楼运行安全，通信机楼用电采用双电源、独立的双出局管道（通道）保障。

为满足国际通信业务需求，该片区还需增加专用的长途通信机房（约 3000m²），以满足国际通信出入口及其配套设施的建设要求；为保障国际通信安全，上述机房结合三座通信机楼在空间上分离布置，互为备份。

B区通信机楼满足电话主线、宽带（窄带）数据、移动通信、数据中心、国际通信机房等需求外，另包括智慧城市控制中心（约 5000m²）、中心邮政支局（约 2500m²）、有线电视分中心（500m²）、可能的综合管廊及电缆隧道控制中心（约 600m²）等需求，该机楼的总建筑面积约为 4.5 万～5.0 万 m²。

A区和C区的通信机楼满足国际通信专用机房、邮政所或邮政支局、有线电视分中心、数据中心等需求，两座通信机楼所需的总建筑面积均为 2.0 万～2.3 万 m²，规划成果如图 4-10 所示。

图 4-10　南方某城市××片区通信机楼规划布局图

### 2. 案例二：南方某城市《××合作区智慧通信基础设施专项规划》

（1）项目背景

该合作区位于沿海地区，规划面积约 456km²，规划控制面积约 200km²，是沿海经济带辐射的重要战略增长点。

（2）规划构思

根据上层次规划纲要，该合作区打造现代化国际性滨海智慧新城，成为自主创新拓展区，但该地区特殊性在于，与主城区在空间上是相对独立的"飞地"，现状城乡配套设施不平衡、开发强度较低。

首先，结合现状机楼整合及各运营商在规划期限的业务需求，通信机楼的配置不仅应满足规划期限内业务需求，还应满足主城区溢出通信需求，并留出适当的余量，满足未来信息化发展、通信技术革新和通信业务发展等带来的不可预见性需求。规划新增的通信机楼不宜再按业务类型分类，所有的新建机楼均为可提供多种业务接入的综合性机楼。此外，新建通信机楼采取多种方式建设，对于中心城区的通信机楼，通信机楼与办公用地统筹考虑；对于近期建设的通信机楼，附设在运营商急需建设数据中心内；对于三家运营商需求不大的区域，采取多家运营商共建通信机楼和附设式通信机楼。

另外，广播和有线电视从诞生之日起就形成不同的管理体制和经营方式，总前端、灾备中心等有线电视机楼须独立建设。

（3）规划成果

业务量预测：按照单位用地面积指标法预测，规划区固定通信总用户数（含宽带、固话）约 265 万户，移动通信总用户数约 522 万户，有线电视用户数约为 71 万户。

机楼规划：根据城市空间结构和土地利用规划，综合各运营商的机楼需求分析，规划新增 8 座通信机楼，通信机楼建筑面积共需约 15.3 万 m²。其中 3 座通信机楼分别附设在三家运营商急需建设的数据中心内，三座通信机楼分别与三家运营商的办公楼等合建，另外两座通信机楼采取共建共享式，由各运营商共同使用。

有线电视机楼规划有其特殊性，规划新增 1 处有线电视总前端，独立占地建设，需建筑面积约 8000m²，可与电视台、办公楼等功能合建；规划新增灾备中心 1 处，需建筑面积约 5000m²，附设在正在建设的数据中心内，规划成果如图 4-11 所示。

图 4-11　南方某城市××合作区通信机楼规划布局图

## 4.6　通信机房规划

通信机房是通信行业独有的城市基础设施。随着通信技术发展和城域网重心下沉，"少局址、大容量"成为通信机楼的组网原则后，城域网更加扁平化，通信网络更加依赖通信机房来组网；但由于通信机房是近几年新出现的基础设施，也是通信行业与其他基础设施行业存在差异需求的基础设施；相关技术标准参差不齐，推动通信机房纳入城市规划建设需要探索出专门路径，也是件任重道远的艰巨任务。

### 4.6.1　规划方法创新

#### 1. 全面梳理通信机房的分类和设置规律

目前，关于通信机房的分类和设置标准的规范有《城市通信工程规划规范》GB/T 50853—2013 及部分省、市的当地规划标准，如《深圳市城市规划标准与准则》。

《城市通信工程规划规范》GB/T 50853—2013 中把电信局站分为一类局站和二类局站（相当于本书所称通信机楼），其中一类局站包括小区电信接入机房以及移动通信基站等，此类局站与本书所称的通信机房的内涵接近，规范建议小区类通信综合接入机房根据户数设置 $100\sim260\text{m}^2$；与《住宅区和住宅建筑内光纤到户通信设施工程设计规范》GB 50846—2012 相比，同是指导住宅区设置通信机房面积，后者推荐的电信设备间建筑面积为 $12\sim15\text{m}^2$，两者之间相差 10 多倍；另外，其他性质的建筑单体或综合体如何设置通信机房，值得探讨。

《深圳市城市规划标准与准则》将通信机房分为片区汇聚机房、小区总机房和单体建筑机房，其中片区汇聚机房根据城市建设密度分区，按不同的覆盖面积进行设置；小区总机房按小区总建筑面积进行设置；单体建筑机房按单体建筑面积进行设置。该标准将通信机房进一步分类，并量化不同情况下通信机房的需求，可操作性大大加强。

近年来，随着 5G 等技术发展，通信机房的类别需要进一步细分，各运营商对通信机房的差异化需求也进一步呈现出来，通信机房的设置规律有待进一步滚动更新，以便组成更完整的体系。作者团队从最新技术出发，全面梳理信息通信基础设施类别，总结不同类别设施的设置规律，明确其建设要求，以便补充和完善相关标准。为将通信机房能更好地纳入城市规划建设，将采取差异化策略进行研究。对建成区和新建区采用不同的设置标准：建成区通信机房结合当地城市的建设情况以及通信发展水平，按业务密度的状况进行合理化布局；新建区可按服务半径和业务量进行设置，同时对于高密区可结合实际需求适当增加设置。

#### 2. 将通信机房全面纳入城市规划建设

通信机楼、通信管道等传统通信基础设施已经全面纳入城市通信工程之中，但随着信息通信技术发展，城域网更依赖接入基础设施，通信机房、小区通信接入管道以及智慧城市的大量接入终端等新需求尚未较好地融入城市通信工程规划中。尽管深圳市已在全国率先推进通信接入基础设施纳入城市规划之中，但还存在体系不完整、标准不完善、布局不合理等困局，原因在于技术发展对接入基础设施的需求发生变化，相关规划研究还有待更深入、更科学地开展。作者团队将对体系、标准、布局等全过程进行分析研究，在控规（法定图则）、修规、城市更新等阶段，将通信机房全面纳入城市规划建设。

#### 3. 采用多种途径推进通信机房建设

由于信息通信行业具有技术新、难度大、变化快等特点，新基础设施不断出现，信息通信基础设施的类别、设置规律、建设条件均存在差异，不同基础设施融入城市规划建设的阶段有所不同，如基站与城市空间形态相关，需随建筑和道路的初步设计而开展，而有线通信机房除了在城市详细规划阶段进行控制外，还需在建筑初步设计阶段进行修正或优化，信息类机房作为城市规划建设的新类别，更需要不断总结，并在不同城市规划阶段分别引入。作者团队将采取差异化策略，探索不同大小通信机房纳入城市规划建设的新途径；除了通过技术标准推进新建建筑落实通信机房（纳入土地招拍挂条件和建设用地规划许可证）外，还根据地块的开发建设情况增补调整落实通信机房，如根据已确定建筑空间形态的建筑或综合体，进一步协调重新分配调整通信机房，将需要新增通信机房纳入建设工程规划许可证中。

### 4.6.2　通信机房分类

通信机房是指安装在本地网络中为一定区域或特定群体的用户提供通信接入服务的多种类型通信设备的机房。主要通信设备包括固定电信网、移动通信网以及有线电视综合信息网的无线、有线等设备。根据业务需求和业务接入类型，通信机房分为中型机房（汇聚机房）和小型机房（接入机房）。

**1. 中型机房**

由于中型机房覆盖的范围较大，内置设备较多，安全等级要求较高且每个运营商对网络安全管理存在差异，中型机房宜按运营商需求而设置，满足某个运营商的需求，并由对应的运营商进行管理；特别是有线电视网络，因安全等级更特殊，更需要单独设置，仅满足有线电视网络需求。

中型机房（汇聚机房）用于区域业务收敛，是传送系统组网中承担承上启下作用的关键节点，是将小区型机房的传输线路汇聚到本地通信机楼的中间层次机房。其中电信网络的机房可细化为区域通信机房、片区通信机房；有线电视网络的机房主要为片区通信机房，即有线电视分中心机房。

区域通信机房：是机楼的延伸，是面向未来网络的大区业务收敛及终结点，是业务接入的纽带，起到承上启下作用。主要设置在业务密度较高的大城市、特大城市，且缺乏通信机楼的区域，可结合行政区布置；一般城市可不设此层次通信机房。

片区通信机房：用于单个综合业务汇聚和收敛，并实现与区域通信机房或中心机楼互联，负责对汇聚区内所有综合业务接入区的业务收敛。对于有线电视网络而言，片区机房可称为分中心机房，即通过传输网与中心机房（总前端）互通数据信息，具有宽带数据传输等功能。

**2. 小型机房**

小型机房是多家运营商开展业务的共同需求，除了综合接入机房或有线电视机房仅满足某个运营商的需求外，其他小型机房均需满足多家运营商同时开展业务的需求，以满足室分系统、光纤到户、有线电视等业务需求及配套设备的需求。

小型机房（接入机房）是直接为各类通信用户提供接入服务的公共机房，其中电信网络机房包括综合接入机房、小区总机房、单体建筑机房；有线电视网络机房主要为小区接入网机房。

综合接入机房：用于单个或多个微网格内业务收敛的汇聚节点，作为无线 C-RAN

BBU 的集中部署节点，家集客 OLT 的部署节点[19]。

小区总机房：用于连接小区各单体建筑机房，主要起到小区内部通信信号分散与汇聚的作用。根据小区总平面图及建设形式来设置，如果用户集中，采用一次分光，在一条光路上可以只安装一个分光器；如果用户分布较为分散，可以在一条光路上安装两个分光器。对于有线电视网络而言，对应小区接入网机房，用于布置为覆盖区域内的用户提供光纤宽带上网服务的各种中继设备。

单体建筑机房：设在建筑单体内，用于布置各通信运营企业的光节点设备、室内分布系统、光纤配线架等，满足有线通信、无线通信的接入和分光需求。

### 4.6.3　需求分析

随着光纤、软交换技术发展，通信新技术层出不穷，对通信的组网产生较大影响，光纤入户已成为普适性标准，各类通信城域网更依赖通信接入网，急需通信接入基础设施来承载接入网发展，包括中型接入机房、小型接入机房等接入基础设施，以及在新建楼宇中落实各类配套信息通信基础设施，从而满足电信固定网、移动通信网、宽带数据通信网、有线电视综合信息网以及信息化专网的共同需求。

#### 1. 现状城区的通信机房需求

现状城区各运营商的网络已基本形成，不同网络的机房都有自身的设置规律，每座机房为一定区域通信业务服务，通信机房整体上呈分散布局。由于运营商通过市场化方式在现状城区获取通信机房，获取机房的位置和大小与理想状况有一定距离，且机房还面临被逼迁的隐患，需要将其纳入城市规划建设之中并稳定机房布局。在分析各运营商通信机房需求时，需先了解规划片区及周边现状机房的布置，再根据近期重点开发地区、相应片区的发展潜力和现状汇聚节点服务能力等因素，重点解决现状汇聚节点业务压力过大的问题。同时，结合远期预测用户规模、相应片区的功能定位、主导产业和发展潜力等，统筹布局各运营商的新增机房需求，优化整体网络。

各运营商的通信机房需求与其通信机楼、网络组网关系密切。由于历史发展原因，电信固定网承担的职责不一样，对应的电信运营商的通信机楼较多，其中型机房的需求基本能在现状通信机楼内解决。因此，中型机房主要满足城市移动通信城域网的需求为主。

（1）中型机房（汇聚机房）

区域通信机房：以满足城市内以移动通信为主的城域网需求，主要在业务密度较高的大城市、特大城市有此层次的需求，一般城市可不设此层次，一般以行政区（街道分区）为单位进行设置，满足覆盖区域内低时延、大带宽传送、业务收敛和业务网元下沉部署的需求，每个区域通信机房覆盖 4～6 个片区通信机房。

片区通信机房：以满足城市内以移动通信为主的城域网需求，主要结合业务需求及网络安全两方面开展整体规划，重点满足区域内的无线基站等汇聚需求，并兼顾区域内的集团客户、信息点覆盖等业务。一般情况下，一个片区通信机房可覆盖约 80 个宏基站、2 万户家庭宽带、900 家企业宽带的需求考虑。对于有线电视网络而言，片区通信机房也可称为有线电视分中心，用于布置电视直播、宽带上网及互动点播等一系列服务的各种中继设备，其需求主要根据用户数确定，不同等级的城市存在差异，一般此类机房覆盖范围不超过 5km，覆盖用户为 1 万～5 万户。片区通信机房的实景照片参见图 4-12。

图 4-12　南方某城市片区通信机房的实景照片图

（2）小型机房（接入机房）

综合接入机房：作为无线 C-RAN BBU 的集中部署节点，家集客 OLT 的部署节点，设置有 OLT、BBU/CU/DU 大集中点、IP RAN、接入传输设备的机房，可覆盖 6～12 个宏基站的需求。

小区总机房：主要起小区内部通信信号分散与汇聚的作用；对于由多栋建筑组成的小区，可按每 6 栋左右建筑的集中设置 1 个小区总机房。对于有线电视网络而言，覆盖范围不超过 3km，覆盖用户不超过 1 万户。

单体建筑机房：设在建筑单体内，用于布置各通信运营企业的光节点，以满足光纤到户的需求及室内分布系统的需求。此类机房对单体建筑而言是普适性，绝大多数建筑单体都需配置通信机房，此类机房实景照片参见图 4-13。

**2. 新建城区的通信机房需求**

新建城区主要结合近、远期的发展，近期业务量较少时可按服务半径来设置，满足全覆盖的需求，远期根据业务量的增长进行补充，完善网络系统。

（1）中型机房

区域通信机房可结合通信机楼的布置以及不同运营商的需求而布置。片区通信机房安全配置应综合考虑业务接入规模、网络组网等各种因素，在充分满足业务汇聚、接入需求的基础上，逐步实现整体网络的安全性。其需求可按平均服务半径 0.6～1.2km 考虑，每个机房覆盖各类通信总用户约 15 万～25 万户。

（2）小型机房

小区型机房作为直接为各类通信用户提供接入服务的公共机房，需满足光纤到户、综

图 4-13 南方某城市建筑单体机房实景照片图

合接入、室内分布系统以及不确定性的需求。集中设置的需求可按平均服务半径 300～600m 考虑。同时，为了促进光纤到大楼、光纤入户以及移动通信发展，对于单独建设的建筑单体而言，每栋 3 层及以下的建筑宜预留 10m² 左右的小型接入网机房，每栋多层建筑应预留 10～20m² 的小型接入网机房，每栋中高层及以上建筑应预留 20m² 左右的小型接入网机房。对于由多栋建筑组成的小区，应集中预留 45～65m² 的接入网机房（综合接入机房、基站机房可结合此类机房设置）；当小区采取地下室整体开发建设时，除了集中预留的机房外，各栋单体建筑的通信机房可结合塔楼数量和分布、塔楼的竖井等情况，对通信机房进行统一布置。

### 4.6.4 通信机房规模估算

通信机房的内部布置主要包括通信主设备（含传输设备、无线设备、数据设备等配置需求）和配套设备（含电源设备配置需求、其他辅助设备配置需求等）。机房规模应综合考虑上述设备的单个机架的面积和机架数量确定，设备的种类和数量与用户需求密切相关。因此，在推算机房面积时需做好用户需求分析，根据总用户数、机房总设备容量确定机房的面积。

一般的通信设备机架尺寸为 $600mm \times 600mm \times 2200mm$（宽×长×高），同时考虑机架间距、过道等其他空间需求，平均每个机架占用面积可取 $3.5 \sim 5.5m^2$。

**1. 区域通信机房**

区域通信机房主要满足某个运营商的汇聚某个区域业务需求。

通信主设备面积需求：区域通信机房是机楼的延伸，是业务接入的纽带，主要在业务密度较高的大城市、特大城市设置，设备的种类、数量较多，因此，机架数量按不少于 60 个考虑，单机柜所需面积按 $3.5m^2$ 计，推算出所需机房面积约 $210m^2$。

配套设备面积需求：作为枢纽性的通信机房，其电源要求也相对较高，要求使用二类市电，容量不低于 350kW，需求包括电池室、变配电室、柴油机室等。其中电池室面积需求按通信主设备面积需求的 50% 计，约需 $110m^2$；变配电室、柴油机室均按不少于 $70m^2$ 考虑。同时考虑其他用房需求，按通信主设备面积需求的 20% 计，约需 $40m^2$。

通信机房总面积：综合上述，区域通信机房的建筑面积宜不少于 $500m^2$。机房典型平面布置图详见图 4-14。

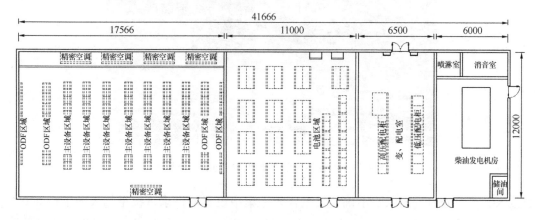

图 4-14 区域通信机房典型平面布置图

**2. 片区通信机房**

片区通信机房主要满足某个运营商汇聚某个片区业务的需求。

通信主设备面积需求：片区通信机房用于单个综合业务汇聚区业务收敛，机架数量按 $25 \sim 45$ 个考虑，单机柜所需面积按 $3.5m^2$ 计，推算出所需机房面积约 $90 \sim 160m^2$。

配套设备面积需求：作为骨干汇聚机房要求使用二类市电，容量不低于 60kW，电力电池室面积需求按通信主设备面积需求的 40% 计，约需 $40 \sim 60m^2$。同时，考虑其他用房需求，按通信主设备面积需求的 20% 计，约需 $20 \sim 30m^2$。

通信机房总面积：综合上述，考虑净使用面积和建筑面积之间的区别，片区通信机房的建筑面积宜为 $150 \sim 250m^2$。片区通信机房典型平面布置图详见图 4-15。

**3. 小型机房**

一般情况下，小型机房需同时满足多家运营商开展业务接入需求。

通信主设备面积需求：小型机房包括综合接入机房、小区总机房、单体建筑机房，是

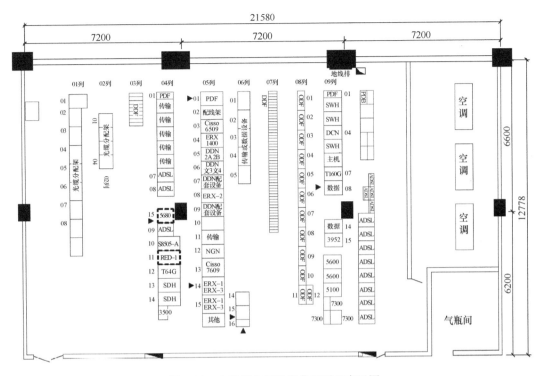

图 4-15　中型接入网机房典型平面布置图

直接为各类通信用户提供接入服务的公共机房，机架数量相对较少，按 3～12 个考虑，单机柜所需面积按 3.5m² 计，推算出所需机房面积约 11～45m²。

配套设备面积需求：作为接入层机房要求市电级别不得低于三类市电，容量不低于 25kW，电力电池室面积需求按通信主设备面积需求的 35% 计，约需 4～16m²。

通信机房总面积：综合上述，小型机房的建筑面积宜为 15～65m²。其中综合接入机房使用面积一般在 30m² 及以上，小区总机房使用面积应在 45～65m²，单体建筑机房使用面积应在 10～20m²。小型通信机房典型平面布置图详见图 4-16。

## 4.6.5　设置规律

通信机房的设置与业务分布及覆盖范围密切相关，同时也与城市的发展和建设情况等因素相关，因此，城市建成区和新区的设置规律也存在差异。就现状城区而言，各运营商城域网的架构已基本确定，城市建设已基本成型，各运营商也已建设各自的通信机房，对机房需求差别较大，在新增通信机房时不仅需要考虑用户的增长需求，还存在选址困难等问题；而新建城区设置条件较好，可多家运营商一起设置，也可各运营商分开设置，通信基础设施共建共享。

**1. 现状城区的通信机房设置规律**

现状城区的建设基本成型，较难找到面积较大的物业，设置条件偏差；规划新增通信机房主要利用改造、零星地块建设来设置；各运营商城域网已形成差异化格局，对机房需求差别较大，其中，中型机房主要满足一家单位的需求，小型机房需同时满足多家运营商

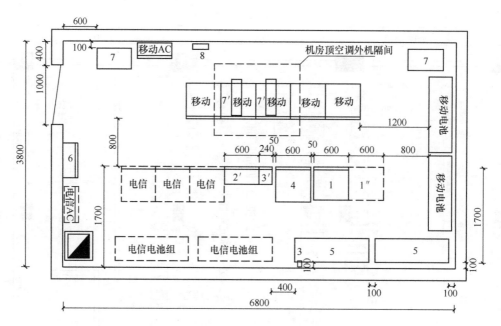

图 4-16　小型接入网机房典型平面布置图

的需求；且不同规模的城市对机房的设置需求也存在差异。

（1）中型机房（汇聚机房）

区域通信机房：根据通信机楼、片区通信机房等基础设施分布，全局考虑同一区域内不同汇聚节点的分布，满足覆盖区域内低时延、大带宽传送、业务收敛和业务网元下沉部署的需求，每个区域通信机房覆盖 4~6 个片区通信机房，建筑面积宜不少于 500m²。

片区通信机房：结合业务需求及网络安全两方面作整体规划，每个片区通信机房覆盖 4~6 个综合接入机房，建筑面积宜为 150~250m²。对于有线电视网络而言，有线电视分中心根据覆盖用户数、接入带宽能力及开通业务用户数作整体规划，宜结合大型居住区建设，覆盖范围不超过 5km，建筑面积宜为 150~250m²。

不同城市的中型机房需求之间的差异主要取决于各运营商网络结构及业务量，其中片区通信机房的相关需求可参考表 4-6。

<table>
<tr><td colspan="4">片区通信机房的需求表</td><td>表 4-6</td></tr>
<tr><td>类别</td><td>大城市、特大城市</td><td>中等城市</td><td colspan="2">小城市</td></tr>
<tr><td>片区机房（含固话、宽带）</td><td>6 万~8 万线</td><td>5 万~6 万</td><td colspan="2">3 万~5 万</td></tr>
<tr><td>片区机房（移动）</td><td>10 万~20 万</td><td>10 万~15 万</td><td colspan="2">5 万~10 万</td></tr>
<tr><td>片区机房（电视）</td><td>4 万~5 万</td><td>2 万~3 万</td><td colspan="2">1.5 万~2 万</td></tr>
</table>

（2）小型机房（接入机房）

综合接入机房：面向全业务接入，按平均服务半径 0.2~1.2km² 进行设置，建筑面积宜为 30~50m²。

小区总机房：结合多栋建筑组成的小区进行设置，且满足多家通信运营商的业务接入需求，建筑面积宜为 45~65m²。对于有线电视网络而言，覆盖范围不超过 3km，覆盖用户不超过 1 万户，建筑面积为 $10\sim20m^2$。

单体建筑机房：按建筑面积在 $1000m^2$ 以上的建筑单体进行设置，应满足多家通信运营商的接入需求，建筑面积宜为 $10\sim20m^2$。

中型机房主要满足某个运营商建设需求，由运营商实施建设管理；小型机房主要是为大楼服务的公共机房，按照共建共享原则统一建设。其中有线电视机房由于涉及的内容安全级别要求较高，需要单独设置，由运营企业独立管理。各类通信机房结合不同的功能或建筑性质进行布置。

**2. 新建城区的通信机房设置规律**

新建城区的通信机房设置条件较好，有利于统一设置标准，可结合服务半径和业务需求，多家运营商一起设置、一起使用，实现通信基础设施共建共享。

（1）中型机房（汇聚机房）

按平均服务半径 $0.6\sim1.2km$ 进行设置，每个机房覆盖各类通信总用户约 15 万～25 万户（含宽带用户和移动通信用户），建筑面积宜为 $300\sim600m^2$，且满足多家运营商的使用需求；也可按照运营商的需求，将片区机房分散布置。

（2）小型机房（接入机房）

按平均服务半径 $300\sim600m$ 进行设置，且满足多家通信运营商的业务接入需求，建筑面积宜为 $100\sim120m^2$。

### 4.6.6 通信机房综合布局

**1. 基本要求**

中型机房安全配置应综合考虑业务接入规模、网络组网等各种因素，在充分满足业务汇聚、接入需求的基础上，逐步实现整体网络的安全性，位置尽量靠近通信业务中心以及城市道路上通信管道，并应保持两个方向与道路上通信管道连通。小区型机房主要是为大楼服务的公共机房，按照共建共享原则统一建设。

建筑大楼内的通信机房除满足《住宅区和住宅建筑内光纤到户通信设施工程设计规范》GB 50846—2012 和《综合布线系统工程设计规范》GB 50311—2016 等相关需求外，还包括各运营商的中型接入网机房（区域通信机房、片区通信机房）和为大楼服务的小型接入网机房（综合接入机房、小区总机房、单体建筑机房）的需求。

由于通信机房的建设要求比较特殊，在规划布局时宜尽量布置在规划新建地块内，并纳入土地出让要点的技术文件中，或者在规划设计要点中明确，在建设时按通信机房的建筑标准进行建设，避免后期对建筑再次改造。若按新要求布局需对原规划的通信机房、通信管道和楼宇接入管道标准有一定调整时，在方案确定后，对于尚未建设的市政通信、电力设施或建筑单体、小区，须及时开展基础设施功能优化及布局调整，并与相关设计单位进行沟通，按新方案修改道路施工图、建筑设计方案施工图、小区内道路设计施工图等相关图纸。

通信机房布局时，需对通信基础设施进行整体分析，充分了解通信机楼的数量和布置情况，初步分析运营商对机房的需求情况，确定通信机房的数量及分布。

### 2. 中型机房布局

中型机房在分区规划、控规（法定图则）等阶段落实布局。

现状城区：各运营商的城域网已形成，且根据自身网络的设置规律布置通信机房，但各运营商的需求存在差异。在布局中型机房时，可根据城市的功能分区、街道或片区划分，形成多个汇聚片区，结合各个汇聚片区的业务需求和现状汇聚节点的分布及承载能力情况，进行中型机房的总体布局。由于现状建筑较难找到合适的物业，设置条件较差，可利用旧改、零星地块建设来设置。对于改造片区，需结合上层次规划、各运营商需求、周边现状基础设施情况等进行统筹布置。

新建城区：中型机房的设置条件较好，其布局以城市规划所确定的城市功能分区和各级行政界线为基础。对于业务密度较高的片区（如商业、办公等），将城市规划确定的功能分区直接作为综合接入小区；对于业务密度一般的区域，则进行适当的合并、整合，最终将规划区划分成多个综合接入小区。在规划中型机房规模时，结合周边通信机楼布置、总体业务需求、片区建设规模、周边通信机房布置等情况，综合布置中型机房。开展城市更新或片区控规（法定图则）时，规划中型机房可按照大型居住小区 1～2 个片区通信机房布置，业务高密片区布置 2～3 个片区通信机房的标准配置。

### 3. 小型机房布局

小型机房在修规、城市更新等阶段落实布局。

小型机房的布局主要以多栋建筑组成的小区为基础，结合小区总平面布置、开发时序、地下室布置等情况和业务规模进行设置。

一般小区：一般超过 6 栋的连体小区，按每 6 栋设置 1 个集中接入网机房（小区总机房）。对于建筑单体彼此独立的小区，当单体建筑的建筑量或业务量较低时，除规划或预留集中接入网机房（小区总机房）外，还应在其他每栋建筑单体或者连体建筑物内分别规划或预留分散接入网机房（单体建筑机房）；对于通过裙房或地下室连为一体且塔楼数量小于或等于 6 栋的小区，规划或预留集中接入网机房（小区总机房）后，可不考虑分散接入网机房（单体建筑机房）。

大型小区：对于超高、超大等特殊单体建筑（公共建筑），如存在功能分区则按功能分区预留对应的单体建筑机房。对于特大型小区，应结合分期建设计划或城市道路围合的区域进行功能划分，每个区域分别落实小型机房。

### 4.6.7 通信机房设置要求

#### 1. 选址要求

（1）要求

机房选址应结合整体规划布局方案，平面上需满足服务范围需求，地理位置位于业务集中区域，且便于建设的地块或建筑内。

机房位置可结合覆盖区域内管线资源分布、相邻汇聚点位置综合确定。对于城区汇聚机房，宜设置在道路边、小区临街等管线建设条件较好的位置；对于乡镇汇聚机房，可根据土地、房屋使用条件、光缆资源以及组网要求等进行选址。

机房楼层可选倒数第二层及以上楼层，优选负一层、一层或二层，需具备足够的弱电井空间，满足线缆进出的条件。在可能发生浸水的区域，不宜选择一层和地下楼层。若选三层或以上，尤其需保证机房具备足够的弱电井空间，满足线缆进出的条件。对存在浸水隐患的一层或一层以下楼层机房，需加强防水措施。

机房应尽量设置在便于建设及维护的位置。

（2）环境要求

中型机房应设置在外部环境较为安全的区域，应采取防盗、防火、防水等措施，远离易燃、易爆、强电磁干扰（大型雷达站、发射电台、变电站）等存在隐患的场所。通信机房不应与水泵房及水池毗邻，其正上方不应有卫生间、厨房等易积水建筑。在可能发生水浸的区域不宜选择一层和地下楼层。

中型机房应设置在相对稳定的区域，避免因市政建设、拆迁、农村征地等导致中型机房搬迁。应尽量避免在河流、湖泊等不稳定区域及附近设置中型机房。

中型机房耐火等级不低于二级。区域通信机房及片区通信机房内应安装火灾自动报警系统、吸气式感烟火灾探测报警系统和气体灭火系统。通信机房内严禁使用自动水喷洒装置，以防止系统误动作损坏设备。

**2. 配套建设要求**

（1）建筑设计要求

通信机房形状尽量为矩形。区域通信机房、片区通信机房及自建通信机房的布置，一般要求梁下高度净高 3.0m 左右，最低不能低于 2.7m，加固机房梁下净高应不低于 2.8m，能满足安装 2.2m 高机架的要求。当机房设置两层或两层以上走线架时，有效层高宜大于 3.2m。

（2）承重要求

通信机房内应按照功能不同设置电力电池区和传送网设备区，分别满足各自承重要求。其中电力电池区荷载要求 $1200kg/m^2$，传送网设备区荷载要求 $600kg/m^2$。

（3）空调专业建设要求

通信机房应配置一个温湿度计，应保证机房温度满足 $-5\sim+50℃$ 的要求，机房相对湿度满足 5%～95% 的要求。

**3. 进出局管道**

区域通信机房的进出局管道应具备 2 条及以上不同物理路由，应采用管道方式进出。每个路由的出入局管道建议 6～8 孔（等效 $\phi110$ 标准孔），且做好防水、防蚁、防鼠等措施。

片区通信机房进出局管道应具备 2 条及以上不同物理路由，应采用管道方式进出。每个路由的出入局管道建议 4～6 孔（等效 $\phi110$ 标准孔），且做好防水、防蚁、防鼠等措施。

综合接入机房原则上应配建出局管道连接现网资源，如具备双路由出局条件则优先建设双路由，出入局管道单路由容量建议不少于 2 孔（等效 $\phi110$ 标准孔）。对于不具备建设出局管道条件的，需提供架空、槽道等安全路由布放出入局光缆。

**4. 电源专业配套要求**

（1）市电引入

区域通信机房要求大楼提供消防电源，容量不低于350kW；片区通信机房要求大楼提供消防电源，容量不低于60kW；综合接入机房要求大楼提供消防电源，容量不低于25kW。机房市电容量可根据实际情况进行调整，但至少要满足10年期用电规划需求。

对于区域通信机房及片区通信机房的交流电引入，在条件允许下建议采用专用变压器。区域通信机房需布置固定柴油发电机，如无法满足固定油机条件，需提供一类市电，并预留应急油机接口。片区通信机房应预留应急柴油发电机接口，需设置在靠近道路侧，便于外置电源接入。

（2）蓄电池

新建区域通信机房蓄电池容量建议选择4000Ah及以上（主备用合计），满足180kW的设备功耗需求；新建片区通信机房蓄电池容量建议选择2000～4000Ah（主备用合计），满足16kW的设备功耗需求；新建综合接入机房蓄电池容量建议选择1200～1600Ah（主备用合计），满足8kW的设备功耗需求，考虑承重、体积等因素。在综合接入机房建设初期，按无线设备后备时长3h，传输设备后备时长8h进行规划。

（3）应急柴油发电机接口箱

新建汇聚机房位于地下室、一层商铺，且离道路或停车场50m以内，柴油发电机接口箱安装在汇聚机房内；新建汇聚机房不在地下室或一层商铺时，柴油发电机接口箱需安装在室外，离公路或停车场较近的地方，考虑到安全因素和维护便利，柴油发电机接口箱建议离地2000mm，方便维护人员为机房发电。

区域通信机房要求配置柴油发电机机房，以保证用电。

### 4.6.8 规划实践

以南方某城市《×××片区信息通信基础设施详细规划》为例，说明各类通信机房结合城市规划建设进行预留控制。

**1. 规划背景**

该规划的编制时间是2017～2018年，宏观背景是国家大力提倡促进信息通信战略性基础设施有序发展，中观背景是通信运营商十分缺乏中型、小型接入机房和需要将基站融入城市规划建设，微观背景是该片区正全面开展建设和建设提速，正是将通信机房纳入城市规划建设的最佳时机。该规划将详细规划的做法引入通信专项规划层面，重点解决信息通信网络的重心下移更加需要接入机房这一现实问题，从而应对5G及智慧城市对基础设施新需求，并统筹落实各类中型、小型接入机房和各类基站。这些正是该片区战略性新兴产业发展壮大所必需的新型基础设施，其建设必将能促进该片区的持续发展。

**2. 规划构思**

该规划既不同于以往的法定图则（控规）配套的通信工程规划，也不同于市级、区级通信工程专项规划，主要满足信息通信技术对片区接入基础设施的新需求，并促进信息通信接入基础设施融入城市规划建设。

（1）全面总结新型信息通信基础设施的层次及设置规律

规划将从最新技术出发，全面梳理信息通信基础设施类别，总结不同类别设施的设置规律，明确其建设要求，以便补充和完善相关标准，更科学合理地促进信息通信行业持续发展。

（2）全面揭示信息通信接入基础设施纳入城市规划建设的新途径和建设时机

由于信息通信行业具有技术新、难度大、变化快等特点，新型基础设施不断出现，信息通信基础设施的类别、设置规律、建设条件均存在差异，不同基础设施融入城市规划建设的阶段有所不同，如基站与城市空间形态相关，需随建筑和道路的初步设计而开展，而有线通信机房除了在城市详细规划阶段进行控制外，还需在建筑初步设计阶段进行修正或优化，信息类机房作为城市规划建设的新类别，更需要不断总结，并在不同城市规划阶段分别引入。规划将采取差异化策略，探索不同设施纳入城市规划建设的新途径。

（3）促进信息通信接入基础设施全面融入城市基础设施规划建设管理

尽管工信部和住房城乡建设部于 2015 年 9 月联合发文将通信基础设施纳入城市规划，国家和部分省份也出台部分分项标准，深圳市部分规划设计编制单位已按深圳市相关标准开展工作，但由于推行时间比较短，加上标准需要更新、综合性有待加强，以及信息通信行业特点和各类基础设施差异性、特殊性，与全面纳入信息通信基础设施还有点距离。在这个面积较小、要求较高的片区开展接入基础设施规划，将有助于全面促进信息通信接入基础设施融入城市规划建设管理。

**3. 规划成果**

（1）中型机房布局

该规划结合各运营商的需求分析，规划 2 个区域通信机房，2 个片区通信机房，12 个综合接入机房。

（2）小区型机房布局

小区型机房主要是为大楼服务的公共机房，按照共建共享原则统一建设，该规划共新增了小区总机房 22＋N 个，单体建筑机房 1 个，其中 N 是指部分单元的建设方案尚未确定，后续将根据各单元的分期建设深化确定。

规划通信机房分布详见图 4-17。

**4. 实施要点**

该规划还对部分地块建筑方案的通信机房进行了优化调整，使通信机房的设置更合理化。同时，对已出让但建筑方案未确定的用地和尚未出让用地提出了实施建议。

（1）对于已确定建筑空间形态的建筑或综合体，结合通信机房综合需求，对部分通信机房进行统一优化调整。

（2）对于已出让但未确定建筑方案的用地，结合建筑平面布置，确定通信机房的类型、位置及建筑面积等，纳入地块规划设计要点或建设工程规划许可证中。

（3）对于尚未出让的用地，区域通信机房、片区通信机房所需建筑面积，作为核增的基础设施建筑面积，纳入土地招拍挂条件，确定通信机房附设地块（街坊）位置并纳入土地招拍挂。对于整体开发单元，需进一步结合建筑平面布局，深化各类通信机房的布置。

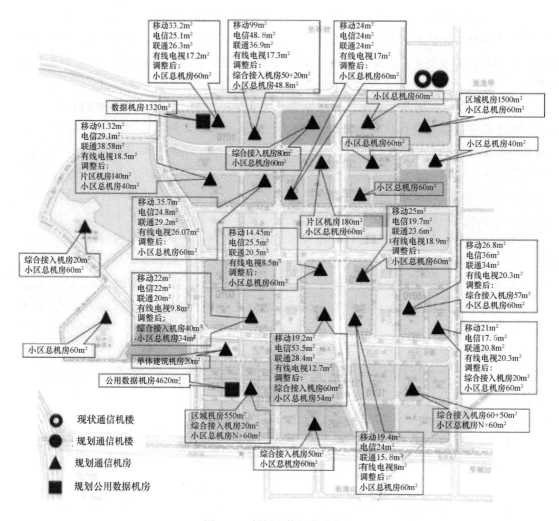

移动33.2m²
电信25.1m²
联通26.3m²
有线电视17.2m²
调整后：
小区总机房60m²

移动99m²
电信48.8m²
联通36.9m²
有线电视17.3m²
调整后：
综合接入机房50+20m²
小区总机房48.8m²

移动24m²
电信24m²
联通24m²
有线电视17m²
调整后：
小区总机房60m²

小区总机房60m²

区域机房1500m²
小区总机房60m²

数据机房1320m²

移动91.32m²
电信29.1m²
联通38.58m²
有线电视18.5m²
调整后：
片区机房140m²
小区总机房40m²

综合接入机房80m²
小区总机房60m²

小区总机房60m²

小区总机房40m²

移动.35.7m²
电信24.8m²
联通29.2m²
有线电视26.07m²
调整后：
小区总机房60m²

片区机房180m²
小区总机房60m²

移动25m²
电信19.7m²
联通23.6m²
有线电视18.9m²
调整后：
小区总机房60m²

综合接入机房20m²
小区总机房60m²

移动14.45m²
电信25.5m²
联通20.5m²
有线电视8.5m²
调整后：
小区总机房60m²

移动26.8m²
电信36m²
联通34m²
有线电视20.3m²
调整后：
综合接入机房57m²
小区总机房60m²

移动22m²
电信22m²
联通20m²
有线电视9.8m²
调整后：
综合接入机房40m²
小区总机房34m²

小区总机房60m²

单体建筑机房20m²

公用数据机房4620m²

移动19.2m²
电信53.5m²
联通28.4m²
有线电视12.7m²
调整后：
综合接入机房60m²
小区总机房54m²

移动21m²
电信17.5m²
联通20.8m²
有线电视20.3m²
调整后：
综合接入机房20m²
小区总机房60m²

综合接入机房60+50m²
小区总机房N×60m²

区域机房550m²
综合接入机房20m²
小区总机房N×60m²

移动19.4m²
电信24m²
联通15.8m²
有线电视8m²
调整后：
小区总机房60m²

综合接入机房50m²
小区总机房60m²

◎  现状通信机楼

●  规划通信机楼

▲  规划通信机房

■  规划公用数据机房

图 4-17　规划通信机房分布图

## 4.7　管理政策研究

虽然电信行业改革的开始时间最早、运行比较充分和彻底，已形成多家运营商平等竞争的格局，但是，基础设施改革的配套政策和措施却相对滞后。从我国近年通信行业法规及管理趋势来看，基础设施因受地域限制，其管理主体只能是城市政府主管部门；从全国主要城市的改革情况来看，条件日趋成熟，时间日趋紧迫，需抓紧时间推进管理体制改革。

通信基础设施属于公共基础设施，要想理顺通信机楼及机房的管理体制，管理好通信基础设施，充分发挥其公共基础设施的作用，必须从宏观环境入手，优化和完善管理的法制环境。通信基础设施的建设应遵守有关法律、法规规定，执行通信工程建设强制性标准，坚持统筹规划、共建共享、资源合理利用和避免重复建设的原则，依法接受监督和管理。因此，需针对通信基础设施的特点，在满足或符合现行法规的前提下，制订出针对性较强的管理办法，以便加强规范管理，规范信息通信基础设施的规划、建设等流程，保障信息通信基础设施的运营和维护，实现信息化市场持续健康发展。

**1. 改善现有通信基础设施的管理方式**

电信行业改革的多年经验表明，多元化通信格局需要统筹管理。统筹管理的关键不是垄断，而是提供价格是否公平合理，这个可通过政府定价及公共政策来实现。管理方式采取审批制和备案制相结合，单独占地的通信基础设施、与地块开发同步建设的通信基础设施、与道路等同步建设的通信基础设施、独立式基站等采用审批制，在现状建筑上补建通信基础设施、在临时道路上补建管道或杆路、在其他建（构）筑物上补建通信设施等采用备案制。

**2. 出台通信基础设施管理办法**

依法行政已成为政府部门日常管理的行为准则，也是杜绝各种违法行为的最有力工具。制定《信息通信基础设施管理办法》，明确与信息通信基础设施相关的业务流程、维护标准和服务承诺，切实保障通信设施的安全；同时加大对违规建设的处罚力度，并在实践中逐步完善。

规划：总规阶段确定通信机楼、总前端等重大或大型通信设施的布局；专项规划确定重大或大型通信设施布局（除总规确定的通信基础设施外，还包含数据中心）及其技术支撑条件，确定通信机房、基站、通信管道、智慧设施等布局及布置原则、设置规律、设置要求；控规落实重大或大型通信设施的位置，确定通信机房、基站等设施的附设地块；修规落实各类通信接入基础设施的位置；可根据需要编制通信基础设施近期建设规划。

审批：单独占地的通信设施用地，按照地块开发建设程序进行审批，必要时在通信运营商中竞拍通信设施用地的使用权；附设式通信机楼、大于 $100m^2$ 及以上的中型通信机房，纳入土地招拍挂或用地规划许可证的规划设计要点中，并在方案或施工图审查中复核；小于 $100m^2$ 的通信机房，可在方案或施工图审查中介入，纳入地块建设工程规划许可证的技术条件中，或者按技术标准进行预留和控制。

建设：按照审批内容开展建设；按照建筑、市政工程的成熟程序进行建设；为大楼配套建设的通信机房、室内分布系统、小区管道，按技术标准进行预留和控制。

运维：第三方管理平台对政府建设基础设施（机房及配套设施、管道等）进行运营和维护；负责市政基础设施系统的补漏、补缺、补盲；运营商对自建的基础设施和设施（含现状小区补建光缆）进行运营和维护。

**3. 明确共建机楼或共享机房的操作细则**

通信基础设施的统一建设与共享，有利于促进资源节约和环境保护，也有利于降低行业的建设成本。共建共享基础设施主要对机房、电力、空调、通信管道等共享，须事先制定好维护管理的流程和界面，以达到减少重复建设、提高电信基础设施利用率的目的。为了能更好地实施基础设施建设，需进一步明确共建机楼或共享机房的操作细则，如机楼的建设主体、使用土地的价格、管理流程、监管办法、共享机房的价格取定、机房和配套设备房的预留等，深化和完善其管理办法。

**4. 确定通信基础设施的建设主体及管理方式**

通信机楼作为运营商的核心设施，专业性较强，安全性要求较高，一般由运营商自行建设和管理。通信机房按照级别的不同，需明确物业和运营商对机房的管理关系，其中中型机房因与运营商的网络安全密切相关，与通信机楼的管理方式类似，一般需纳入各运营商的考核内容中，建议此类机房由对应的运营商来管理，开发商以成本价、微利转让给运营商或交给政府部门指定的第三方平台统筹管理；小区总机房、建筑单体机房主要是为大楼服务的公共机房，由物业统一管理，但应方便运营商的出入，以不影响夜间抢修工作实施为宜；而有线电视机房由于涉及广播电视的播放安全等问题，其安全级别要求较高，需要单独设置，由运营企业独立管理。

第 5 章

# 公众移动
# 通信基站规划

## 5.1 移动通信发展历程

### 5.1.1 主要历程

中国公众移动通信事业发展始于 20 世纪 80 年代，在短短 20 年的时间里从第一代模拟蜂窝通信系统发展到现今的第四代移动通信技术，不仅网络规模和用户规模双双成为世界第一，而且还在知识产权、国际标准、移动通信设备研制等方面取得了历史性的突破，实现"1G 引进、2G 跟随、3G 突破、4G 同步、5G 引领"的跳跃式发展历程。目前，4G 是正在大规模商用的移动通信系统，5G 尚未大规模商用。

第一代模拟蜂窝通信系统（简称 1G 系统）：在 1987 年，广州、上海率先建成了采用 900MHz TACS 标准的第一代模拟蜂窝系统，模拟系统于 20 世纪末退出了我国移动通信历史舞台。

第二代窄带数字移动通信系统（简称 2G 系统）：2G 以 GSM（全球移动通信系统）和 CDMA（码分多址）为代表。我国于 1993 年建成并开通第一套 GSM 数字蜂窝系统；中国联通于 2002 年建成第一套在全国范围内真正有效且大规模商用的 CDMA 网络；中国 GSM 的（中国移动、中国联通）使用频段为 900MHz 或 1800MHz；中国联通 CDMA 的使用频段为 800MHz。

第三代宽带数字移动通信系统（简称 3G 系统）：3G 以 TD-SCDMA（时分同步码分多址）、CDMA-2000 和 WCDMA（宽带码分多址）为代表。工业和信息化部（以下简称"工信部"）于 2008 年颁发 3G 牌照，中国移动持有的是 TD-SCDMA，中国联通持有的是 WCDMA，中国电信则持有 CDMA2000。中国移动 TD-SCDMA 的使用频段有 A 频段 1880～1920MHz、B 频段 2010～2025MHz、C 频段 2300～2400MHz；随着通信网络的进一步发展，TD-SCDMA 系统逐渐采用 A 频段；中国电信 CDMA2000 的使用频段为上行 1920～1935MHz，下行 2130～2145MHz；中国联通 WCDMA 的使用频段为上行 1940～1955MHz，下行 2130～2145MHz。

第四代移动通信技术（简称 4G 系统）：4G 以 TD-LTE 和 FDD-LTE 为代表，工信部于 2013 年正式发放 4G 牌照，中国移动、中国联通和中国电信分别获得一张 TD-LTE 牌照，4G 时代正式开启。工信部于 2015 年正式向中国联通、中国电信发布 FDD 制式 4G 牌照，4G 支持 100～150Mbps 的下行网络带宽。4G 的传输速率是中国移动第三代移动通信网 TD-SCDMA 的 35 倍，是中国联通第三代移动通信网 WCDMA 的 14 倍。中国移动 TDD-LTE 的使用频段为 1880～1900MHz、2320～2370MHz 和 2575～2635MHz；中国联通 TDD-LTE 的使用频段为 2300～2320MHz 和 2555～2575MHz；中国电信 TDD-LTE 的使用频段为 2370～2390MHz 和 2635～2655MHz。

第五代移动通信网络（简称 5G 系统）：国际移动通信标准化组织 3GPP（第三代合作伙伴计划）工作组于 2018 年 6 月批准了第五代移动通信技术标准（5G NR），独立组网功能冻结，5G 进入产业全面冲刺新阶段；我国于 2018 年初开展 5G 系统试点实验，预计于

2020 年正式推出商用服务。

### 5.1.2　主要技术特征

公用移动通信基站（简称"基站"）是无线电台站的一种形式，也是移动通信系统中最关键的设施。随着移动通信技术的不断发展，基站也随之发生着深刻的变化，朝着高性能、高可靠、布网灵活、小体积、升级维护方便、节约资源与成本、满足多种需求方向不断发展。

2G 系统在 1G 系统的基础上增大了容量，提高了频谱利用率，2G 基站的发展主要经历了三个阶段，第一阶段的 GSM 基站，设备集成度低，耗电高，功放效率低，覆盖范围小，容量有限，产品主要是室内宏蜂窝形式；经过 3～5 年时间，随着移动通信技术的发展进步，为满足数据量增大的需求，单机柜的系统容量得到了提升，各类设备耗电降低。第二阶段的基站产品形式更加丰富，增加了室外一体化基站、室内微型蜂窝基站和直放站。第三阶段的基站设备集成度更高、系统容量更大，且具备了支持 GPRS/EDGE、半速率、小区定位等功能。[20]

3G 系统除了提供 2G 系统的所有业务外，还具备了宽带数据业务能力。3G 基站的发展主要经历了两个阶段，最初 3G 基站设备以单载频扇区配置为主，大部分为室内宏蜂窝基站；经过 4～5 年时间，随着基站关键技术的突破，成熟阶段的基站各方面性能也得以大幅度提升，建设形式不断增加，具备了高集成度、高效率功放、多载波、全性能 HSD-PA、开放式的架构等功能特性。

4G 系统是覆盖性能良好、数据传输速率高、实现无缝漫游的基于 IP 网的网络。自 2013 年商用以来，随着系统不断演进，4G 系统用户数不断增加。为满足用户需求，4G 基站的数量在不断增加，布置间距在逐渐变小，较 3G 基站容量更大、速率更高，具有数量多、分布广、建设形式多样的特点。

5G 系统是一个智能化、宽带化、多元化、综合化的网络，可满足超大带宽、超高容量、超密站点、超可靠性、随时随地接入的要求，数据流量是 4G 的 1000 倍。考虑到用户对高速率等方面的要求，5G 基站站址的密度将远超越 2G、3G、4G，建设方式将更倾向于建设规模小、功耗低、使用灵活且安装便利的小微基站。5G 系统的商业应用尚未大规模展开，5G 基站设置规律和规划标准还有待实践验证。

## 5.2　基站类型及构成

### 5.2.1　基站类型

基站主要分为宏基站、小微站和室内（室外）分布系统，也可以根据基站的覆盖范围、建设类型和站址形式的不同进行细分。

#### 1. 按覆盖范围分

按照基站覆盖功能的不同，可将其分为宏基站、小微站（包括微基站、皮基站和飞基站）、室内（室外）分布系统、直放站和射频拉远单元；从城市规划的角度来讲，其规划对象主要是宏基站和小微站。

（1）宏基站

宏基站的基本特点是发射功率大、天线高度高、覆盖半径约 200m 以上，可以为移动通信网络提供一个全面的、基本的网络覆盖，但灵活性较低。主要用于实现广域覆盖，是解决覆盖的最主要技术手段。

（2）小微站

小微站也叫微基站，其基本特点是发射功率小、天线高度相对较低、覆盖半径约为 50～200m，可以用于减轻宏基站的话务负荷，是一种重要的无线网覆盖方法，但可靠性相对较低且不易维护。主要应用于商业中心区等业务高密区和宏基站的信号覆盖盲区。

（3）皮基站与飞基站

在 4G 无线网络中，皮基站被称为微微基站，飞基站被称为毫微微基站。皮基站的覆盖半径约为 20～50m，飞基站的覆盖半径约为 10～20m，这两种类型的基站都具备易部署、利于监控、便于容量和覆盖调整的优势，并适用于覆盖和容量需求均较大的重要室内大型场景。其中皮基站更适用于大型场馆、交通枢纽等覆盖面积巨大、单位面积业务密度大、室内区域较为空旷的场景。飞基站远端更为小巧，适用于室内隔断较多的场景。

（4）室内（室外）分布系统

室内（室外）分布系统是一种信号中继器，通过利用室内（室外）天线分布系统将移动基站的信号均匀分布在室内（室外）每个角落，以提高室内信号覆盖，多种制式系统可以共用，但不能增加系统容量。主要用于室内（室外）覆盖盲区、室内覆盖弱区及建筑物高层存在导频污染的区域，如商场、隧道、地铁等地方；设置在隧道、地铁洞体内泄露电缆，是分布系统的表现形式。

（5）射频拉远

射频拉远是将基带信号转化成光信号传送，并在远端放大的一种技术，主要在 3G 网络中应用，其信号稳定度与所提供容量基本与微基站一致，建设成本较低，覆盖范围较大；主要用于微基站易受到阻挡或是覆盖范围不够的区域，如农村、乡镇、城区地形地貌比较复杂的区域。

（6）直放站

直放站是一种信号中继器，本身没有承载话务的能力，不会增加系统总容量；主要用于信号覆盖不足，急需通信却不具备建站条件，且对容量需求不大的地方，如地下停车场、隧道、山区、高速公路等地方。

**2. 按建设类型分**

按照基站建设类型的不同，可将宏基站分为独立式宏基站和附设式宏基站。

（1）独立式宏基站

独立式宏基站是指需要单独建设杆塔承载天线的基站，杆塔有单管杆、铁塔、仿生树等形式；有时还需要建设单独的配套机房，相关示意参见图 5-1。

图 5-1　独立式基站现场照片图

（2）附设式宏基站

附设式宏基站主要是指附设于建筑物或构筑物上的基站，附设式基站的天线通常设置在建筑物顶层或建筑物外墙，或附设在广告牌、交通设施、照明灯杆等设施上，相关情况参见图 5-2。

图 5-2　附设式基站现场照片图

## 3. 按站址形式分

为了准确表达站址的定义，考虑法定图则或控规层面地块规划通常与已确定的建筑方案存在较大的差异，在实际规划中可以适当扩大逻辑站址和物理站址的定义范围，有助于增加基站建设的灵活性，与基站特点保持一致。因此，按照基站站址形式的不同，可将其分为逻辑站址、物理站址和空间站址，定义范围扩大后的站址与通信行业（主要指铁塔公司和三大运营商）所说的物理站址、逻辑站址有所不同。

在城市基站规划过程中，规划主要对象是物理站址和空间站址。从规划区实际开发建设情况来看，可将规划区内建设区域分为已确定空间形态的地块、未确定空间形态地块及道路路网的区域。已确定空间形态及道路路网的区域可依据需求规划物理站址；未确定空间形态区域无法确定基站的具体位置及数量，则以地块为单位规划空间站址，每个空间站址包含一个或多个物理站址。

（1）逻辑站址

运营商所称的逻辑站址是指不同制式、不同频率、不同站型的基站，每个基站均可称为1个逻辑站址。本书所称的逻辑站址是指同一个地理位置内某家运营商的基站，同一个位置的基站为一个逻辑站址，可能包括运营商所说的几个逻辑基站。

（2）物理站址

运营商所指的物理站址是指同一地理位置内共用一个设备机房的多个站址的总称，可能含运营商自身的多个逻辑基站。本书所称的物理站址是指地理位置相同的基站站址，可能包含多家运营商的物理站址；一个物理站址可能包含对应定义的1～3个逻辑站址。

（3）空间站址

空间站址是本书新定义的站址形式，指在一定空间范围内建设的宏基站物理站址，每个站址均含多家运营商或多种制式。考虑到控规、详规到实际建筑方案过程中可能出现变化以及实际建设过程中的不确定因素，物理站址的位置和数量在规划层面无法确定；因此，对于未确定空间形态、道路路网等区域的通信需求，则通过规划空间站址来解决。

附设式空间基站是指附设在建筑物屋面的宏基站，一般以一个较大的地块或整体开发片区来控制；独立式空间基站是指设置在杆塔上的宏基站，宜按基站杆塔坐标的半径50m范围（道路红线或绿地内）来控制。一个空间基站一般包含1～3个物理站址，具体数量取决于基站所在的移动通信业务片区、单个基站覆盖面积以及控规地块的大小或周边地理环境，具体位置及数量可待其空间形态稳定后进一步深化。

### 5.2.2 基站的构成

基站是发射和接收无线电信号的装置，一个完整的基站由设备房（内置交换及传输设备、电源、空调）或机柜以及天馈线系统、传输系统、电源系统和BTS设备等几大部分组成。天馈系统可以将无线信号转换为无线电波，主要包括天线、跳线、馈线；传输系统可以实现BTS与BSC之间的数据交换，主要包括微波、PDH光端机等设备；电源系统可以为通信设备提供交直流电的能源，主要包括交直流转换模块、监控模块、直流配电单元；BTS设备主要负责移动信号的接收和发送处理，主要包括机柜、操作维护设备及附属设备。附设式基站组成参见图5-3。[21]

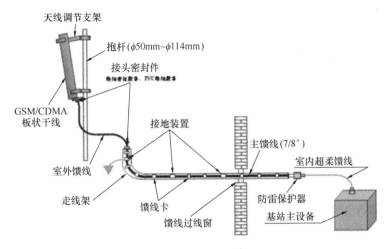

图 5-3　附设式基站构成示意图

图片来源：深圳市城市规划设计研究院有限公司．中山市移动通信基站专项规划（2016—2020 年）[R]．2017

## 5.3　基站特点

基站是连接无线和有线通信的关键设备，与无线电频率密切相关。与其他通信接入设施相比，除具有体量小、数量多等一般特点，基站还具有以下独特特点。

**1. 种类多、分布广**

一般通信接入设施只有 1~2 种，而基站具有宏基站、微基站、微微基站、直放站、室内分布系统等多种类别，不同类别基站的设置规律以及对基础设施的要求也不尽相同。由于市民的行为模式具有较强的流动性，使得基站因提供普遍服务而具有分布十分广泛的特点。一般有线通信接入设施主要分布在建设区，而基站广泛分布在城市建设区、建设控制区（满足建设过渡时期需求）、生态区，满足市民在居住、办公、工厂等建筑内工作需求，还要满足市民在步行、车行、旅游、郊游、野外勘测和探险等多种状况的需求，实现无线信号的全覆盖。

**2. 具有电磁辐射，其设置存在诸多限制因素，也容易影响城市景观**

建设基站的出发点是在充分利用现状网络投资的基础上，实现网络性能的最优化、容量的最大化、最有效的投入和产出，即以最佳网络投资满足与市场相适应的无线环境。由于移动通信使用高频电磁波，尽管基站的功率较小，但还是存在电磁辐射，导致其设置有许多限制因素。一方面，基站受大功率电磁干扰时无法正常工作，需远离大功率电磁干扰源。另一方面，部分地方的敏感人群（如医院、幼儿园、小学等）受电磁辐射易产生影响，需保证基站的辐射值达到国家的相关规定标准；部分地方的设施或设备受电磁干扰后易产生较大危害，禁止设置基站，如机场的导航台受干扰后飞机会无法起降，严重的会引发灾难性后果，航空管制区禁止设置宏基站。另外，一般通信接入设施均布置在室内，而基站必须使用发射天线才能工作，其天线一般布置在建筑物屋顶（有时还需加设支撑杆架），布置在城市公共空间，易影响城市街景；独立式基站还需设置抱杆和铁塔，且独立式基站主要分布在城市公园、郊野公园等景观区域，也与城市环境密切相关，如不进行处理，易对城市景观造成影响。

**3. 技术含量高、更新快、多系统并存**

从 20 世纪 80 年代中后期开始，移动通信系统开始大规模商用。到现在为止，移动通信系统已经历了 1G、2G、3G、4G 四代，每代系统又包括 2～3 种制式。除了 1G 已退网外，目前还有 2G、3G、4G 三代系统的多种制式并存工作，且每种系统和制式的设置规律还略有差异。5G 即将大规模商用，届时 2G 系统将逐步退网。因此，一个站址内不可避免会有多个系统、制式的基站存在，基站设置也需要满足多种系统、制式的需求，基站的间距也会随着频率增高、数据传送速度加快而减小，对基站布局产生较大影响，对基站共建共享的要求也更高。

**4. 新系统商用时基站需要大规模初始覆盖**

新的移动通信系统（如 4G）投入使用时，由于设备、天线、使用频率与以前系统（2G、3G）均不相同，其所需的基站也需要单独新建，以满足基站在全市（主要在现状建成区）完成初始覆盖的基本需求。在条件许可情况下，部分基站的天线可与现网基站共址或共杆或共天线。另外，新增基站因需满足用户需求又必须分布在城市现状建成区，难以通过政府部门控制新建地块或片区来完成，从而使得基站的建设难度大幅提高。

**5. 每套系统需要在现网基础上不断优化、滚动发展**

在 4G 初始化布局完成后，随着 4G 系统用户不断增加，仅满足覆盖需求的基站初始化布局将难以满足用户增加带来的增长，基站间距会逐步减少，需要通过增加基站来满足用户增加带来的需求；这种不断优化的情况会一直伴随 4G 发展而存在，也同样适合 2G、3G 系统，只不过有的系统会因用户数减少而减少基站数量。另外，当城市空间发生变化（旧村改造或某个地块的新建），会改变无线电信号传输，也需要优化基站布局。当因某种原因导致基站被逼迁时，需要找到替代方式来优化基站的布局。当用户投诉信号较差时，各运营商的网优部门也会提出优化基站布局的要求。总之，基站的功能和特性决定了其布局需要不断优化。

## 5.4 规划要点分析

**1. 需同时在现状城区和新建城区推动基站规划建设**

由于市民活动主要在城市建成区，所以基站主要分布在建成区；当新建移动通信系统、城市空间形态（如新建高层建筑）发生变化、人口或手机用户数发生变化时，都需要对移动通信网络进行优化，也需要在建成区增补基站。对于新建城区而言，将基站纳入城市规划建设（预留布置天线和机房的位置）是十分难得的机遇，抓住时机开展基站及配套设施建设，可避免现状城区建基站时所遭遇的困境，如建设基站受到合法性质疑、阻碍建设、被逼迁等。因此，需同时在现状城区和新建城区推进基站建设，而且在现状城区增补扩建基站有时比新建城区建设基站更加急迫。

**2. 将基站作为城市基础设施统筹纳入城市规划建设**

移动通信经过"十五""十一五"等十多年的持续高速发展后，手机迅速成为最普及的通信终端，各城市移动通信用户数已是固定电话用户的 2～4 倍。由于基站是逐步纳入管控的新增基础设施，有大量基站牵涉现状建筑和缺乏报建程序等历史遗留问题，仅仅依靠技术已难以达到有效管理，需要用政府的行政行为来推动和稳定基站规划建设。城市规划不针对某个系统制式规划基站站址，一个站址包括多种系统、多种制式的基站，站址位置须符合城市规划建设要求。

**3. 用城市规划的方法推动基站融入新建城区**

基站规模预测需结合城乡规划指标，从规划人口、建设用地（规划用地）两个角度来分别针对基站开展容量和覆盖需求预测，取两者之间预测最大值作为预测的基础。新建城区基站布局根据预测值，给予一定的弹性余量，结合城乡规划的层次逐步展开，控规阶段控制空间站址，修规阶段落实物理站址，建设阶段结合空间形态优化物理站址。

**4. 在现状城区补（扩）建基站时采取过渡性和针对性措施**

由于移动通信系统需要在现网基础上不断优化、滚动发展，有较多基站需要在现状城区内补（扩）建，各运营商在与业主商量建设基站事宜时遇到较大的阻力，常导致获取基站站址资源的过程十分漫长；因此，在现状城区补（扩）建基站时宜采取过渡性和针对性措施。经过多年滚动发展，现网基站已形成差异化布局，规划须准确掌握最新的现状基站资料，然后从城乡规划建设的角度，充分利用现状站址，对现状布局不合理的站址进行梳理，视条件（投诉、信访等）开展评估和电磁辐射检测，确定是否迁移。新建基站宜发扬大政府、大管理的优势，利用政府物业、红线范围及城市公共空间进行规划建设。

## 5.5　问题及挑战

**1. 早期建设的基站存在的遗留问题**

（1）存在信号覆盖盲区

由于城市快速发展，导致无线环境不断演变，因此，无线网络优化不可能完全不滞后于城市建设，基站信号覆盖亦难保面面俱到，故而仍存在信号覆盖盲区。如郊野、公园等边缘片区，话务量较少，加上电力、传输通道等基础设施缺乏，各运营商缺乏建设的动力，导致此类区域基站数量较少，不能满足信号覆盖需求。

（2）部分基站与城市景观冲突

在现代化城市建设中，基站数量不断增加，铁塔、天线裸露和建筑物上架设的天线等影响城市景观的现象普遍存在，有必要对明显影响景观的现状基站进行美化改造，或者予以搬迁。为美化城市形象，提升城市品位，新建基站宜按景观化要求进行统一规划设计。

（3）特殊人群未受保护

就全社会而言，大多数人群都可以依靠自身的免疫能力抵抗来自基站的有限电磁辐射强度，但某些特殊人群（如低龄儿童的脑神经正处于快速生长状态容易受到伤害，病患者由于体弱其免疫较低等特殊原因）对电磁辐射的抵抗力低于普通人群，理应得到更多的关爱。新建宏基站应避免建设在幼儿园、小学、医院等敏感建筑的红线内以及正常控制距离内。

（4）站址合法性受到质疑、站址不稳定

由于基站是一种新型城市基础设施，早期以各运营商采取市场化方式建设为主，未按基础设施及工程建设的程序来办理审批手续，加上基站的电磁辐射的影响容易被放大，市民对基站持排斥、抵制的态度；如果基站建设过程中存在建设程序不合法等问题，就容易出现法院、执法部门在应对现状基站投诉或信访时，判决基站不合法而被拆除。

**2. 基站建设的不确定性因素多**

（1）城市规划建设产生的不确定性

对于附设式基站而言，由于地块的性质、功能和地块划分等均可能发生变化（这些变化可通过相关规划程序进行调整），涉及本地块的基站也需要相应变化。另外，当某个地块开发建设完成后，其周边建筑物的开发建设及高度可能会发生变化，会相应地改变电磁波传输路径，也需要对周边基站进行调整或优化；即使在同一片区，因地块开发时序不一样、城市发展阶段不同等因素，也会出现市民人数变化的情况，对移动通信需求也会变化，也需相应地优化基站的布局。对于独立式基站而言，当其服务的区域性城市轨道、道路和交通设施的路由改变或线型微调时，规划基站也应相应调整位置。

（2）现状基站在建设或运营服务过程中衍生出不确定性

经常出现基站选址难、建设难的状况，如在某栋大楼上拟建基站，业主或管理单位不愿意出租屋面和机房，需要再到其他大楼、其他地块进行选址，产生基站布局的不确定性。另外，市民投诉基站、强拆基站、逼迁基站等特殊情况也属于规划难以预判的情况；在这种情况下，极有可能需要调整基站位置或增补建设基站，从而产生基站布局的不确定性，相关管理也需要有对应办法适应这种变化，不至于出现规划之外的基站就难以建设的状况。

（3）技术发展带来基站布局的不确定

移动通信技术变化较快，特别是从 2G 到 3G、4G 的过程，大大超出一般人的预期，且受国家产业政策、国际环境、技术成熟度等多种因素的影响，较难以作出较准确的预判。而移动通信系统的技术演进，对基站布局影响最大，既需要初始布局，也需要不断加密基站，且使用频率提高后需要缩短基站站距，密度会进一步加大，对高度的要求也逐步降低，也可由附设式基站转变为独立式基站。

**3. 基站的建设难度大**

（1）基站立法尚不完善

目前基站建设的相关立法尚不完善，虽然相关法律法规对基站建设有所表述，但缺少直接、明确的规定。《城乡规划法》《电信条例》《无线电管理条例》等法律法规缺少基站纳入城乡规划的具体操作规范，且某些条款与《物权法》相冲突。基站是较特殊的基础设施，需针对基站制定有针对性管理条文，并在规划、用地、用电、审批、执法等方面形成工作合力，基站建设的友好氛围才能形成。

（2）与主体工程建设不同步

由于现状基站基本是道路、建筑等主体工程建设完成后才开展建设，导致基站与主体建设不同步，而《物权法》实施后，进一步加大在主体工程建设完成后补建基站的难度。

（3）部分现状基站被逼迁

现状基站大都采取市场化方式建设，需租赁机房和天面；由于站址不稳定，增加了基站运营的不确定性。租赁合同到期后，出于对基站电磁辐射的恐惧心理，部分业主会逼迁基站。而新建基站难度也很大，宜出台专项法规，维持和保护城市基础设施的稳定性。

**4. 站址资源匮乏**

由于市民对基站的非理性恐惧和排斥，在现状建成区（尤其是居住区）新建基站是件比较困难的事，很多正在运行的基站因为机房物业租赁合同难以续签，而面临搬迁的尴尬困境；且移动通信系统更新速度快，新系统商用时需要大规模初始化，基站站址资源需求旺盛，仅通过整合现状基站站址资源，远不能满足基站建设需求。

**5. 大众认知误区**

基站发射无线信号，会产生电磁辐射，这是众所周知的不争事实。然而基站产生的电磁辐射强度有限，远低于国家规定的电磁辐射控制安全标准，因此，应加强无线电知识的客观宣传，避免市民产生误解，导致对基站越来越排斥，最终一步步地将基站推向了公众厌恶型设施的深渊。

## 5.6　规划方法创新

**1. 多层次、多方式推动基站纳入城市规划**

基站作为城市基础设施，其建设和布局不能与城市建设用地冲突，影响城市的开发建设，应符合城市总体规划要求，形成人、基站、城市协调发展的格局。为了实现基站能建、手机能打、辐射不超标、资源不浪费、景观不影响的规划目的，可采用多种方式将基站纳入城市建设整体规划。

总体规划中划分基站建设区域（禁建区、限建区、适建区）及景观化基站的控制地带。编制基站专项规划时，以控制性详细规划为平台来落实基站站址，可充分利用政府部门管理物业、国企物业和城市绿地、公园等公共空间。开展独立式基站年度规划是推动独立式基站建设的最合适、最有效的方式，在城市公共空间内的基站站址最稳定、市民投诉最少。新建城区开展基站详细规划，并结合城乡规划的层次逐步展开，控规阶段控制空间站址，城市更新、修规阶段落实物理站址，建设阶段结合空间形态落实和优化基站物理站址，将推动基站与新建建筑和道路工程同步建设、同步验收，确保工程建设完成即能提供移动通信服务。

**2. 基于适用于城市规划的基站综合预测方法**

运营商及咨询机构采用复杂的专业公式和扇区、载频、话务量等专业指标进行基站规划，难以在城乡规划领域内广泛应用。

城乡规划宜先将全市域划分为高密区、密集区、中密区、一般区、边缘区5种业务片区；通过较复杂的计算，将专业公式转换为各类业务片区的覆盖半径和站距，将专业指标转换为单个宏基站承载的用户数；结合高峰小时居住人口、就业人口、流动人口的特征选取不同系数；经过多种制式并存时模型修正、预留弹性系数等方法，计算出宏基站的综合预测规模。综合预测规模不针对某个运营商进行预测，分别从覆盖、容量两方面来预测建设区和非建设区空间站址（物理基站）的数量。

**3. 完善与基站综合预测模型相匹配的综合布局方法**

一般运营商根据建设基站的难易程度、专业测试工具开展单制式基站建设，缺乏整体性，造成布局不合理、遭投诉等问题。

城乡规划应确定与综合预测模型相匹配的综合布局方法，如明确禁止建设区、限制建设区、适宜建设区，总结基站设置标准、设置规律；通过复杂计算，确定多种情况下满足电磁辐射要求的最小基站防护距离，作为基站布局的限定条件；优化布置室内分布系统；规划基站站址不针对某个系统、制式规划物理站址或空间站址，满足所有运营商的需求，并按照共建共享原则，在适建地块或建筑单体内落实站址，并预留10%～20%比例的未落实站址，满足路边站、现状建筑增补基站的需要；大力推进基站布置在政府物业、公共建筑、公共空间内。

## 5.7 基站规划层次及内容

基站规划主要分为基站总体规划和基站详细规划两个层次。基站总体规划的主要内容是划分移动通信业务片区、建立预测模型并进行整体预测、划分基站建设区域、布置及控制景观化基站；基站详细规划主要内容是在现状城区和新建城区规划布置宏基站站址。

**1. 基站总体规划主要内容**

（1）划分移动通信的业务片区

根据各城市的人口规模、移动通信业务量分布情况、各区域用地性质及开发强度的不同，可将城市移动通信的业务片区分为高密区、密集区、中密区、一般区、边缘区五种类型，不同规模城市移动通信业务片区的分布情况以及对应城市空间形态略有差别。相关情况见表5-1。

移动通信业务片区分类 表 5-1

| 业务片区分类 | 区域位置 | 用地类型 | 主要特征 |
|---|---|---|---|
| 高密区 | 特大城市核心区 | 市级大型服务用地、商业用地及办公用地 | 以高层建筑为主，少量超高层建筑，工作人口流动人口密度很高 |
| 密集区 | 大城市主中心区 | 商业用地和办公用地 | 以高层建筑为主，工作人口、流动人口密度高 |

| 业务片区分类 | 区域位置 | 用地类型 | 主要特征 |
|---|---|---|---|
| 中密区 | 城市次中心和组团中心 | 居住用地、商业用地及办公用地 | 以中高层建筑为主，工作人口、流动人口密度较高 |
| 一般区 | 城市建设区 | 工业用地、港口用地及居住用地 | 以多层建筑、低层建筑为主，工作人口、流动人口密度不高 |
| 边缘区 | 城市边缘区和非建设区 | 主要是生态控制区、风景区、农田及高等级公路 | 以零星的旅游休闲、服务业建筑为主，人口稀少、时段性差异明显 |

（2）建立预测模型并进行规模预测

建立预测模型，先预测移动通信业务量，然后针对覆盖和容量两方面分别预测，并预留备用站址，最后综合预测基站空间站址数，详细过程可参见本书相关章节"5.10 规模预测"。

（3）基站建设区域划分

结合城市规划及基站功能等方面的要求，可将城市建设区分为禁止建设区、限制建设区、适宜建设区三大类。详细区域划分可参见本书相关章节"5.12.2 基站建设区域划分"。

（4）景观化基站的分布与控制

景观化基站天线隐蔽性强、外形简洁美观，可与周边环境更好地融为一体，符合城市环境和谐的要求，主要建设在生态控制线、综合景观廊道、城市地标区域、城市门户区域、城市重点片区、旅游景区、文物保护区及其他对城乡规划有景观化要求区域。景观化基站建设类型多样，具有隐蔽化、拟物化、小型化、简约化等特性，如附设式景观化基站有仿烟囱、仿排气管、仿热水器、仿空调外罩等形式，独立式景观化基站有仿灯塔、仿真树、仿路灯杆、仿高杆灯、融入城市雕塑和标示牌等形式。具体建设形式需根据实际的环境场景因地制宜地进行选择。

**2. 基站详细规划主要内容**

（1）新建城区

新建城区通常是指城市的道路路网或建筑的空间结构及位置形态未确定的区域。考虑到控规、详规到施工过程中可能发生的变化，对于此类区域，在规划层面无法确定物理基站的具体位置和数量，可先通过在某地块或城市综合体内规划空间站址来控制，一个空间站址可包含一个或多个物理站址；地块或城市综合体内的物理站址的位置及数量，需待其道路路网或建筑单体的空间形态稳定后进一步深化。基站宜与主体建筑工程同步建设、同步验收，以确保工程建设完成后能及时提供移动通信服务。

（2）现状建成区

现状建成区通常是指在城市行政区内实际已成片开发建设、市政公用设施和公共设施基本具备的地区。对于此类区域，规划时需要注意以下要求：充分利用现状基站站址，尽量扩建现状基站,实现基站站址共建共享;注意预留并控制备用站址;优先利用高度合适的政府物业、国企物业和城市绿地、公园、广场等公共空间;优先选择行政办公、商业、工业、仓储物流、交通场站等功能性质的建筑,且天线主瓣方向 20~30m 范围内不能有住宅及敏感设施;避免与城市建设用地、规划路网及各种市政管网冲突;尽量避开禁止建设区和限制建设区。

## 5.8 规划平台及基本单元

### 5.8.1 规划平台

基站详细规划的基本平台是法定图则或控制性详细规划,这主要是由于宏基站间距在 200~600m,适合在该平台开展基站规划,既能体现基站系统性,也基本能有效指导基站规划建设。不同城市的详细规划平台不同,现以法定图则为详细规划平台的城市是深圳市及香港地区,其他城市则是以控制性详细规划作为详细规划平台,两者都具有法律效力。

控制性详细规划简称控规,其作为法定规划,以城市总体规划或分区规划为依据,以土地使用控制为重点,主要确定建设用地性质、开发强度和空间环境,强化规划设计与管理、开发的衔接,是城乡规划管理的依据,并指导修建性详细规划的编制。法定图则是以城市总体规划、分区规划的要求为依据,主要是对分区内各片区的土地利用性质及其开发强度、配套设施、道路交通和城市设计等方面作出的详细规定。法定图则相关情况详见图5-4,控制性详细规划相关情况详见图 5-5。

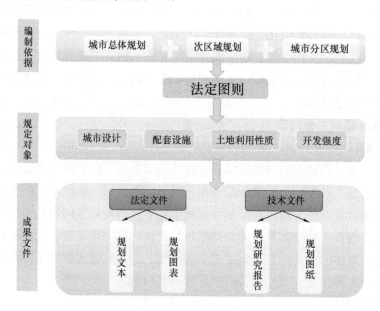

图 5-4　法定图则体系图

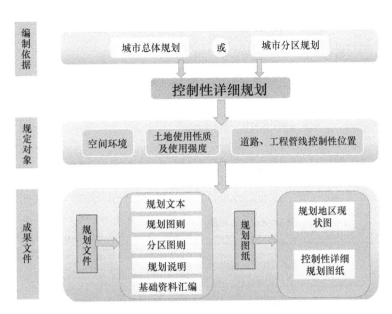

图 5-5 控制性详细规划体系图

## 5.8.2 基本单元

基站规划的基本单元是地块，是开展业务片区划分、基站编号等工作的基础，也是是否适合布置基站的依据。

城市用地单元分类是根据不同城乡规划管理工作的特点及城市建设现状情况有针对性地制定，因此，各个城市的用地单元分类稍有差别，但实际用地性质则是大同小异。表5-2 以深圳市城市用地分类为例来介绍各类性质的地块与基站规划建设的关系。

深圳市城市用地与基站规划 表 5-2

| 用地类别-大类 | 用地类别-中类 | 用途 | 基站规划 |
|---|---|---|---|
| 居住用地（R） | 一类居住用地（R1） | 主要用作住宅或幼儿园、小型商业 | 低层楼群（建筑高度 24m 以内）或农村聚集区优先在住宅周边绿地、山地建设独立式基站；<br>中层建筑群（建筑高度 25～55）在条件适宜的情况下优先建设附设式基站；<br>高层建筑（建筑高度 55～100m）或超高层建筑（建筑高度大于 100m）、功能重要建筑及公共建筑等宜优先设置室内分布系统；<br>道路上的通信需求可通过建设庭院灯或高杆灯等美化独立式基站的方式解决 |
| | 二类居住用地（R2） | | |
| | 三类居住用地（R3） | 主要用作宿舍或幼儿园、商业 | |
| | 四类居住用地（R4） | 主要用作私人自建房或幼儿园、小型商业 | |
| 商业服务业用地（C） | 商业用地（C1） | 主要用作商业、办公、旅馆业建筑或商务公寓 | 游乐设施区域的通信需求可通过在周边设置独立式（美化式/伪装式）宏基站解决 |
| | 游乐设施用地（C5） | 主要用作游乐设施或小型商业、旅馆业建筑、宿舍 | |

| 用地类别-大类 | 用地类别-中类 | 用途 | 基站规划 |
|---|---|---|---|
| 公共管理与服务设施用地（GIC） | 行政管理用地（GIC1） | 主要用作办公或宿舍 | 通信基站的选址建设需避开人员集中的场所及敏感设施，应避免在文化遗产用地红线范围内建设，也应符合城市历史街区保护、城市景观等方面的要求；<br>在商业、办公等类型用地内设置基站可参照居住用地及商业服务业用地的基站设置要求；<br>在文化教育、医疗卫生用地内建设基站，应满足敏感设施基站设置的距离要求，应在敏感设施一定范围外择址建设通信基站 |
| | 文体设施用地（GIC2） | 主要用作文化设施、体育设施或商业、宿舍、游乐设施 | |
| | 医疗卫生用地（GIC4） | 主要用作医疗卫生设施或宿舍 | |
| | 教育设施用地（GIC5） | 主要用作教育设施或宿舍 | |
| | 宗教用地（GIC6） | 主要用作宗教建筑或宿舍 | |
| | 社会福利用地（GIC7） | 主要用作社会福利设施或宿舍 | |
| | 文化遗产用地（GIC8） | 文化遗产 | |
| | 特殊用地（GIC9） | 特殊建筑 | |
| 工业用地（M） | 新型产业用地（M0） | 主要用作厂房（无污染生产）、研发用房，或商业、宿舍 | 工业、仓储、物流等用地的通信需求可通过在25～55m高度的建筑外墙建设附设式基站解决，若无适合建设基站高度的楼层，可通过在周边建设独立式基站解决 |
| | 普通工业用地（M1） | 主要用作厂房或仓库（堆场）、小型商业、宿舍（对周边环境有影响或污染的工业不得建设） | |
| 物流仓储用地（W） | 物流用地（W0） | 主要用作仓库（非危险品）、物流建筑，或商业、宿舍 | |
| | 仓储用地（W1） | 主要用作仓库（堆场），或小型商业、宿舍（存放易燃、易爆和剧毒等危险品仓库严禁建设） | |
| 交通设施用地（S） | 区域交通用地（S1） | 主要用作交通设施，或商业、宿舍（口岸、机场、轨道交通用地可以建设） | 城际轨道、高速公路、主干路、次干路等交通道路两侧优选建设独立式（美化式/伪装式）基站；<br>客运码头、交通枢纽、加油站等交通设施用地优先选择在适宜高度（25～55m）建设附设式（美化式/伪装式）基站；<br>机场、停车场等建筑内优先设置室内分布系统 |
| | 城市道路用地（S2） | | |
| | 轨道交通用地（S3） | | |
| | 交通场站用地（S4） | | |
| | 其他交通设施用地（S9） | | |

| 用地类别-大类 | 用地类别-中类 | 用途 | 基站规划 |
|---|---|---|---|
| 公用设施用地（U） | 供应设施用地（U1） | 主要用作市政设施，或交通设施、其他配套辅助设施 | 在公用设施用地内设置基站，可根据实际需求在合适高度（25～55m）的建筑物外墙建设附设式（美化式/伪装式）基站 |
| | 环境卫生设施用地（U5） | | |
| | 其他公用设施用地（U9） | | |
| 绿地与广场用地（G） | 公园绿地（G1） | 主要用作绿地（含水面）、公共活动场地，或小型商业 | 绿地与广场用地的通信需求可以通过在其边缘区域的绿地建设独立式（美化式/伪装式）基站解决 |
| | 广场用地（G4） | | |
| 其他用地（E） | 水域（E1） | 主要用途依据相关法律法规、规划而定，或用作市政设施、交通设施 | 在未明确用途的其他用地内建设基站可参照以下设置原则：<br>在做好用地协调和设施保护的情况下，可有选择地在农林及水源保护区内建设基站；<br>在防护绿地及发展备用地内建设基站，优先建设独立式（美化式/伪装式）通信基站 |
| | 农林和其他用地（E2） | | |
| | 发展备用地（E9） | | |

深圳市城市用地单元共分为九大类、31 中类。九大用地类别的名称及代码分别是：居住用地（R）、商业服务用地（C）、公共管理与服务设施用地（GIC）、工业用地（M）、物流仓储用地（W）、交通设施用地（S）、公共设施用地（U）、绿地与广场用地（G）以及其他用地（E），每个大类又根据地块用途的不同分为不同数量的中类，详细分类情况参见表 5-2[22]。

一般来说，居住用地、行政办公用地、商业用地、工业用地及物流仓储用地等类型用地的中层建筑（建筑高度 25～55m）优先择址规划附设式基站，其他类型建筑可根据需求层高及功能的不同选择合适的基站类型；公园、绿地及其他城市公共空间宜规划景观化基站。需注意，在居住用地内规划基站宜优先选择商业等非住宅形式的建筑，且基站天线主瓣方向的 20～30m 范围内不宜有居民楼和敏感设施（如幼儿园、小学、医院等）。

## 5.9　设置规律

移动通信基站站址的设置需要满足多个系统（主要指 2G、3G、4G、5G）、多种制式共存的需求、区域景观化及站址资源共建共享的要求。以下主要介绍宏基站、小微站及室内分布系统的设置规律。

**1. 宏基站**

宏基站广泛分布在各个移动通信业务密度片区，其设置参数、布局规律与移动通信业务片区关系密切。宏基站设置规律需要根据基站容量、天线挂高、基站间距等因素综合分析确定。

（1）基站容量

选取语音、宽带数据两个业务指标进行基站容量分析，结合不同业务片区基站的典型设置参数，综合两者需求，可得出不同的移动通信业务片区的承载移动用户数，再结合规划人口数量与基站共建共享原则，可初步确定基站站址数量，即基站容量，以此指导后续基站规划建设。详细计算过程可参照本书相关章节"5.10 规模预测"。

（2）天线挂高[23]

基站天线高度应满足覆盖目标的需求，在一定高度范围内，天线挂高的增加与基站覆盖范围成正比，但在不同站高下增加天线挂高所产生的增益不同，呈边际递减趋势。由图5-6 和表5-3 可以看出，基站天线比较理想的设置高度是 25～35m，实际建设高度应结合基站建设区的移动通信业务类型、覆盖需求、周边环境、基站建设类型等综合考虑确定。

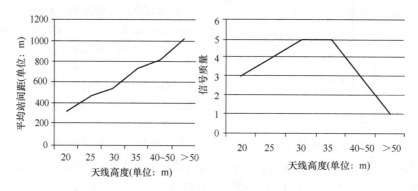

图 5-6　天线高度与站距和信号质量关系图

**天线高度与信号质量、基站间距关联表**　　　　表 5-3

| 序号 | 天线高度（m） | 信号覆盖质量 * | 平均站间距（m） |
|---|---|---|---|
| 1 | 20 | 3 | 318 |
| 2 | 25 | 4 | 458 |
| 3 | 30 | 5 | 544 |
| 4 | 35 | 5 | 730 |
| 5 | 40～50 | 3 | 828 |

注：* 信号覆盖质量分为 5 个数量级，5 级最佳。

（3）基站间距与覆盖面积[24]

按照链路传输损耗计算公式，可以推导出不同通信业务片区单个基站满足多种系统的多种制式覆盖需求所需要的最大半径控制值；鉴于蜂窝覆盖区域为 3 个边长为 $R/2$ 的正六边形组成（相关情况参见图5-7），站距为半径的 1.5 倍，可以得出宏基站的小区覆盖面积为 $0.62 *$ 圆面积，可以计算出各功能片区对应的站距。

（4）综合分析

综合基站容量、天线挂高、站间距三方面的因素，可以推导出各移动通信业务片区宏基站的主要控制参数间的相互关系，详见表5-4。对照该表，分析出如下宏基站的设置规律。

附设式基站：在业务高密区、密集区、中密区设置附设式基站时，需要选择高度合适的建筑物的天面或建筑物裙楼顶层；考虑到业务密度一般区和边缘区的多数建筑仅有3～6层，达不到附设式基站建设的高度要求，可以适当增加支撑杆以满足基站高度的设置要求。

独立式基站：天线高度与立交桥附近的高杆灯高度较为接近，较一般路灯与广告牌要高出很多，在景观化要求较高的区域，可适当降低杆塔高度并加密基站间距以满足信号覆盖及区域景观化的要求；在景观化要求不高的区域设置独立式基站，可以设置高度约为30m的杆塔。

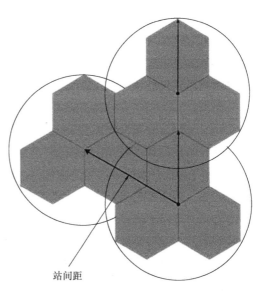

站间距

图 5-7  基站覆盖半径与站间距关系示意图

| 基站间距及天线挂高对应关系表 | | | | 表 5-4 |
| --- | --- | --- | --- | --- |
| 通信业务片区 | 基站半径（m） | 站间距（m） | 基站覆盖面积（km²） | 覆盖用户数（户） | 天线挂高（m） |

| 通信业务片区 | 基站半径（m） | 站间距（m） | 基站覆盖面积（km²） | 覆盖用户数（户） | 天线挂高（m） |
| --- | --- | --- | --- | --- | --- |
| 高密区 | 70～170 | 100～250 | 0.01～0.06 | 1100～1300 | 18～25 |
| 密集区 | 170～260 | 250～400 | 0.06～0.12 | 1300～1500 | 25～35 |
| 中密区 | 260～400 | 400～600 | 0.12～0.31 | 1500～2000 | 25～35 |
| 一般区 | 400～600 | 600～900 | 0.31～0.70 | 2000～3000 | 30～40 |
| 边缘区 | 600～1500 | 900～2300 | 0.7～4.38 | 3000～4000 | 25～45 |

**2. 小微站**

小微站具有体积小、功率小、部署灵活、电磁辐射小的特性，以补充信号为主，一般设置在信号盲区、弱区以弥补信号不足，或设置在某些不便于建设理想挂高宏基站的居住区，以化解市民对基站抵触情绪，避免投诉问题。大量设置小微站，有利于降低城区内宏基站数量、优化城区的电磁环境。小微站的设置规律较难用城乡规划建设的通俗语言来准确描述，需要通过其设置条件来引导。小微站设置的环境条件如下：

（1）在宏基站站址选择困难的区域，设置小微站可以补充宏基站站点密度不足造成的信号覆盖空洞。

（2）在宏基站建设密集但局部存在信号强度受限的区域，设置小微站可以补充信号覆盖并降低网络干扰。

（3）在居民住宅区、城中村和旅游景区等不便部署宏基站的区域，小微站体积功率小，部署简单且天线内置的特性使其在此类区域更易设置，可以增强信号覆盖。

（4）对于郊区和偏远地区的孤岛覆盖，相对于成本较高的宏基站，小微站是性价比更高的解决方案。

**3. 室内分布系统**

室内分布系统具有辐射极小且能有效扩展信号覆盖范围并分流室外宏基站话务的特性。是宏基站、微基站天线在室内延伸的一种形式，主要通过利用室内天线分布系统将移动基站的信号均匀分布在室内每个角落，以保证室内区域拥有理想的信号覆盖，是仅在建筑物内设置的一种基站形式。

室内分布系统主要应用于室内信号盲区、话务量高的大型室内场所以及发生频繁切换的室内场所，为节省基站站址资源，室内分布系统的设置应满足多种制式多种系统共建共享的要求，因此，建筑单体在开发时应预留共享式室内分布系统所需的配套基础设施，以满足多家运营商合路建设的需求。主要设置规律如下。

适用于人流密集（人流量大）的大型建筑、功能重要的建筑（公共建筑）、高层及超高层建筑。从用地类型上讲，适用建筑主要包括建筑面积不小于 5000m² 的商业用地、服务业用地；建筑面积不小于 5000m² 或三星级以上宾馆的旅馆业用地；市区级的文化设施、室内体育设施及医院；单体建筑面积不小于 20000m² 体育用地、医疗卫生用地；建筑面积不小于 10000m² 的文化设施用地、中高等院校及科研机构；19 层及以上的住宅楼、带电梯和地下室的单体建筑。

## 5.10 规模预测

预测基站规模的基本思路是，先预测移动通信用户数；其次选取具有代表性的网络制式类型及运营商对覆盖和容量两方面的宏基站规模分别进行预测，以两者中高值作为预测的基础；然后预留控制备用站址，最后再根据移动业务片区类型等因素初步确定宏基站站址总量。

宏基站站址总数＝（覆盖预测站址数量或容量预测站址数量）＋备用站址数量

**1. 移动通信用户数预测**

移动通信用户数预测以移动电话人口普及率预测法为基础，结合规划期末的规划人口、饱和率和漫游率进行计算。饱和率与规划期内移动通信的发展趋势、单人多部手机、业务类型变化等因素有关，可根据实际情况选取 125％～145％的饱和率；漫游率与规划范围内外来漫游用户数量及用户的移动特性引起的冗余度有关，可根据实际情况选取 5％～15％漫游率。

移动通信用户数＝规划人口（规划末期）×饱和率×（1＋漫游率）

**2. 对宏基站规模初步预测**

考虑到宏基站覆盖对象及不同区域的差异性等因素，应结合规划范围内移动通信业务片区类型分析和各家运营商的网络制式类型及其相应频段链路等多个参数，选取具有代表性的网络制式对覆盖和容量的宏基站规模分别进行预测分析，最后依据实际需求确定选取覆盖或容量的宏基站预测站址数作为初步预测规模总量。

（1）覆盖预测

覆盖预测主要考虑不同的移动通信业务片区对于基站覆盖范围的要求，再结合各运营商的网络制式等参数进行综合分析。以 4G 网络为例，移动通信业务片区及相关参数参见本书表 5-4，表中数值待 5G 网络正式商用后进一步优化。

覆盖预测站址数＝建成区面积/基站覆盖面积＋高等级道路及山体水域覆盖基站数

（2）容量预测

容量预测主要考虑不同的移动通信业务片区及不同站型对单个宏基站承载用户数的要求，以 4G 网络、S3/3/3 站型为例，结合 4G 网络各运营商最大载频数、边缘用户的上下行速率、信号宽带等多个参数对各业务片区单个宏基站承载用户数进行分析，相关参数参见表 5-5，表中数值待 5G 网络正式商用后需进一步深化。

其次，考虑到手机用户的移动特性引起的需求，可选取 2.5～3.5 基站倍乘数，当规划基站为空间站址时，可根据地块大小情况及各基础运营商共享情况，选取 1～2、2～3 系数，再结合不同业务分区的单个宏基站承载用户数以预测总的站址数量。

容量预测站址数＝（预测移动通信用户数/单个宏基站承载用户数）×［基站倍乘数/（地块共址率×系统共享率）］

基站承载力　　　　　　　　　　　　　　　　　　　表 5-5

| 业务分区 | 密集区/高密区 | 中密区 | 一般区 | 边缘区 |
| --- | --- | --- | --- | --- |
| 站型 | S3/3/3 | S3/3/3 | S3/3/3 | S3/3/3 |
| 每户每月流量（GB） | 3 | 2 | 1 | 1 |
| 每小区支撑用户数（个） | 456 | 684 | 1369 | 1369 |
| 单个宏基站承载用户数 | 1368 | 2052 | 4107 | 4107 |

**3. 预留备用站址**

考虑到移动通信技术发展的速度及其可能产生的通信需求，移动通信基站的布局还需根据时局不断优化预留一定数量的备用站址，以满足未来在道路、建筑等区域增补基站的需求。可结合规划对象移动通信业务密度情况，按照站址总数的 15%～30% 来控制预留比例。

预留备用站址数＝站址总数×控制比例

## 5.11　基站布局原则

**1. 功能主导**

与其他通信基础设施相比，基站本身有十分强的独特特点；规划需要掌握基站信号传播和设置的规律，首先满足基站特殊的功能性需求，并结合城乡规划建设时序和要求，确定基站布局，落实基站站址。

**2. 尊重现状**

在现状建成区的建筑屋顶补充建设基站是件比较困难的事，既受到《物权法》条款的制约，也超出规划主管部门开展规划行政审批许可的权限；但现状建成区又必须建设基站，且现状建成区基站已形成差异化布局，有较多站址只有 $1\sim2$ 家运营商的基站，具有扩建改造的潜力。因此，现状建成区新建基站需充分利用现状基站站址，能有效地缓解现状建成区建设难的问题。

### 3. 分层设置

规划基站时可将移动通信业务密度分为高密区、密集区、中密区、一般区和边缘区。移动通信需同时满足覆盖和容量要求。在高密区及密集区，由于人口密度高，高层、超高层建筑较多，由此决定基站覆盖以容量为主，宜采用分层设置策略。多层、中高层建筑物内用户以及道路上的车载、行人等用户，通过宏基站来覆盖，而高层、超高层以及地下室等用户，通过微基站或室内分布系统实行专门覆盖。

### 4. 分类设置

基站既容易受其他强干扰源的影响，又产生电磁辐射影响其他设备或人，且不同地区、不同建筑、不同行业、不同人群受影响的程度或后果也不相同，因此，不同片区或建筑单体应采取不同的设置策略：部分地区需禁止建设，部分地区需限制建设；部分类型基站鼓励建设，部分单体建筑适宜建设。

### 5. 共建共享

对于多家运营商的多个系统、多种制式的移动通信而言，在基站统筹布局的基础上，还需要实现基站站址及其基础设施共建共享，节约空间资源，也节省建设时间和建设费用，实现基站内部建设系统更优，这也是国家成立铁塔公司的意义之所在。

### 6. 优先设置

宏基站具有电磁辐射、天线影响景观两大不利因素。而室内分布系统作为天线延伸的一种形式，它不仅能改善室内电磁环境，且电磁辐射较小，不影响城市景观；因此，室内分布系统应优先设置。另外，较多建筑单体，其电磁辐射所引起的后果在可控范围内，也宜优先设置，如通信机楼或邮政设施、城市道路及快速路或高速公路等基础设施、政府建设的办公楼或公共建筑、商务商业性建筑、工厂、高等院校、郊野公园或森林公园等。

## 5.12 基站布局规划

### 5.12.1 分布特点

在城市基础设施中，移动通信系统具有许多较独特的特点，这些特点影响基站的布局和建设。每套移动通信系统由局端设备、基站和传输光缆组成有机的整体，三者相互依存、不可分割，共同成为系统正常运行的必要条件，其中基站直接为用户提供移动通信信号，并与用户分布密切相关。宏基站布置在室外，为流动的人群以及多层、中高层建筑的用户服务，因功率较大、辐射强度大、建设难度也较大；因此，宏基站一般是规划的重点，也是建设的难点。

#### 1. 宏基站建设形式多样、相互关联和相互转换

宏基站之间通过无线信号形成蜂窝网，彼此相互关联且相互影响，增加或减少基站会

引起无线网络环境变化。宏基站天线一般附设在建筑屋顶（合适高度介入 25～55m）上，或者布置在专门建设的独立杆塔（如美化树、通信杆、路灯杆）上。近年来，随着市民对宏基站辐射的担心，租借屋顶建设基站的可能性正逐步减小，当运营商无法与建筑物业主达成租借协议时，原计划设置在屋顶的宏基站就需要转变为独立式基站；也就是说，附设在屋顶的宏基站和独立式基站可以相互转换。

**2. 既需要分布在城市建设区，也需要分布在非建设区，满足市民多种生产生活状况下对移动通信的需求**

由于市民行为的灵活性、流动性，使得基站不仅需布置在建筑内外，还需分布在城市公园内、高速公路等主要道路旁，以及郊野公园等非建设用地内，满足市民工作、生活、休闲娱乐、旅行或在路上等多种状态的需求；在城市或片区的不同建设阶段，基站也须满足各阶段的发展需求；因此，基站需要围绕市民活动而布置，需要分布在城市建设区、非建设区、生态保护区以及郊野公园等处，满足市民在办公、行走、坐车、旅游、休闲等多种生产生活状况对移动通信的需求。

**3. 大多数新建基站均布置在城市建成区**

由于市民活动主要在城市建成区，所以基站主要分布在建成区。对于新建移动通信系统、制式而言，其初始布局必须布置在现状建成区。现状城区也会因城市发展而不断优化移动通信网络的情况，如现状建成区的城市空间形态（如新建高层建筑）发生变化，会出现高层建筑遮断无线信号传播的情况；又如商业、公共空间的成熟情况变化，也会出现市民人数和手机用户数发生变化，也需要在建成区增补基站来优化移动通信网络等。各运营商每年建设基站的数量，大部分位于现状建成区；但在现状建筑（特别是居住建筑）上补建基站，不仅超出规划效力，而且受《物权法》等条款的限制，建设难度较大。

**4. 已形成差异化布局**

在移动通信持续高速发展的时期，基站未作为城市基础设施纳入城乡规划建设之中，各运营商根据各自的网络需求分别制定基站建设计划，采取市场化方式来推动基站建设；因三家运营商的用户数差别较大、系统和制式也存在差别，各运营商建设基站的数量、密度也存在较大差别，基站布局已形成差异化格局；这种差异化布局正是运营商滚动建设基站的基础，也决定了新建基站将呈现差异化需求，也较难完全按照共建共享的方式开展基站建设。

## 5.12.2　基站建设区域划分

基站建设区域一般划分为禁止建设区、限制建设区、适宜建设区三类。

**1. 禁止建设区**

禁止建设区主要针对宏基站而言，主要从功能角度来设置，包括以下三种情况。

干扰或影响其他行业正常工作的区域：干扰类主要指民用机场和直升机机场的跑道及飞机滑行区域；影响类主要指宏基站的电磁场干扰机场、气象、科研和军事等部门的电子、通信设备正常工作，包括卫星地球站和城市收信区（红线范围外 50m 之内）、机场的导航台（红线范围外 500m 之内）和定向台（红线范围外 700m 之内）等。

宏基站受其他强辐射源影响无法正常运行的区域：主要指广播电视发射塔、机场和气象部门的雷达站的工作区域等强辐射源防护距离以内，其防护距离由运营商根据辐射源的功率和强度自行确定。

影响主体建筑功能的区域：此类主要指市级、省级和国家级三类文物保护单位的保护范围内。根据我国《文物保护法》规定，文物保护单位的保护范围内不得进行其他建设工程。

**2. 限制建设区**

限制建设区域针对宏基站而言，主要从电磁辐射易造成敏感人群受到伤害或者影响主体建筑功能的角度来考虑。

敏感人群易受到伤害的限制区域：科学实验证明，过量的电磁辐射对人体的健康有一定的影响。电磁波对人体组织的作用分为两种：一种是致热效应，即电磁波会使人体发热；另一种是非致热效应，当超过一定强度的电磁波长时间作用在人体时，虽然人体的温度没有明显升高，但会引起人体细胞膜的共振，使细胞的活动能力受限。电磁辐射容易对正在生长的脑神经产生影响，与此相关的区域有幼儿园、小学等；另外，电磁辐射降低人体的抵抗能力，与此相关的区域有医院等。

影响主体建筑功效的区域：此类影响主体建筑物功能主要指特殊的市级或区级公共建筑，如音乐厅、大剧院等，业主方要求不允许建设基站（包括室内分布系统）的单体建筑；此类单体建筑内移动信号太好，反而影响主体建筑的功效。

**3. 适宜建设区**

除上述禁止建设区、限制建设区外，其他区域都适宜设置基站，条件是满足国家现行的电磁辐射值的相关规定。为落实"以人为本"的规划原则，有必要特别对居住区提出一些基站建设要求：在居住区内设置基站，应优先选择会所等非居住建筑；此外，居住区基站必须满足国家颁布的电磁辐射标准。因此，居住区基站应尽量选用低功率天线，采用小区综合覆盖和室外分布系统方式进行覆盖。

### 5.12.3 独立式基站规划

基站规划首先必须使基站整体布局符合蜂窝网拓扑结构，独立式基站是宏基站的一种建设形式，约占宏基站总数的 15%～35%，其产生的无线信号无法形成独立的蜂窝网，需与附设式宏基站一起形成覆盖完整的蜂窝网；其次，还必须满足移动通信无线网络覆盖和容量业务需求。在此基础上，对于独立式基站而言，作为城市基础设施，布局基站还要注意以下方面：

**1. 基本要求**

由于现状建成区建设基站的难度极大，且建成后也有可能受到投诉、逼迁、强拆等影响，站址的稳定性相对较差。按照国家部委的文件要求，政府管理物业和城市公共空间将对基站开放，但由于政府管理的物业难以完全解决现状城区的基站建设需求；而城市公共空间建设基站的潜力比较大，城市道路路网比较密集，广泛、均匀地分布在现状建成区、规划建设区、生态控制区，公园、绿地也是如此，这些都适合作为基站建设的候选场所，且此类站址比较稳定，一般不受市民投诉的影响，有利于移动通信网络的运行和发展。

**2. 布局要点**

（1）站址位置须符合城乡规划建设要求

独立式基站主要布置在城市公共空间内，其站址位置须符合城乡规划建设要求。布置独立式基站时，首先不能影响今后土地利用和开发建设；其次，不能与今后建设道路冲突；再者，应避免对附近的敏感人群产生电磁辐射影响，尽可能避开一些敏感建筑，如幼儿园、小学、医院等；最后，避免设在法律法规不允许建设的区域，如文物保护核心范围、卫星地球站和城市收信区、机场的导航台和定向台等，基站建设需要符合相关规定，其位置定位还必须避免与各种地下市政管道在平面上重叠，特别是高压燃气、高压电缆、原水管道等路由敷设不规则的管线。

（2）必要时布置在政府控制用地红线内

早期独立式基站一般布置在非城市建设区内高速公路、铁路、快速路网旁，主要满足覆盖的需求；后来，因附设式宏基站的建设难度逐步增加，部分独立式基站取代被逼迁（信访）的附设式基站，应用越来越广泛；随着 5G 大规模应用，这种趋势将更加明显。现在，独立式基站一般布置在城市公共空间内，如生态控制线内、郊野公园、城市公园、城市绿地、高等级城市道路旁等。在独立式基站布置在城市公共空间内时，因抱杆面积太小，一般不牵涉用地审批，即使需要建设通信机房，由于面积较小，也可以像路灯箱变一样，附设在道路等用地红线内。鉴于独立式基站的数量越来越多，且建设受一些条件限制，建设难度越来越大，必要时，独立式基站可建设在政府控制的用地红线内，体现了政府部门对敏感性基础设施（如基站、变电站等）建设的支持。

（3）促进生态区基站布局完善

郊野公园、森林公园是市民节假日休息、郊游场所，但由于配套设施未建设完善，易出现市民因迷路而无法得到救援导致人员伤亡的事故。随着郊野公园配套设施建设完善以及市民生活质量的提高，这种活动会逐步普及，生态区内独立式基站规划及建设，将大大减少甚至消除人员伤亡事件发生。由于生态区内各运营商面临的条件基本相同，信号以满足覆盖为主（容量可通过载频数、功率等因子来调节），独立式基站宜共址建设。

**3. 注意事项**

在城市道路范围内建设的基站，不得影响城市道路交通安全。在城市绿地、城市公园等地区建设的基站，不能设置在人流密集通道和活动场所，也不宜布置在核心景观控制区域。在城市生态控制线、旅游景区等地区建设的基站，应满足动植物保护和旅游景观资源的要求。独立式基站选址建设时，可根据站址所在位置及周边具体情况，在拟建基站与周边基站的 1/3 站距范围内适当变化。

### 5.12.4 附设式基站规划

附设式宏基站是宏基站的主要建设形式，约占宏基站总数的 65%～85%，一般设置在建筑屋顶，其产生的无线信号需与独立式宏基站一起形成覆盖完整的蜂窝网；同时，附设式宏基站还必须满足移动通信无线网络覆盖和容量业务需求。在此基础上，附设式基站，作为城市基础设施，在布局基站时还要注意以下方面。

**1. 基本要求**

基站布局符合基站总体规划中建设区域划分和景观化要求，并符合城市基础设施工程建设的基本要求。基站建设区域划分为禁建区、限建区、适建区三类；新建基站分布在适建区内，禁建区一般没有现状基站，功能上冲突的基站一般会在选址阶段被排除；而限建区可能有极少数基站，此类基站视条件（投诉、信访等）开展评估和电磁辐射检测，确定是否迁移，而新建基站避免布置在限制区内；条件允许时，尽量避免在居住用地内设置基站。

**2. 布局要点**

（1）保留现状基站

尽管现状基站建设过程中存在程序不合法以及被业主逼迁的可能，也无法通过规划使其成为合法基站；但现状基站已在建设区形成较完整的电磁环境，改变其中基站布局会导致周围基站布局发生连锁变化。因此，规划基站布局尽量减少变化的可能性，尽可能维持现状基站布局不变，同时，现状基站站址也是扩建的理想站址。

（2）现状城区增补基站

随着不同制式的用户数变化、建筑环境发生变化（如改造或新增建筑物）、市政基础设施发生变化（新建快速路、高速公路、地铁等）、提供的业务内容发生变化（如数据流量增加），基站的数量和位置都需要不断优化、调整，处于动态变化过程中；因此，基站建设不仅与规划新建的建筑单体有关，还与现状建筑以及过渡阶段的建筑布局关系密切，需要在现状建筑内增补基站。

在现状建成区的建筑屋顶补充建设基站是件比较困难的事，既受到《物权法》条款的制约，也超出规划主管部门开展规划行政审批许可的权限，难以成为政府主管部门的规划审批要点；按照国家部委的文件要求，政府管理物业和城市公共空间宜对基站开放，但由于政府管理的物业数量较少、位置比较集中（一般分布在区镇某个集中区域），难以全面解决现状城区的基站建设需求；因此，建设区增补宏基站优先考虑设置在政府部门建设的物业内，以及充分利用现状基站站址，实现基站站址共建共享。

（3）新建城区新增基站

除了尽可能保留现状基站站址不变之外，根据城乡规划确定的用地规划方案，在基站预测容量及设置规律的指导下，宏基站重点结合新建或重建地块而布局，进一步拓展站址资源。通过基站规划，推动基站新址建设，使之成为基站合法建设的依据，实现将基站作为城市基础设施纳入城乡规划建设的目的。宏基站的建设时间由各制式网络确定，无法与附属的建筑单体完全同步建设，规划基站所附属的建筑单体需按规划基站预留配套基础设施。因附设式宏基站与独立式宏基站之间可相互转换，当规划用地性质改变、建筑形态不符合基站附设需求等情况下，可考虑将附设式宏基站置换为独立式基站。

**3. 注意事项**

现状建成区建设附设式基站时，宜在规划确定的地块及临近地块中选址，维持片区基站数量的基本平衡和覆盖要求；当地块内有多类性质的建筑时，附设式基站宜按照办公、商业、商住、工业、住宅等顺序开展选址。

在新建建筑单体或片区的开发建设过程中，宜在详细蓝图规划阶段将基站纳入主体工程配套的基础设施中，推行基站的集约建设，特别是政府办公楼宇或商业楼宇，应考虑室内分布系统的相关配套设施。在主体工程的初步设计或施工图完成后即开展基站专项设计，并与建设主体同步建设、同步验收。

另外，基站建设形式多样，除了规划宏基站外，还有小微站、室内（室外）分布系统等形式；采取宏基站之外的形式建设，可能会增加投资；但由于电磁辐射减少、景观效果更好，对市民影响更小，更容易建设。因此，规划鼓励信号覆盖的难区、盲区、死区等区域，采取宏基站之外的上述形式或者几种形式组合来建设。

### 5.12.5　室内分布系统规划

室内分布系统是宏基站、微基站天线在室内延伸的一种形式，由于具有辐射十分小、能有效扩展信号覆盖范围、分流室外宏基站话务等特点，能减少宏基站数量而得到广泛应用。一般地下室、电梯、高层建筑的混凝土框架结构对电磁波有屏蔽或较严重的干扰，需通过室内分布系统等技术手段来满足信号覆盖要求，宜在高层或超高层建筑、功能重要建筑、公共建筑等单体优先设置并大力推广室内分布系统。

## 5.13　景观化基站规划

在城市环境日趋改善、建设要求越来越高的今天，城市景观受到更加广泛的关注。基站一般布置在建筑屋顶，或者以独立杆塔布置在城市绿地、道路红线等公共空间内，与城市公共空间密切相关；尽管基站体量相对较小，但部分现状基站对城市景观产生影响，城市规划至少需要对城市景观控制区的基站高度、建设形式、支撑杆件等因素进行控制，推进景观化基站建设，使基站与城市景观和环境融合协调发展。

### 5.13.1　景观化基站定义

景观化基站，也称"美化基站"，是出于城市环境和景观要求，通过一些必要的设计和技术措施，对基站天线系统（某些场景也包括馈线、机房）采取景观化处理后使之与周围环境融合、协调的基站。

天线景观化的具体内容是指在满足移动通信网络建设要求的前提下，采用装饰性材料对普通天线（定向或全向）进行装饰、隐蔽或者遮挡，或者采用特殊天线对天线（含天线支撑件）外观进行美化，使天线外观与周围环境和谐统一。

### 5.13.2　景观化基站类型

对于不同的基站、不同的环境场景、不同的业主要求、不同的时间，应因地制宜地进行美化天线的工艺设计。基站的景观化手法，大致上可以归纳为隐蔽化、拟物化、小型化、集约化等几种主要类型，具体见图 5-8。

图 5-8　景观化基站示意图

（a）附设式景观化基站；（b）独立式景观化基站

### 5.13.3　景观化基站适用区域

根据城市总体规划确定的空间结构、景观廊道等情况，景观化基站的适建区域具体如下。

**1. 城市绿线地区**

该区域既包括位于生态控制区的山地森林和郊野公园，也包括位于建设区的城市公园和城市绿地。该区域的自然环境优美，在此区域建设的基站需与环境相配套，建设景观化基站。

**2. 城市景观轴带地区**

城市景观轴带主要包括城市滨海景观轴带、城市主要河流景观轴带和城市综合功能景观轴带。该区域作为城市控制的景观轴带，其红线范围区域建设基站时需符合景观化原则，进行景观化处理。

**3. 城市标志性建筑周边地区**

该类地区包括总规确定的城市地标性建筑（以超高层建筑群为主）以及市级重要公共建筑，上述两类区域（部分区域交叉重合）作为城市标志性象征，对相关或周围区域需要进行景观化基站控制。

**4. 城市重要功能地区**

城市重要功能区包括城市主中心和副中心的核心地区，该类地区是城市重要行政办公、金融、大型公共建筑等布局的综合地区，是市民活动的重要场所，也是城市对外交流的重要窗口，需进行基站的景观化控制。其他重要新建城区（如总部基地、城市重点建设片区等），因定位高、建设要求高，也需实现基站的景观化控制。

**5. 旅游景区地区**

旅游景区除城市绿线范围内生态旅游外，还包括城市建设区内都市风情旅游区、文化旅游区、休闲娱乐旅游区；上述场所是城市的名片，进行基站建设时需进行景观化处理。

**6. 城市门户和景观通道**

城市门户包括机场、火车站、口岸等；城市通道包括铁路、高速公路及快速路。上述场所是外地市民进入城市的门户，会给外地人留下初始印记，需进行基站的景观化管理。

**7. 文物保护单位的建设控制地带**

文物保护单位的保护范围是禁止建设基站区域，保护范围外的建设控制地带内建设时基站时需进行景观化设计，使基站与周边环境协调一致。

**8. 其他地区**

市、区两级单独建设的政府办公大楼，是流动人口较集中的区域，也是政府形象的象征；当建设宏基站时，其天线需进行景观化处理。

对于分散在不同区域的建筑单体，当建设单位对景观化有强烈要求时，各运营商需配合建设单位设计景观化基站。

## 5.14　对城市基础设施的需求

基站是由天线、发射和接收设备、传输介质组成完整功能；正常工作的基站离不开电源、存放设备的通信机房（对于附设式基站是建筑面积，对于独立式基站是临时占用土地资源的小型构筑物）、存放传输介质的室内通道（弱电竖井或线槽）和室外通道（建筑物的接入通信管道）、布置天线的构筑物（对于独立式基站是杆塔，对于附设式室外基站是建筑物天面，对于附设式室内站是吊顶或天花板）等配套基础设施支撑。

### 5.14.1　基站机房

**1. 基站机房类型**

基站机房类型分为附建式机房和独立式机房，其中附建式机房以租赁为主，独立式机房以自建为主。独立式机房可分为土建机房、彩钢板房、一体化（集装箱）机房以及室外型一体化机柜，建设方式略有差别，机房类型需要根据站址的具体情况因地制宜地选择。

（1）附建式机房

应尽量选择屋内空间规整的房间作为机房，使用面积及配套要求，可参照土建机房、彩钢板机房及一体化（集装箱）机房。

（2）独立式机房

土建机房：利用砌块、混凝土、钢筋等建筑材料建造的基站机房，详见图 5-9。

彩钢板机房：利用彩色涂层钢板面板、底板与保温芯材，通过胶粘剂（或发泡）复合而成的保温复合围护板材，现场拼装而成的基站机房，详见图 5-10。

一体化（集装箱）机房：利用彩色涂层钢板面板、底板与保温芯材，通过胶粘剂（或发泡）复合而成的保温复合围护板材，工厂拼装后整体运输至站址的基站机房，详见图 5-11。

图 5-9　土建机房示意图

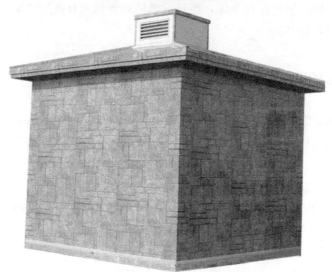

图 5-10　彩钢板机房示意图

图 5-11　一体化机房示意图

（3）独立式机柜

室外型一体化机柜：指由金属或非金属材料制成的，不允许操作者进入操作的柜体。其内部可安装通信系统设备、电源、电池、温控设备以及其他配套设备，能为内部设备正常工作提供可靠的机械和环境保护，详见图 5-12。

图 5-12　机柜示意图

**2. 规格尺寸**

（1）土建机房、彩钢板房及一体化（集装箱）机房的推荐标准如表 5-6 所示。

（2）室外型一体化机柜的推荐标准如表 5-7 所示。

标准机房面积参考表　　　　　　　　　　　表 5-6

| 序号 | 机房类型 | 机房内径尺寸（m×m） | 机房面积（m²） | 可装机位置（个） | 备注 |
|---|---|---|---|---|---|
| 1 | 土建机房 | 5×4 | 20 | 12 | |
| 2 | | 5×3 | 15 | 6 | |
| 3 | 彩钢板房 | 5.7×3.8 | 21.66 | 12 | |
| 4 | | 4.85×2.85 | 13.82 | 6 | |
| 5 | 一体化机房 | 5.7×2.2 | 12.54 | 6 | |
| 6 | | 2.7×2.2 | 5.94 | 4 | |

注：1. 机房面积应按需选择，机房长宽尺寸均为室内空间净尺寸；

2. 可装机位置是指已留有电池安装位置后的空余最大可能安装设备位置；

3. 设备标准尺寸按照 600mm×600mm×2000mm 考虑；

4. 柴油发电机房是基站在没有市电供应且电力保障要求较高的特殊场景而设，按需建设。

表格来源：中国铁塔股份有限公司．新建基站机房技术要求 Q/ZTT 1006-2014［S］. 2015.

室外柜规格参考表　　　　　　　　　　　表 5-7

| 序号 | 分类 | 类型 | 规格尺寸（mm） | | 备注 |
|---|---|---|---|---|---|
| | | | 最小内尺寸（宽×深×高） | 最大外尺寸（宽×深×高） | |
| 1 | 单柜 | Ⅰ型 | 800×800×1800 | 950×950×2200 | |
| 2 | | Ⅱ型 | 800×800×1400 | 950×950×1800 | |
| 3 | | Ⅲ型 | 650×650×1800 | 800×800×2200 | |
| 4 | | Ⅳ型 | 650×650×1400 | 800×800×1800 | |
| 5 | | Ⅴ型 | 650×650×800 | 800×800×1200 | |
| 6 | 双联柜 | Ⅰ型 | 1650×800×1800 | 1800×950×2200 | |
| 7 | | Ⅱ型 | 1650×800×1400 | 1800×950×1800 | |
| 8 | 三联柜 | Ⅰ型 | 2450×800×1800 | 2600×950×2200 | |
| 9 | | Ⅱ型 | 2450×800×1400 | 2600×950×1800 | |

注：最大外尺寸包含底座高度。

表格来源：中国铁塔股份有限公司．新建基站机房技术要求 Q/ZTT 1006-2014［S］. 2015.

### 5.14.2 电源

**1. 电源系统构成**

基站电源系统一般由交流配电箱（含防雷器）、开关电源、蓄电池组等设备组成。

**2. 市电引入方式**

基站新建引入外市电的电压等级可根据当地供电条件、用电容量、供电部门要求等综合确定。原则上应优先考虑使用公共电网所提供的直供电和转供电。从路灯箱变引电时，需提供 24 小时电源，与路灯控制回路分开。

（1）直供电

采用 10kV 高压市电电源引入，并建设 10kV/380V 专用变压器。

引用 380V 公共电力的低压市电，宜采用三相五线制。

引用 220V 公共电力的低压市电，宜采用单相三线制。

（2）各类转供电

指电源通过某些建（构）筑物转供给基站使用的低压供电方式。

**3. 供电系统**

当电力负荷需求较大时，可采用客户分列智能配套综合柜，供电系统如图 5-13 所示。

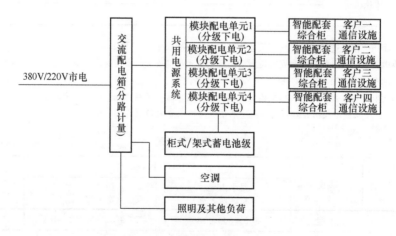

图 5-13　基站供电系统示意图一

图片来源：中国铁塔股份有限公司．新建基站机房技术要求 Q/ZTT 1006-2014 [S]．2015

当电力负荷较小时，可采用多用户共用综合柜，供电系统如图 5-14 所示。

**4. 交流供电系统技术要求**

（1）基站交流供电系统的工作方式以市电作为主用电源，市电停电时由发电机启动供电，市电与发电机的倒换可采用自动或手动，须具备电气和机械连锁。

（2）交流配电箱应内置浪涌保护器（SPD），其通流容量的选择应符合《通信局（站）防雷与接地工程设计规范》GB 50689 的相关要求。

（3）交流配电箱应配置一台交流计量智能电表，对交流配电箱内需要监测的交流输入

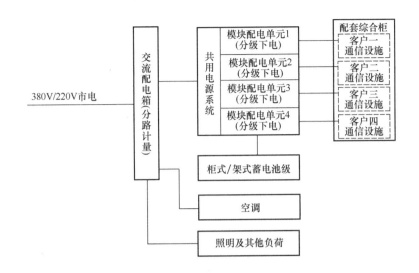

图 5-14　基站供电系统示意图二

图片来源：中国铁塔股份有限公司. 新建基站机房技术要求 Q/ZTT 1006-2014〔S〕.2015

和输出分路进行交流电度监控和计量。

（4）外市电引入容量、变压器容量、交流引入电缆线径、交流配电箱输入断路器容量
等技术参考值，参见表 5-8。

**外市电引入交流容量测算参考值表**　　　　表 5-8

| 序号 | 基站负荷需求 | 对应外市电变压器需求容量 | 对应交流引入参考电缆线径 | 市电类型 | 对应交流配电箱发输入断路器容量 |
|---|---|---|---|---|---|
| 1 | 8kW | — | 3×25mm² | 单相三线制 | 220V/63A |
| 2 | 15kW | 20kVA | 4×25mm² | 三相四线制 | 380V/63A |
| 3 | 20kW | 30kVA | 4×25mm² | 三相四线制 | 380V/63A |
| 4 | 25kW | 30kVA | 4×25mm² | 三相四线制 | 380V/63A |

表格来源：中国铁塔股份有限公司. 新建基站机房技术要求 Q/ZTT 1006-2014〔S〕.2015.

（5）基站应配置市电/油机切换开关（自动或手动可选）、移动柴油发电机应急接口。
移动柴油发电机应急接口配置为标准插头式（与交流引入电压制式相匹配）。

**5. 直流供电系统技术要求**

（1）直流供电方式应采用全浮充方式，在交流电源正常时经由整流器与蓄电池组并联
浮充工作，对通信设备供电。当交流电源停电时，由蓄电池组放电供电，在交流电恢复
后，应实行带负荷恒压限流充电的供电方式。

（2）开关电源整流模块配置应满足近期通信负荷最大功率和蓄电池组充电最大功率之
和的需求。

（3）共用电源系统后端配置的智能配套综合柜，应配装与开关电源相匹配的智能直流配电单元，为后期增加的各类设备提供基础电源。

（4）智能配套综合柜的智能直流配电单元分为一次配电部分和二次配电部分。智能直流配电单元应具备分路的通断检测功能，并通过智能接口将工作状况送入开关电源监控模块，统一管理。

（5）蓄电池组的容量应考虑客户需求、市电可靠性、运维能力、机房面积和机房承重等因素综合确定。

### 5.14.3　管道

（1）移动通信基站机房（柜）的电源引入电缆与基站的功率相匹配，可在电缆沟或电缆排管或照明管道内敷设，电缆排管管径大小及其内敷设最小管径宜大于50mm。

（2）移动通信基站机房（柜）的引入通信管道采用检查井加排管方式，管径大小以110mm为主，管道容量为2～6孔。为了满足光纤灵活组网方式，所需通信管道须与市政道路的现状管道全部连通。

（3）室外一体化机房（柜）宜采用下进线、下出线方式；机房（柜）内左右两侧应分别设置不少于3个的线缆绑扎点，用于通信线缆和电源线的绑扎；每室外柜底部左右两侧应分别设置至少4个进出线孔，进出线孔直径宜不小于45mm。

（4）电源线、信号线和光缆宜采用独立的进出线孔，避免相互干扰；进线孔、过线孔等开孔处应磨光，不能有毛刺锐角等；进出线孔处应进行密封处理，防止水或小动物进入室外柜。

## 5.15　规划实践

基站属于通信接入基础设施，其规划建设自成系统。基站可随不同工程主体开展规划建设，如随高速公路、快速路、高铁、城市公园、郊野公园等；也可在某个片区或城市综合体以建筑施工图为基础开展规划建设，如下面介绍的案例一；也可在市域范围开展规划建设，如下面介绍的案例二。不同片区的基础条件不同，规划成果的深度也有差异；如案例一可确定基站物理站址，案例二以确定空间站址为主。

### 5.15.1　案例一

以南方某城市《××片区信息及通信基础设施详细规划》中基站规划为例，该项目编制于2018年。

**1. 基本情况**

信息及通信设施已上升为国家战略性基础设施，各级地方政府正积极落实中央相关文件指示精神，并制定支持信息及通信行业的相关政策；信息及通信技术发展对城市基础设施提出新的要求，移动通信5G技术作为即将商用的新技术，对基站等基础设施建设也提出全新要求，且要求更高更急迫。该片区定位为战略性新兴产业总部基

地，是战略性新兴产业和企业总部集聚为特征的新一代产业园区，规划面积为
1.72km²（其中核心区用地面积约 1.35km²），分为七个街坊，主要以产业用房为主，
商业、人才公寓与生活服务设施为辅；目前，该片区已全面进入建设阶段，预计于十
三五期间建设完成 85% 左右。

**2. 规划构思**

规划全类型基站。规划对象包括宏基站（附设式宏基站和独立式宏基站）、小微站以
及室内分布系统三种全类型基站，其中宏基站主要满足 2G、3G、4G 三种系统制式的覆
盖发展需求，小微站及室分主要作为容量、热点及盲区的补充形式，为 5G 建设做好前期
准备。

结合城市空间形态确定基站物理站址和空间站址。规划区是高强度开发的总部基
地，以街坊整体开发建设为主，空间形态复杂；由于基站与城市空间形态密切相关，考
虑规划区内建筑有未出让用地、已出让未确定建筑方案、已确定建筑方案、正在建设等
多种形态，规划应当根据各街坊建设状况和施工图来布局不同类型的基站。已确定空间
形态及道路路网的区域依据实际通信需求规划物理站址；未确定空间形态的区域以地块
为单位规划空间站址，每个空间站址包含一个或多个物理站址；推动基站全面纳入城乡
规划建设。

综合确定布局方案，通过多种形式推动基站建设。通过综合预测，确定宏基站数量；
结合空间形态、地下室开发状况和地块（街坊）的开发建设时序，综合布局多种类型基
站。针对高强度开发，优先在高层建筑、重要功能建筑、公共建筑等单体设置室内分布系
统，覆盖公共走廊、重要会议室、电梯厅、电梯通道、地下室等区域，推动与新建建筑物
主体工程或装修工程同步建设。对独立式基站和附设式基站，优选在高度合适的建筑单体
屋面布置附设式基站，在附设式基站无法建设的情况下，布置独立式基站，并结合信号灯
等交通设施布置；小微站则结合多功能杆、路灯等设施布置。

**3. 基站规划**

经规划整合后，在保留该片区 10 个现状宏基站物理站址的基础上，规划宏基站站址
共 47 个（含 7 个空间站址）；现状小微站物理站址共 7 个，规划小微站站址数量共 87 个；
规划室内分布系统站址共 20 个，基站详细分布及数量见表 5-9 及图 5-15。

南方某重点片区基站站址汇总　　　　　　　　　　　表 5-9

| 站址类型 | 现状宏基站 | | 规划宏基站 | | 现状小微站 | 规划小微站 | 室内分布系统 |
|---|---|---|---|---|---|---|---|
| | 独立式 | 附设式 | 独立式 | 附设式 | | | |
| 物理站址 | 4 | 6 | 29＋扩建 1 个 | 10 | 7 | 75 | 10 |
| 空间站址 | — | — | 7 | | — | 12 | 10 |
| 合计 | 10 | | 47 | | 7 | 87 | 20 |

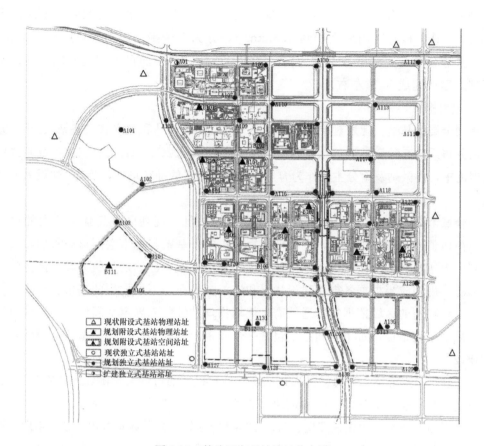

图 5-15  某片区宏基站站址分布图

## 5.15.2  案例二

以《××城市移动通信基站专项规划》为例，该规划编制于 2017 年。

### 1. 基本情况

本项目规划范围是南方某城市全市域，陆域总面积约 1800km²，共 5 个街道办、2 个开发区、18 个镇。该城市已做过两版全市域基站五年规划，由电信行业专业规划设计单位承担编制任务；专业院在规划方法、规划平台、表现方式等方面与城乡规划的做法有较大区别，两版规划均未达到将基站作为基础设施纳入城乡规划的目的，也未能有效指导基站规划建设。另外，该城市市民对基站电磁辐射影响有误解，造成基站出现选址难、建设难、管理难等问题，且基站经常被逼迁，约有 10%～15% 的基站被逼迁或被投诉拆除，远高于一般城市 0.5%～1% 逼迁率，基站建设处于十分被动状况。

### 2. 面临的问题与挑战

作者团队承担该规划项目时，面临比较严重的问题和严峻挑战，具体有以下几点。

基站审批流程不完善。基站是较特殊的城市基础设施，必须制定针对性管理办法。现有审批流程包括台站执照、规划、环保审批，其中规划审批是难点，只有同时了解城乡规划和基础设施特征以及基站建设的基本流程，并制定合适的审批条件和流程，才能将基站融入现有城市规划建设流程中；如果建设基站需要公示、由相关业主同意等条件，就容易出现基站建设难的困局，也相应影响后续政府部门对基站的行政执法。

早期专项规划指导基站建设的可操作性不强。前两版基站专项规划以城市路网为基础，用经纬度来表示规划基站的位置，不仅未能与城市控制性详细规划建立联系，也无法将基站纳入城市规划建设所常用的坐标体系之中；另外，规划基站数量太少（修编后仍太少），且位置与规划路网、地块冲突，能指导基站建设的比例不到15%，实施效果不够理想；政府管理部门对基站规划失去信心。

基站陷于选址难、建设难、管理难的被动局面，基站建设氛围较差。由于缺少基站电磁辐射的正面引导与宣传，市民对基站电磁辐射的误解较深，担心多过于实际；另外，大部分现状基站的天线悬挂高度过高或未经过美化，给人一种杂乱无章的感觉，达不到城市景观和环境卫生要求；上述两方面促使出现大量现状基站被市民逼迁或在建设过程中被逼停的情况，逼迁基站比例居国内前列，严重影响了城市移动通信的正常运行和稳步发展。

**3. 规划构思**

规划对象是宏基站（附设式宏基站和独立式宏基站），主要满足 2G、3G、4G 覆盖的共同需求。规划内容包括基站总体规划、基站详细规划两个层次内容，以及《移动通信基站景观化设计指引》和《移动通信基站建设指引》两个研究专题。规划措施包括划分移动通信业务密度区域及各类基站建设区域，提出适用于其各区镇的布置原则及设置规律，对景观廊道进行分析并布置景观化基站，对各个区镇的通信需求进行分析并展开规模预测、规划布局，落实基站位置，提出实施要点及建设指引等。

（1）划分移动通信业务密度分区。以控规为规划平台，将移动通信业务密度划分为密集区、中密区、一般区和边缘区，依据各个区域不同的业务密度指导后续规划的开展。

（2）划分基站建设区域。将基站建设区分为禁止建设区、限制建设区、适宜建设区，依据各个区域不同的建设区域分类进行相应的基站规划布置。

（3）确定基站布局原则。为满足各方要求，基站布局需要满足六项原则：符合基站总体规划；不能与城市建设用地冲突；充分利用现状基站站址；充分利用高度合适的政府物业、国有物业和公共空间；与新建城区工程项目同步建设；在现状建成区采取多种方式有选择地建设。

（4）确定基站设置规律。宏基站的设置布局需要根据基站容量、基站间距、天线挂高、实际需求等因素综合分析确定；小微站以补充信号为主，其设置规律与设置条件相对应；室内分布系统是根据不同建筑单体的功能及其需求等统筹布置。各种形式基站的规划建设都需要注意多个系统、多种制式共存的特点。

（5）景观化基站的布局。城市的景观化基站重点布置在生态控制线、综合景观廊道、城市地标、城市重点片区、旅游景区、城市门户、文物保护区、城市规划确定的景观区域。

（6）预测各区镇需求。预测基站数量以基站的空间站址总量为准，结合规划人口、建设用地等因素对各区镇的容量及覆盖分别进行需求预测，取两者中的最大值为预测空间站址的初步结果；再给予一定的弹性余量，初步确定各区镇空间站址数量，指导后续规划布局。

（7）规划布局各镇区基站。结合以上业务密度分情况、设置规律等要求及各个镇区实际需求进行基站规划布置，规划的基站站址总量以空间站址数总量表达。

**4. 基站规划**

该城市现状基站站址约 3000 个，规划基站空间站址近 7000 个，规划的基站建设形式包括附设式基站和独立式基站，规划的基站站址形式包括扩建站址和新增站址，另外为各个区镇预留的备用站址近六百个。根据规划结果分析，基站站址数量分布最密集的区域为市中心区，站址数量增长率最高的区域为市重点发展区域。规划区内局部基站站址规划情况详见图 5-16。

图 5-16　南方某城市局部基站站址规划分布图

## 5.16　基站电磁环境影响分析

电磁辐射是基站最突出的环境因素，也是公众关注的焦点；我们将重点针对基站的电磁辐射进行阐述，从多个角度来分析其影响，以便相关政府管理部门、行业人员、市民对其有更加科学合理地认识。另外，建设基站是小型通信工程，除电磁辐射外的其他因素对环境影响与小型工程基本相同，其建设应符合《通信工程建设环境保护技术暂行规定》YD 5039 的相关要求。

### 5.16.1　基本特征

电磁辐射，是指能量以电磁波形式由信号发射源发射到空间的现象；移动通信宏基站的电磁辐射通过基站天线发射出去，只要基站工作就存在电磁辐射；2G、3G、4G 基站的工作频率在 300～3000MHz，属于微波波段。根据基站服务范围大小及用户多少，基站发射功率从几瓦到几十瓦不等。一般情况下，基站天线安装在离地面 15～50m 的建筑物或发射塔上，天线发射出的信号主要沿天线主瓣向水平方向扩展，天线主瓣方向是防控电磁辐射的主要区域，在垂直方向上衰弱明显，基站的正下方，功率密度往往是最小的（俗称"灯下黑"）。基站的电磁辐射与距基站距离的平方成反比，随距离增加而迅速衰减，距水平方向 0m 处辐射最强，至 15m 以外电磁辐射强度已大幅下降。

同时，基站的电磁辐射还与天线位置与市民所处的空间有关，当基站发射天线与周围建筑处于同一高度，或低于建筑高度，其产生的电磁辐射与基站水平距离越近的建筑物，出现电磁辐射超限值的可能性越大；产生电磁辐射超限值点一般出现在与基站发射天线轴向正对的建筑物高度，以及上下相差 2～3 层之内的楼层。

另外，移动通信网络中建设的基站越多、基站越密，则单基站覆盖范围越小，其向环境中发射的电磁辐射也越小。手机的辐射强度与基站信号强度密切相关，离基站越远，基站信号就越弱，手机发射的功率会越大。基站的密度越大，手机接收的信号越强，手机的辐射也相应减少。

### 5.16.2　我国的标准及与国际比较

**1. 我国标准**

我国通信基站建设必须符合《电磁环境控制限值》GB 8702—2014 的要求。对于正常使用时距离在人体 20cm 以外的固定台式发射机产品（如通信基站），通过电磁场对人体照射的计算来判定电磁场强度，单位通常是 $\mu W/cm^2$。在 2015 年 1 月 1 日以前，基站电磁辐射检测标准依据《环境电波卫生标准》GB 9175—88，微波频段 300MHz～300GHz 功率密度的一级安全限值是 $10\mu W/cm^2$；2015 年 1 月 1 日后，采用新颁布的标准《电磁环境控制限值》GB 8702—2014，频段 30MHz～3000MHz 功率密度的安全限值不高于 $40\mu W/cm^2$（电场强度 12V/m）。另外，基站只要等效辐射功率大于 100W 等就不在豁免范围，小于 100W 属于豁免范围；1000MHz 以下，等效辐射功率等于设备标称功率与半波天线增益的乘积；1000MHz 以上，等效辐射功率等于设备标称功率与全向天线增益的乘积。

**2. 国际标准**

相比较而言，欧盟的标准是小于 $450\mu W$，日本和美国的标准是小于 $600\mu W$；也就是说，在电磁辐射标准上，我国比其他国家都要严格很多，约为欧美国家的 1/15 左右。具体如表 5-10 所示。

一些国家、地区和组织的工作照射限制标准　　　　　　　　　　表 5-10

| 国家、地区和组织 | 900MHz 移动通信频段（$\mu W/cm^2$） | 1800MHz 移动通信频段（$\mu W/cm^2$） |
|---|---|---|
| 中国环保局 | 40 | 40 |
| 国际非电离辐射委员会 | 450 | 900 |
| 香港电信管理局 | 450 | 900 |
| 欧盟 | 450 | 900 |
| 欧洲电子技术标准委员会 | 450 | 900 |
| 日本邮政省电信技术委员会 | 600 | 1000 |
| 澳大利亚 | 200 | 200 |
| 美国 FCC | 450 | 900 |
| 美国 IEEE | 450 | 900 |

### 5.16.3　世界卫生组织的研究结论

关于电磁辐射对人体健康是否有害的问题，世界卫生组织于 1996 年启动课题研究，包括中国在内有 60 多个国家参与该项研究，历经 11 年，于 2006 年得出结论，过量的电磁辐射才会对人体产生危害，移动通信（2G、3G）产生的电磁辐射频率一般从 900～2100MHz，儿童白血病及癌症、神经性疾病等与电磁辐射没有因果关系。

国际癌症研究机构于 2011 年将射频电磁场列为可能导致人类癌症的物质（2B 类），即在无法合理可靠地排除偶然因素、偏差和错误的情况下，因果关系被视为具有可信度。该机构将致癌物质分为 4 级：1 级属于致癌性证据充分；2 级属于致癌性证据有限，其中证据充分为 2A，不充分为 2B，现有 236 类物质（如黄樟素、四氯化碳、电磁波、抗甲状腺药物 propylthiouracil、二异氰酸甲苯、抗艾滋病药物 zidovudine、汽油引擎废气、干洗业等），对人类为有可能致癌物，对动物为很可能也是致癌物，属于 2B 类；3 级致癌性证据不充分，4 级无致癌性证据。

从上述权威机构的初步结论来看，基站的电磁辐射与癌症无因果关系。

### 5.16.4　基站电磁辐射的控制措施

通过上述分析，基站电磁辐射是可以预防和控制的，与基站天线主瓣方向密切相关。要确保基站周围居住环境电磁辐射水平符合国家相关标准，基站的合理布局和科学选址十分重要，而基站的集约化建设就是最好的控制措施，在基站选址、建设、运营中采取如下控制措施。

（1）移动通信基站发射天线主轴方向应与周围相关的建筑保持适当的距离，并尽量避免直对前方建筑，确保电磁环境符合国家有关标准。

（2）基站在选址时，应考虑该区域内电磁辐射环境的本底情况。特别是在区域内现状电磁辐射源较多，且环境电磁辐射本底较高的情况下，建议开展区域内电磁辐射污染专项调研，对单个移动通信基站的选址进行环境影响评价。

（3）在满足通话质量的前提下尽量降低发射功率或减小天线增益。共站建设的基站要考虑同一主轴方向的多副发射天线电磁波叠加的复合频率场强，各天线的发射功率应控制在一定的范围内。

（4）对新建、扩建的基站电磁辐射强度进行监测，确保周围环境中的电磁辐射影响符合国家相关规定。

（5）在基站建设过程中，需控制基站天线主瓣与幼儿园、医院、小学等敏感建筑物的距离超过 50m 范围。

（6）统筹设置，尽量减少基站的重复建设，实现资源共享。

### 5.16.5　环境影响评估

环境保护是我国的一项基本国策。保护环境，重在预防。加强对建设项目的环境管理，是贯彻"预防为主"环保政策的关键。严格按照国家环保法律法规要求，开展基站建设。

根据国家环境保护总局对各运营商的基站《建设项目环境影响报告》检测结果，得出如下结论：

（1）移动基站项目建成并投入使用后，将有利于优化该地区通信网络，提高通话质量，经济和社会效益明显，符合"正当实践"原则。

（2）拟建基站周围电磁辐射环境监测结果表明：周围环境中各关心点位电场强度背景值均小于 0.6V/m（功率密度均小于 2μW/cm²）。

经理论计算预测，基站建成运营后，其对周围环境各关心点位的功率密度贡献值最大为 2.2μW/cm²，周围住宅区环境电场强度最大值为 2.9V/m，符合《电磁辐射环境影响评价方法和标准》HJ/T 10.3—1996 中规定的限值要求（单个项目的环境电场强度评价标准值 5.4V/m，换算成功率密度为 8μW/cm²）。

（3）已建的基站，经过现场监测，基站周围住宅区环境电场强度最大值为 1.6V/m，符合《电磁辐射环境影响评价方法和标准》HJ/T 10.3—1996 中规定的限值要求（单个项目的环境电场强度评价标准值 5.4V/m，换算成功率密度为 8μW/cm²）。

（4）施工期间会带来一定的噪声影响，施工时应合理选择施工时段，避免影响周围公众的正常生活。施工期间固体废弃物应分别集中堆放，及时清运建筑垃圾，施工结束后要做好清理工作。

鉴于上述情况，2017 年 9 月 1 日，环保部颁布《建设项目环境影响评价分类管理目录》明确所有基站均采取《登记表》按照备案制进行管理。综上所述，在建设单位切实加强环境保护管理，保证基站的安全可靠运行后，基站的总体电磁辐射水平低于国家标准，从电磁辐射环境保护角度来讲，基站的建设是可行的。

## 5.17　5G 基站规划展望

### 5.17.1　5G 进展

#### 1. 5G 标准进展

作为即将开展初始化建设的新一代移动通信系统，预计 5G 将于 2019 年开始建设，

2020 年开始商用。目前，已有部分 5G 标准正式冻结发布，其中，非独立组网（NSA：Non－Stand Alone）已于 2017 年 12 月发布，是过渡方案，是 5G 空口技术的基本功能包；NSA 以提升热点区域带宽为主要目标，依托 4G 基站和 4G 核心网工作，通过双连接的方式实现 5G 组网，应用于仅支持依托 LTE 的双连接非独立部署场景。独立组网（SA：Stand Alone）标准已于 2018 年 6 月实现部分功能性冻结，并于 2018 年底完成 5G 全球标准的第一版本。2019 年 12 月，将会完成第二版本标准。各系统频谱分布情况参见图5-17。

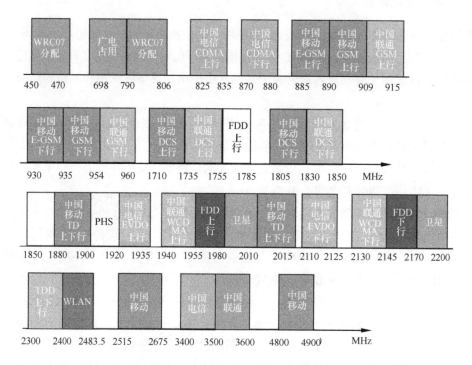

图 5-17　无线电移动通信系统频谱分配图

### 2. 5G 工作频率

工信部发布《关于第五代移动通信系统使用 3300～3600MHz 和 4800～5000MHz 频段相关事宜的通知》明确了规划 3300～3600MHz 和 4800～5000MHz 频段作为 5G 系统的工作频段，其中，3300～3400MHz 频段原则上限室内使用。目前，三家通信运营商的 5G 牌照已发放。

### 5.17.2　特点及应用场景

4G 已让城市感受到移动通信的巨大优势，5G 将以极高的速率、极大的容量、极低的时延等特点来改变全社会，实现万物互联。其主要应用场景如下。

增强移动宽带（eMBB）：在保证广覆盖和移动性的前提下，移动连接速率的大幅提高（3D/4K 等格式的超高清视频传输、高清语音或多人高清语音或视频，更先进的云服务、AR/VR 等）。

海量机器通信（mMTC）：针对传输速率较低、时延容忍度高、成本敏感且待机时间超长的海量机器类通信（物联网目前涵盖的范围，包括智能家居、智能交通、智慧城市等）。

超高可靠低时延通信（uRLLC）：针对特殊的应用场景，这些场景对网络的时延和可靠性有着特殊的要求（工业自动化、自动驾驶、移动医疗等）。

### 5.17.3　基站布局分析

从前述频率资源的情况来看，3.5～5GHz 用于 5G 广覆盖比较合适，但比 4G 网络的频段仍高出不少；6GHz 以上频段用于热点区域覆盖；由此会导致基站数量大大增加，这主要是因为 5G 的使用频率大幅提高后，同样距离内传播损耗越大，且普通建筑将会对无线电波的传播特性产生较大影响；因此，5G 基站采取宏站加小微站的方式已成共识。

目前，5G 已颁布非独立式组网的空口标准以及我国 5G 工作频段 3300～3600MHz 和 4800～5000MHz；按照频率推算，对于仅满足覆盖需求的片区，5G NR 3.5GHz 单站覆盖半径仅为 LTE1.8G 基站的三分之二，基站数量比 4G 多 1.5～2 倍；但对于一般区及以上的通信业务区，基站都是从容量角度来考虑，覆盖半径都小于一般区。从国内部分城市 5G 实验网的建设来看，不同业务片区的现状城区，宏基站增加数量约为 15%～40%，小微站增加数量约为 80%～150%。根据深规院多年从事移动通信基站的经验来看，可直接按表 5-4 中推荐值来布置宏基站；需要说明的是，表中数值还有待 5G 大规模商用后进一步验证；另外，小微站的设置规律还有待进一步总结。

### 5.17.4　对基础设施影响分析

由于 5G 基站数量会大幅增加，且 5G 基站机房的设置方式也发生了巨大改变，因此对城市通信基础设施的建设产生较大影响。早期宏基站附近一般设置通信机房，后来慢慢向一体化式通信机柜演变；采取 5G 组网方式后，由于 BBU 需要集中部署，需要在一定范围内集中设置综合接入机房，布置边缘计算等设备，满足周边 6～12 个基站的需求；同时，还需要汇聚机房内设备将相邻的多个综合接入机房的信号进行汇聚，将基站信号接入通信传输网。尽管综合接入机房及以上的传输需求因边缘计算而减少，但其数量更集中，单个综合接入机房需求面积也会增加到 40～60m²，且对综合接入机房周边通信管道的需求也明显增加，需要将相关影响反映到通信管道建设之中，并留有一定余量。

## 5.18　管理政策研究

基站属于城市基础设施，其规划建设也需要按照城市基础设施来进行管理。然而，基站又是比较特殊的接入设施，具有数量多、分布广、有一定电磁辐射等特点，需要通过每年不断优化建设来持续为市民服务；因技术进步、城市空间变化、网络优化需要等原因，每年新建的基站大部分布置在现状建成区，而现状建成区是规划管理的难点地区，在现状建筑上加建基站更是要受到《物权法》等因素的制约，难度更大；且随着生活水平提高，市民越来越关注个人身体健康，出于对基站电磁辐射的担心，市民经常向政府主管部门投诉基站建设，不同城市的基站信访事件时有发生，甚至出现群体事件（如 2008 年，南方某城市就出现两起学生家长集体投诉学校旁建设基站的情况）。因此，很有必要针对基站特点，在满足或符合现行法规的前提下，制订出针对性较强的专项法规，指导多类基站建设流程，使之既推动基站建设、稳定现状站址，又能与城市基础设施建设管理融为一体，达到支持建设国家战略性基础设施的目的。

### 5.18.1 关键要素的选取

根据现行法规和基站投诉处理的一般流程，基站的规划建设管理主要牵涉基站的空间管理、台站执照、电磁辐射检测三个关键要素，其中基站的空间管理在国内还没有统一的管理模式；在住房城乡建设部于 2016 年密集出台的政策文件中，也只有部分管理措施，如把新建城区的基站纳入地块规划设计要点，将存量铁塔纳入规划并补发规划审批手续等，每个城市管理的方式和流程也不一样，争议也比较大。

**1. 基站的空间管理**

宏基站有附设式基站、独立式基站两种建设形式，两种形式都牵涉到空间管理。尽管对基站是否是构筑物还有争议，但基站是小型的、特殊的城市基础设施建设工程，已成为各方共识，按城市基础设施进行规划管理是其建设的前提。城市管理执法局在处理基站投诉和信访事件时，按照现行执法管理条例，首先需向规划主管部门核实是否有规划审批，并将其作为执法主要依据之一；建设基站办理施工许可证时，也以规划审批为前提条件；基站的规划审批也是在空间上避免与城乡规划布局冲突的必需环节。

根据《城乡规划法》第四十条规定，在城市、镇规划区内进行建筑物、构筑物、道路、管线和其他工程建设的，建设单位或者个人应当向城市、县人民政府城乡规划主管部门或者省、自治区、直辖市人民政府确定的镇人民政府申请办理建设工程规划许可证。申请办理建设工程规划许可证，应当提交使用土地的有关证明文件、建设工程设计方案等材料。需要建设单位编制修建性详细规划的建设项目，还应当提交修建性详细规划。对符合控制性详细规划和规划条件的，由城市、县人民政府城乡规划主管部门或者省、自治区、直辖市人民政府规划主管部门核发建设工程规划许可证。

考虑到基站是一种小型工程，有附设式和独立式两种，两者涉及空间要素略有不同，且每年建设的数量大，所有类型均完全按照《建设工程规划许可证》或用地手续来办理，容易出现建设周期长、延误基站建设的情况。同时，对于附设式基站，全国各地城市规划建设管理部门采取的态度差异较大，绝大多数城市规划主管部门不对此类基站进行规划管理，仍保留由运营商采取市场化方式开展建设，对后期行政执法留有一定隐患；也有部分城市针对小型工程建设采取简易程序管理，留有相对应管理措施，但需要城乡规划主管部门出台专项法规。另外，基站建设的不确定性，常出现了大量拟建基站超出专项规划范围内的情况，使得规划主管部门对此类基站处理十分困难：批复其建设但又违反规划行政许可的基本规定，不批复其建设或者增加其他条件又满足不了基站建设要求。因此，也需要在技术编制和法规管理方面制订刚弹结合的方法和措施，达到有效、适度、持续的管理效果。

综上所述，基站作为城市基础设施，对基站进行空间管理是必需的，但可结合基站类型和特点以及城市对小型工程的规划管理办法，制订基站专项法规和审批审查程序，实施差异化的管理。

**2. 台站执照**

这是比较成熟且没有争议的管理类别，政府主管部门主要对基站频率和设备核准，而这两者均是国家统一核发和核准，出现偏差的情况较少。运营商在申请时需要事先作出符合规划、满足环保要求的承诺，审批管理也逐渐向备案制转变，条件符合的基站都予以审批。

**3. 电磁辐射检测**

早期基站建设一直由运营商采取市场化方式来推动；自 2013 年以来，《城市通信工程规划规范》从技术角度确定基站是城市基础设施，住房城乡建设部出台政策文件，推动基站作为基础设施纳入城市规划建设；这种发展过程导致基站管理存在大量历史遗留问题需要处理。如果说基站的规划审批是市民逼迁现状基站的主要理由，那基站的电磁辐射是否达标则是市民最关心和最担心的内容，电磁辐射检测也是处理市民投诉基站事情的必需环节。

环保审批一般有报告书、报告表、登记表三级管理办法，前两种有验收函，而采用登记表，系统只给备案意见，也就意味着没有验收环节。鉴于基站的额定功率较小，其产生电磁辐射也相对较小，国家环保部对基站的电磁辐射管理日渐宽松，审批权限也逐步下放。目前，根据环保部颁布的《建设项目环境影响评价分类管理目录》（2017 年 9 月 1 日正式实施），所有基站建设均按登记表方式来管理基站电磁辐射。早期开展基站环评时，一般是打包审批；对于跨多个城市的报建，在省环保主管部门审批，验收也在省环保管理部门；对于仅属某个城市范围内基站，可在市环保主管部门审批。现在，基站的日常管理在市环保主管部门。从对电磁辐射管理角度来看，在基站调试阶段，对于拟开通基站全面开展电磁辐射检测，再到市环保主管部门备案，纳入市环保主管部门日常管理范围，比较有利于对基站电磁辐射进行管理。

### 5.18.2　基站的规划管理

按照城乡规划建设的最常规管理方法，对基站建设行为进行规划管理，需要对基站进行事前审批（审查），并对不同类型基站进行差异化管理；规划主管部门重点针对宏基站进行管理。

**1. 与新建主体工程同步建设基站**

对于与新建主体工程同步建设基站，可参考城市基础设施的管理办法对基站进行管理；与水电气和通信基础设施一样，纳入新建地块的建筑工程和交通市政等主体工程的《建设项目用地规划许可证》《建设项目工程规划许可证》之中，并纳入主体工程的规划设计要点内。对于独立式基站，如基站建设主体与主体工程建设主体一致时，不单独核发基站的《建设项目工程规划许可证》；如基站建设主体与主体工程建设主体不一致，还需针对新建基站核发《建设项目工程规划许可证》，但作为新增基础设施，建议在相关许可证和设计要点单独提出，以示与已往项目的不同。在建设阶段，基站与主体建设工程的各阶段设计同步开展，同步建设，同步验收。

**2. 在现状建设区增补基站**

（1）基本框架

附设式基站具有数量多、选址难、建设难度大、对城市影响较小等特点，受制约的因素多，易与敏感建筑冲突，但其位置的不确定性强。在现状建筑上增补基站是管理的难点，国内部分城市回避对此类基站审批管理，部分城市出台技术管理规定明确此类豁免管理；如城市规划主管部门需要对其适当管理，仅对附设式基站开展审查即可，可核发《规划审查意见书》（有别于一书两证的另类管理方式）。

独立式基站数量虽少，但体量大，主要分布在城市公共空间内，与城市景观关系密切，容易与城市建设用地和规划路网冲突，且此类基站一般有独立的杆塔，有时还需要设置机房，对未来城市规划建设产生影响，按照类似项目（高压架空线）塔体进行管理，核发《建设工程规划许可证》。独立式基站一般附设在道路、公园等红线内，不单独占用土地；机房机柜方式多样，且基站属于与移动通信系统密切相关的临时设施；因此，独立式基站不需要用地审批。

（2）在现状建筑上增补基站

为了弥补现状建成区站址资源不足的情况，按照住房城乡建设部《关于加强城市通信基础设施规划的通知》要求，政府管理物业和国企物业以及交通市政设施业务将成为基站的候选站址，即使如此，还有大量基站需要落实在其他已建现状建筑上。此类基站进行规划审查时，建设单位需提供业主或物业管理单位同意使用建筑的证明文件，以及相关技术方案，规划主管部门据此判断与规划站址的吻合情况，核实基站布局与敏感建筑的空间关系，条件符合时核发《规划审查意见书》。

（3）在公共空间内补建基站

城市公共空间包括规划主管部门管理的道路、干线公路等线型用地和城市绿地、城市公园、郊野公园等面状用地，其中宏基站主要布置在快速路和主干道等道路的绿化带内，也可布置在干线公路的控制范围内，或者布置在城市公园等用地内。基站建设单位需提供公共空间管理单位同意使用土地的证明文件以及相关技术方案，规划主管部门对此判断与规划站址的吻合情况、布局上与建设用地和规划路网的冲突情况、与周边敏感建筑距离等空间关系，条件符合时核发《建设项目工程规划许可证》。需要办理施工许可证的基站，还需要到主管部门办理施工许可证。对于重要景观控制区域，加强基站景观化方案的规划指引，加强景观化基站的建设力度，增加方案比选和论证，强化重点地区景观化基站的审批，使基站建设形式与环境深度融合，切实降低基站对城市景观的影响，提高城市整体景观效果。

需要特别说明的是，运营商或建设单位在山体、农用地及其公路旁等非城市建设区域申请建设独立式基站时，由于此类基站分布在城市非建设用地范围内，没有控规或类似规划覆盖；按照《城乡规划法》第四十二条，规划主管部门不对此类进行规划管理，建设单位需到对应的主管部门办理允许使用土地的行政许可文件，再到土地的主管部门或管理单位办理建设手续。

**3. 现状建设区保留基站**

国家相关部委于 2015 年 9 月才正式发文明确基站是城市基础设施，并按城市基础设施进行管理；在此之前，各城市存在大量未报已建基站，且建设程序尚未完全理顺。由此导致现状基站中有大量未取得规划审批手续而开展建设的基站，此类基站可通过多个政府部门协商采取评估后补办相关手续的做法，可能需要较长时间来完成；但在办理过程中，现状基站是保持移动通信网络正常运行的基本保障，政府主管部门应采取一定措施，尽量保护站址稳定，避免出现被逼迁等状况，以便维持城市移动通信的正常运行。

## 5. 18. 3　基站的台站执照管理

基站的台站执照是针对基站本身，与基站的建设形式无关，按照国家无线电管理条例的要求对基站频率、设备等进行审批。运营商在建设之初，先填写基站建设申报表，并对规划、电磁辐射等管理进行承诺；提出台站申请时需要提供基站无线电频率使用许可文件，以及基站设计图等必要的技术文件，验收合格后由主管部门核发台站执照。

## 5. 18. 4　基站的电磁辐射管理

基站电磁辐射管理主要针对宏基站，小站、微站、室内分布系统免于电磁辐射管理。按照环保部颁布《建设项目环境影响评价分类管理目录》（2017 年 9 月 1 日正式实施），所有基站均采取《登记表》按照备案制进行管理。基站的日常管理工作已由市环保主管部门进行管理。如果出现基站投诉或信访事件时，站址所有单位及运营商需提供站址的城市建设信息和电磁辐射检测报告；当出现异议时，由环保部门组织第三方进行检测。

第 6 章

# 通信管道
# 及通道规划

## 6.1 通信管道及其特性

通信管道是满足各运营商的传输网络、信息通信专网以及各种社会（交通监控、应急通信、视频监控等）通信线路在道路下的公共敷设通道；将通信线路直接敷设在地下通信管道内，或者将通信架空线路入地改造到通信管道内，已成为政府主管部门管理城市的基本要求，通信线路管道化已成为城市建设通信基础设施的主要组成部分和重要基础；通信管道能使城市通信网络更加完备、可靠，也能大大改善城市景观。随着信息通信行业的快速发展，通信管道为城市不断增多的各种通信线路提供较方便的敷设通道，也进一步促进行业持续发展，建设通信管道的优势得到了有效展现。

### 6.1.1 通信管道建设历程

中华人民共和国成立初期，在各城市中心城区、通信机楼附近，通信线路一般采取管道敷设的方式。随着城市发展，通信线路沿管道地下敷设的比例逐步加大。回顾通信管道的建设历程，大致可分为三个阶段，不同阶段的管道容量、建设情况以及通信发展特点均有所不同。

**1. 初期发展阶段**

该阶段时间为 1990 年以前，通信尚处于发展初期，通信管道的材料以素混凝土管为主。在 1990 年以前，各种通信终端还是一种奢侈品，通信需求相对较小，通信管道主要在通信机楼附近及城市中心城区，投资主体为各城市邮电局，极少数城市的管道投资主体为当地政府；管材主要是素混凝土管，管道的容量及规模均较小，管孔容量主要有 4 孔、6 孔、12 孔等，通信机楼周围的管孔一般为 18~24 孔。

**2. 快速发展阶段**

该阶段时间为 1991~2000 年，通信处于高速发展阶段，通信管道的材料以塑料管为主。大约在 1990 年，我国出台鼓励通信、能源等基础设施的政策，通信进入超快速发展阶段，1991~2000 年十年间电信业务收入年均增长 41.6%，为同期 GDP 的四倍左右。随着通信业务需求激增，导致通信线路也快速增长；在 1995 年（光缆大规模商用）以前，通信传输介质仍以电缆为主，伴随城市发展和通信业务快速增长，对通信管道的需求急剧增加，管材逐步过渡到以塑料管为主。由于早期建设的管道容量较小，难以满足通信发展需求，导致各地邮电局（或改革后的主导运营商）对部分道路通信管道进行扩容，部分城市还进行 2~3 次扩容。管道容量比 1990 年以前整体提高 6~12 孔，管材以双壁波纹管和硬质塑料管为主。

**3. 多元化发展阶段**

该段时间为 2000 年以后，通信仍基本处于快速发展阶段，使用通信管道的单位呈多元化格局。1994 年联通的成立，标志着我国电信改革的开始；通信进入多元化时代的更重要标志是 1998~2000 年期间，邮政和电信分离、中国移动脱离中国电信以及中国网通的成立，使得使用管道的单位急剧增加，与多家运营商相对应，管道需求呈多元化格局。

但由于政策和法规缺失，国内绝大多数城市的新运营商基本无法使用现状存量管道，只能通过反复开挖道路来分散建设自有管道，从而造成同沟分井、分沟分井的多路由、多元化管道现象十分普遍；多路由通信管道的相关情况参见图 6-1（图中道路两侧各有 2 条通信管道）。同时，管材也出现多元化格局，不仅有双壁波纹管、硬质塑料管，还有蜂窝管（梅花管）、栅格管等新型材料。

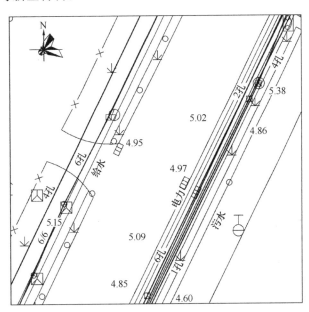

图 6-1　多路由通信管道示意图

## 6.1.2　通信传输介质

通信网络除了包含通信设备本身之外，还包含连接这些设备的传输介质，常用的传输介质分为有线传输介质和无线传输介质两大类。与通信管道相关的是有线传输介质，有线传输介质是指在两个通信设备之间实现的物理连接部分，它能将信号从一方传输到另一方，有线传输介质主要有双绞线、同轴电缆和光缆；目前，光缆是使用十分广泛的传输介质。双绞线和同轴电缆传输电信号，光纤传输光信号。

双绞线：由两条互相绝缘的铜线组成，将两条铜线拧在一起，就可以减少邻近电力线对通信传输的干扰。双绞线既能用于传输模拟信号，也能用于传输数字信号，其带宽决定于铜线的直径和传输距离。一般情况下，几公里范围内的传输速率可以达到每秒几兆比特。由于其性能较好且价格便宜，双绞线得到广泛应用，双绞线可以分为非屏蔽双绞线和屏蔽双绞线两种，屏蔽双绞线性能优于非屏蔽双绞线。

同轴电缆：它比双绞线的屏蔽性更好，因此在更高速度上可以传输得更远。它以硬铜线为芯（导体），外包一层绝缘材料（绝缘层），这层绝缘材料再用密织的网状导体环绕构成屏蔽，其外又覆盖一层保护性材料（护套）。同轴电缆的这种结构使它具有更高的带宽和极好的噪声抑制特性。

光缆：光缆是由几十上百根光纤和护套、加强芯等组成，光纤通常被扎成束，外面有外壳保护。光纤全称为光导纤维，是一种由玻璃或塑料制成的纤维，传输原理是"光的全反射"，纤芯外面包围着一层折射率比芯纤低的包层，包层外是一塑料护套。光纤的传输速率可达 100Gbit/s。光纤是目前有线通信中最常见的传输介质，光纤通信有如下优点，这些优点也进一步促使光纤得到更广泛的应用。

(1) 传输频带宽、通信容量大、价格低。

(2) 传输损耗低、传输距离长。

(3) 不受电磁干扰、安全保密性强。

(4) 线径细、重量轻、资源丰富。

(5) 不怕潮湿、耐腐蚀。

### 6.1.3 通信管道建设特点

通信管道是通信线路在道路内敷设的公共通道，主要用于布放各类城域网的光缆及电缆。通信行业和网络的特点决定通信管道除具有市政基础设施的一般特点外，还具有以下独特的特点。

**1. 需同时满足多种城域网的需求**

多种城域网并存和城市管线综合决定各类通信线路须统一敷设在通信管道内，通信管道需满足各电信运营商的城域网、有线电视网、各类通信专网、信息化或计算机网络等多种城域网的需求，成为满足城市所有通信城域网的综合性地下公共通道。

**2. 需同时满足多类通信线路及传输介质的需求**

一般的工程管线的"源"、主干、接入是单向且分开敷设，通信管道一般需同时敷设一种或多种通信网的长途、中继、接入等多类线路，且不同通信网采用传输介质不同，有电缆、光缆、同轴电缆等多种，通信管道需满足上述多类通信线路的要求。

**3. 需敷设在多种道路下，满足通信全程全网的需求**

给水排水、电力等市政管道通常敷设在城市市政道路下，而通信管道除了敷设在城市道路外，还敷设在高速公路、各等级公路、隧道及桥梁内，并形成管网，满足多种通信城域网及各类信息化传输线路的全程全网需求。

**4. 通信管道可灵活地根据需求扩容**

随着信息化发展，各类通信业务层出不穷，早期建设的管道因管容小难以满足业务对管道需求，城市的大部分道路都经历过扩容；业务密度高的区域出现过不止一次管道扩容，管道扩容增加了管道规划的复杂性及难度。另外，通信管道是由一根根管道组成管束，也比较适合通过扩容来满足不同时期的发展需求。

**5. 管道的公益性明显，宜制定公平合理的规划、建设、维护管理政策**

通信管道是敷设在各类道路下的为城市所有通信网络服务的公共通道，其公共特性十分突出，需制定公平合理的规划、建设、管理及维护的系列配套政策，为各运营商平等竞争创造条件。[25]

通过上述通信网络及通信管道的特点分析可以看出，由于各运营商的市场重点不一样，传输网络特点不一样，管道的个性化需求也会体现在不同的路段及片区，这种需求会长期维持不变。随着市场竞争的持续和深入，各运营商会逐步向全业务方向扩展，各运营商之间的业务界限会逐步变得模糊。因此，建立全程全网的可用管道资源平台十分重要，也十分必要，以满足各种使用单位对通信管道的需求。

### 6.1.4 通信管道集约建设必要性

通信管道从早期邮电合一时期的单路由管道到现在多元化通信时期的多种形式管道建设，尽管各地政府采用了不同方式来建设通信管道，但大体上还是遵循统一规划、统一建设、统一管理的基本原则。随着通信技术持续地飞速发展，通信管道是信息传输、网络宽带、移动通信等城域网的共同需求；建设通信管道总体上提高了通信线路敷设的安全性、灵活性，提高了线路建设和维护的效率，也有利于城市信息化、互联网等虚拟网络发展。另外，通信线路通过管道地下敷设，一定程度提升了城市景观，节约了土地资源，也提升了城市可持续发展能力。从城市整体发展角度来看，集约建设通信管道的必要性主要有以下三点。

**1. 技术规范要求**

在《通信管道与通信工程设计规范》GB 50373—2006 和《城市工程管线综合规划规范》GB 50289—2016 等各种技术规范中，均以强制性条文的形式明确限定了通信管线与其他地下管线及建筑物之间的交叉和平行最小净距，在管道工程建设过程中必须严格执行。因此，在市政道路人行道和绿化带宽度有限的现实约束下，为保证通信管线与其他地下管线及建筑物之间的最小净距符合技术规范规定，必须大力推行管道集约化建设，坚决杜绝新建道路出现多路由管道现象，以便保证或预留其他市政管线的建设空间，实现所有市政管线协调发展，共同服务于城市规划建设。

**2. 行业管理要求**

倘若不推行管道集约化建设，由于多家管道建设主体并存，势必会出现多家管道报建申请，必然会过多地浪费建设投资以及政府主管部门的时间和精力；在管道建成之后，多路由管道为城市管理带来的问题肯定也将远远多于单一路由管道。因此，为减少政府管理压力，提高行政效率，实行管道集约化建设是有效的办法。

**3. 通信运营商要求**

我国通信运营企业均为大型国有企业，投入产出比是每家公司经济运行状况的重要衡量指标，节约成本是企业的必然愿望。集约建设模式的资金和时间成本均明显低于分散建设模式已是不争的事实，加之管道建成之后管理和维护成本的下降，已使管道集约化建设成为各通信运营商的必然之选；另外，由于通信网络层级多，在多种城域网并存的情况下，只能统一建设才能满足城市道路建设的基本要求。

**4. 适应信息技术发展**

智慧城市持续深入发展已经成为大势所趋，智慧城市需要大量接入设备，如保障安全的智能监控点、感知用水状况的智慧水务监控点、有针对性的智能交通分布点、所有道路的智能消火栓、数据 WIFI 覆盖、广播信息发布、物联网 LoRa 接入、移动通信 4G 的宏基站和小微站、未来 5G 的大量小微站，以上种种设备和设施的数据都需要通过有限的管道传输至相应的通信机房。上述智慧城市新增的通信管道接入需求，也要求通信管道必须集约建设；否则，数量众多且广泛分布的接入设施，可能会导致一条道路上出现大量多路由管道。另外，各种新增的集约建设的汇聚机房、接入网机房和数据机房，也需求集约建设通信管道。

### 6.1.5 建设通信管道的优点

#### 1. 有效提高通信线路寿命[26]

通信管道早期使用的是整体性差、强度低的水泥管道，水泥管道管块的长度短、重量重，安装和养护都需要较长时间。现代通信管道以重量轻、便于施工的 PVC 工程塑料作为管材。此类塑料管道的内壁光滑、抗腐蚀、防水防电，有较大的强度，整体施工成本也比水泥管道低。相对于通信线路直埋和架空方式的传统敷设方式，采取管道敷设通信缆线，能让光缆的使用寿命和安全得到有效的提升；采取塑料管取代水泥管道后，这种有效性能得到进一步提升。

#### 2. 为众多通信线路快速敷设提供便捷通道

通信管群由一根根外径 110mm 的 PVC 塑料管组成管束；与早期的混凝土管（6 孔一个模数）相比，塑料管群的组合方式十分灵活、多样，有 6 孔、12 孔、15 孔、16 孔、18 孔、20 孔、21 孔、24 孔、28 孔、36 孔、48 孔甚至更多，可以满足不同的网络层次、不同的道路等级、不同的敷设条件对管孔数的需要。同时，每根管道可敷设 4～5 根光缆，每条管道路由可敷设几十甚至几百根光缆；每根光缆敷设时，不需要进行路面开挖，仅需打开检查井，通过人工即可完成光缆敷设，为众多光缆的快速敷设提供便捷通道。另外，通信线路敷设在通信管道内，具有较高的安全性，能有效降低人为因素对通信线路破坏。

#### 3. 有效节省道路空间[27]

通信管道的管径一般选择内径 100mm，外径 110mm 的 PVC 塑料管，结构非常简单，可以根据敷设空间和管孔数选择层叠、并排等排列方式，组合排列后的管群整齐、紧密，占用的地下空间少，约为 0.2～0.4m²。同样容量的塑料管群，比早期混凝土管的面积减少 50%～60%；与其他市政管道相比，通信管道所占的空间也比较小，能有效节约市政道路下管道敷设空间。

## 6.2 规划要点分析

### 6.2.1 确定通信管道建设模式

通信管道是由有线通信的需求演变而来。在邮电分离后，早期通信管道是由企业化的中国电信公司建设，其使用权归属于中国电信（南方城市）或中国联通（北方 10 省）；同时，对管道有需求的还有政府、军队等通信专网，所需管孔容量较小。到 20 世纪 90 年代后期，因早期建设的管道已不能满足通信持续高速发展需求，也不能满足新出现的中小型通信运营商的需求，城市对管道容量的需求进一步加大，也需要对管道扩容。目前，通信已进入多元化时代，管道建设也逐步从自建、运营商联合建设转变为统一规划、统一建设、统一管理，各城市管线公司按规划部门的要求建设管道后，运营商或其他使用单位以租用或购买的形式获得管道资源；在没有成立管线公司的城市，由规划部门统一规划管道容量，管道建设采用由运营商联合建设的模式。

### 6.2.2　集约建设通信管道

通信管道是现代化城市建设的基础，也是衡量整体通信工程建设水平的重要标志，如果没有通信管道的系统性规划作为指导，其建设会存在较大的盲目性和随意性，对城市市政管网的有序建设也是十分不利的。管道建设较多出现在新建城区，当现状城区出现管道瓶颈时，也需要通过扩容来建设管道。在新建城区，各运营商还没有开展通信业务，道路也尚未形成，需要城市规划部门根据通信需求统一规划；在已建城区，当现状可用管道无法满足通信线路需求时，可根据道路实际情况和其他管道建设情况等因素来扩容管道，扩建管道容量可以向所有运营商征求意见后再综合确定。

### 6.2.3　通信管道规划的主要工作

#### 1. 开展规划的前期准备

在开展规划前，首先要充分调研当地的通信网络现状、通信基础设施建设情况、通信管道建设情况、建设管道的主要单位、管道使用情况、管道建设和使用中存在的主要问题，以及城市发展的主要方向、产业布局、产业结构和商业区、住宅区、工业区、办公区等重要功能区域分布，根据实际情况考虑是否需要扩建通信管道或者添加新的通信管道路由。其次需充分调查各类通信城域网的网络结构和通信机楼、通信机房的位置、功能及规模，这对于通信管道规划有着至关重要的影响。然后根据实际情况对通信管道和通信路线进行合理规划。

#### 2. 管道须满足多家运营商需求

通信管道是城市所有通信线路在地下敷设的公共通道，包括电信固定网、移动通信网、有线电视网以及交通监控、党政军等通信专网，受人行道资源有限和工程管线综合强制性规范要求，通信管道必须集中建设。经过大量专项规划实践，作者团队建立管道规划的基本技术路线，不仅系统建立通信管道体系，同时还借鉴国际电联推荐确定通信管道容量时采用发展备用量等先进理念，以光缆和多家运营商为基础，科学合理地确定管道容量，并对管网进行系统规划，满足新建道路、现状道路、改建道路等多种情况下的管道建设需求。

#### 3. 统筹管道路由

通信管道是城市内各通信运营商的传输网络的敷设通道，由于通信行业有多家运营商城域网并存发展，每家城域网都包括通信机楼、通信机房和数量庞大的接入设施，且这些基础设施交叉布置、分布十分广泛，相互叠加后就形成全程全网的通信网络，也需要在城市建设区域建立全程全网的通信管网系统；通信管道不仅需布置在各等级城市道路上，也需要分布在高速公路、其他等级公路以及隧道、桥梁等区域，且相互连通形成管网；城市规划需要根据通信机楼布局、业务密度、土地利用规划图等要素来统筹布局通信管道路由。

**4. 科学合理地确定管道容量**

首先，整合现状管道，并找出管道瓶颈；通过相关措施整合现状管道，使之成为完整整体，在建立公共价格平台的基础上，充分提高存量管道的使用率；结合现场调研管道使用情况，找出现状管道瓶颈。其次，系统扩建现状管道，形成可用通信管网；在疏通管道瓶颈的基础上，根据瓶颈的轻重缓急，结合道路改造计划，系统扩建现状管道，使之成网成片，建立建成区全程全网的可用管道资源平台，促进各运营商公平开展业务竞争。再次，综合规划与新建道路配套新建的管道；根据总体规划、近期建设规划，在确定各等级通信管道容量的普适标准的基础上，结合与道路等级、通信机楼通信机房布局等具体情况，从而规划各条道路的管道容量。

**5. 合理安排管位**

市政道路的管道空间有限，而通信管道又是扩容次数最多、布放缆线最频繁的管群组合；加上城市轨道交通、地下空间开发需求不断增加，需要控制好扩容管道的空间；因此，规划通信管道时不仅要在平面上合理安排通信管位，还要处理好通信管线和其他市政管线的竖向交叉问题，指导后续管线设计和施工。尽可能将通信管线布置在人行道和非机动车道下，采取扁平方式排列，并与现状通信管线和已设计的通信管线衔接。由于市政管线种类较多，在考虑管线综合时，要保证通信管线满足《城市工程管线综合规划规范》GB 50289—2016 的平面和竖向间距要求。

**6. 滚动适应新技术对管道的发展需求**

我国近年来发布了"5G 试点""光纤入户""宽带中国""智慧城市"等系列政策，智慧城市和 5G 网络建设将是未来较长时间内的重点建设项目。

智慧城市将充分借助互联网、物联网、传感网和通信、云计算、智能控制等技术，开展智能楼宇、智能家居、智能电网、智慧交通、智能政务、智慧环境、城市生命线管理、家庭护理、个人健康等诸多领域的智慧（智能）控制，并将随通信技术、计算机技术、控制技术、集成技术等技术发展，产生更多的新型业务和新型需求，从而形成城市智慧环境，形成基于海量信息和智能过滤处理的生活、产业发展、社会管理等模式，构建面向未来的全新城市发展方式，从而对通信管道的需求也会产生革命性变化。

近十多年来，通信传输技术发展迅猛，光纤传输技术使单个城域网传输容量更大，对管道的需求会逐步减少，但多种城域网彼此独立会增加部分需求，也使得管道需求从以电缆为主的递减网向容量逐渐接近的匀称网方向演变。另外，随着通信城域网的重心逐步下移，未来通信网络更加依赖接入机房，接入机房层次更丰富，需求量也增加，对通信管道的需求更加普及化，使得一般管道和小区管道容量增加，也需要系统地考虑通信机房对通信管道的影响。先进技术以及数量不断增加通信基础设施等，都会对通信管道规划产生影响，需要不断跟踪相关技术发展，持续改进通信管道的规划方法和措施。

## 6.3　面临问题及挑战

在所有市政管道中，通信管道是管群数量最大、敷设最普遍、扩容次数最多的基础设施。通信管道基本上 5～10 年就需要扩容一次来满足新的业务发展，技术的进步也使管材有所改变，新的管线敷设又需要增加管道路由。根据《城市工程管线综合规划规范》GB 50289—2016，通信管道必须按一条公共路由来规划建设；由于通信基础设施的差异化布局，通信管道的体系结构也必须结合通信基础设施布局、道路等级及布局、城市规划建设用地等因素来综合布局。另外，还需考虑新建、改造、扩建等不同需求，综合确定满足通信城域网发展的管道容量。通信管道经历了集中建设—分散建设—集中建设的发展历程，通信管道的统一建设、统一管理为各通信运营商提供了公平的竞争平台，更加符合企业的发展诉求；目前，在管道集约化建设的大环境下，通信管道规划建设管理也存在一些问题和挑战。[28]

**1. 政策贯彻力度不统一，影响管道建设**

为深入贯彻《国务院关于加强城市基础设施建设的意见》（国发〔2013〕36 号）和《国务院办公厅关于加强城市地下管线建设管理的指导意见》（国办发〔2014〕27 号），切实加强城市地下通信管道和线路的建设管理工作，工信部于 2014 年发布了《关于加强城市地下通信管线建设管理工作的通知》，明确了城市通信管道是通信基础设施的重要组成部分，是实现"宽带中国"战略、构建下一代国家信息基础设施的关键要素，是经济社会发展的战略性公共基础设施。政策虽已发布，实施效果却不尽如人意，例如广东省某市城乡规划管理部门既批准市管线公司建设管道，也批准市管线公司以外的其他公司报建地下通信管道，导致通信管道建设和管理更加无序和混乱，不同单位建设后的通信管道会产生壁垒，难以互联互通，影响管道的有序管理。

**2. 如何科学合理地确定通信管道的容量**

在多家运营商平等竞争、通信技术发展变数大的宏观背景下，科学合理地确定通信管道容量具有较大技术挑战难度。首先，由于通信管道是通信线路敷设的载体，应分析通信物理网络的组网特点，总结历史发展规律，展望未来发展趋势。其次，还要分析通信管道本身的发展趋势和特点，确定通信管道体系，定义各层次通信管道，划分管道层次，明确各等级管道的功能和分布，分析各运营商城域网和信息化专网对管道的需求、预留发展的弹性需求，使管道满足一定期限内通信城域网的发展需求。最后，管道容量还要与当地经济发展水平、管道建设方式等相结合，既要避免管容太小而频繁扩容管道，也要避免管容过大而沉淀建设资金。

**3. 运营商对管道建设的配合程度不一**

通过城市管线公司统筹规划建设管道，无形之中影响了很多运营商及设计、建设单位的利益，这给初期的规划、建设工作带来了一定的阻力；随着管线资源的逐步移交，管线公司的集约化建设也逐步走上正轨。根据工信部文件要求，各城市应贯彻集约建设、共建共享原则，做好管线普查和评估工作，编制城市通信管线专项规划，综合考虑各电信运营商的需求，统筹规划、合理确定通信管线的布局。在中长期管线规划稳定后，各运营商应根据每年的管道建设计划，将管线需求提供给管线公司，推动管道年度建设计划的有序开展。

**4. 如何适应智慧城市发展带来的广泛分散的接入需求**

与水电等传统市政行业相比，通信技术发展更加迅猛，通信业务需求也在不断变化，逐渐向智能化、宽带化和个性化方向发展，广泛分布的接入点会急剧增加，接入点信息都需通过管线传输汇聚至通信机房、通信机楼，通信管道的敷设就显得尤为重要了。

随着通信城域网的重心不断下移，通信网络对接入网机房的依赖逐步增强，相应地对通信管道的需求更加普及化，使得一般管道和小区管道容量增加。另外，智慧城市的持续深入发展，会出现大量智慧设施分布在城市道路上、建筑单体内、公共空间中，种类繁多、分布广泛、数量庞大的智慧设施接入需求，也需要建设相对应的通信管道系统。同时，对于即将大规模商用的 5G 而言，由于 5G 的工作频段较高，相对应基站的覆盖半径会比现在 4G 基站覆盖半径要小，从而基站的布点会越来越密，也需要建设大量的小微站来满足覆盖和容量的需求，对通信管道也提出较严格的挑战。

上述多重因素叠加，会导致一条道路中单路由通信管道将逐步向道路双侧双路由通信管道转变；这对有限的道路空间提出严峻的挑战。因此，规划通信管道时需要有一定前瞻性，管道的位置和容量均需预留适当弹性，以满足各种分散接入需求。

**5. 整合多路由管道**

尽管通信管道经历的时间不长，但建设模式发生了两次改变，使得城市的管道建设和管理面临挑战。

在通信多元化的初期，因缺少管道资源且无法公平获取管道资源，各运营商争相建设通信管道，形成多条管道路由组成的多路由管道；每家运营商建设的管孔数有限，每条管道路由约 2~6 孔不等，各条管道之间彼此独立，部分管道结构也不适合同沟同井扩容，多轮管道建设后造成道路上多路由通信管道现象严重，也占用了其他市政管线敷设空间（不便于后期开展管线改造或增加再生水管等管道）。为了城市市政管线协调发展，需要对多路由管道进行整合；尽管整合难度较大，但也要利用各种建设改造机会（如道路改造、地铁建设），对多路由管道进行整合，改善过去因管理政策缺失留下问题。

另外，国内城市通信管线资源基本没有开展电子化信息管理和滚动更新管理，是地下通信管道的混乱管理的另一种表现形式。通信管线管理公司要建立城市通信管线信息系统，按照统一的数据标准与城市综合管理信息系统的对接，实现与城市地理信息系统和城市市政管理系统的即时交换、共建共享、动态更新，满足日常运营维护等工作需要。同时，要充分利用城市通信管线信息系统，做好通信工程规划、施工建设、运营维护、应急防灾、公共服务等工作，提升通信基础设施的信息化管理水平。

## 6.4 规划方法创新

为更好地地适应不同城市发展水平的通信管道规划，在传统的管道规划基础上，作者团队自 2000 年开始在管道规划方面开始创新，建立管道体系、量化不同层次管道容量计算，并应用在深圳市及其他城市的通信工程专项规划和市政工程详细规划等多类规划中；随着智慧大幕开启，为应对近年新型信息通信基础设施发展需求，作者团队进一步探索新型通信基础设施（含通信管道新做法）的规划方法，并在规划实践中不断补充和完善。

**1. 建立通信管道体系**

通信管道与常规市政系统的给水管、污水管和电力通道类似，但也有不同之处，给水干管、截污干管和高压电缆通道对应的是市政供应主动脉上大管径和大尺寸的管道和电缆沟，且不同功能的管道都是分开布置（如原水管与清水管、高压架空线路和中压线路通道）；而通信管道的体系与通信组网的系统结构的关系更为密切，通信管道是长途、中继、接入等多种通信线路集中敷设的公共通道，不同城市背景和通信系统组网方式对应的管道体系都有所不同，需要结合城市发展的规模和阶段，理顺通信管道体系结构。

**2. 量化不同管道层次管道容量的计算方法**

在理顺管道体系的基础下，对不同层级、不同道路、不同作用的管道容量有较为详细的计算方法，大部分通信管道规划都会结合道路等级粗略地确定不同的通信管道容量，但管道的容量可以通过各运营商的基本业务需求、分期实施计划、特殊功能安排和远期备用几个方面做到基本的量化，做到科学地规划通信管道容量。在管道建设时，由专营的公司统一建设和维护，通常以 5～10 年为一个建设周期。

**3. 合理规划主副路由通道**

通信管群常见于规划在道路一侧，通过过路管满足道路另外一侧的需求；而通信管道的接入需求却是市政系统中最多的，除了集中接入地块内，还要兼顾路面上的宏基站、小微站、视频监控等数据的传输；随着智慧城市、平安城市的建设，道路内的接入需求会越来越多，且设施之间的距离减小到几十米，对于重点片区、重点路段等有条件建设管道的片区，可以在规划主路由通道的基础上，在道路另一侧规划通信管道的辅路由，形成主辅双路由管道通道，更好地解决接入层的需求。

**4. 不断提高通信管道和网络物理路由的安全性**

随着通信规模日趋庞大，通信网络的安全性越来越受到重视；从网络安全上看，不仅城市的通信机楼需要配套物理双路由，对重要的接入网机房、重要金融服务业、企业总部等也需要配套物理双路由通道。另外，以现代金融业、高新企业、企业总部等为主的片区，对通信网络的要求也越来越高，需要大幅提高通信安全性。

## 6.5　通信管道体系

光缆大规模使用、城域网种类增多、机楼交叉布置且设置原则发生变化等因素使得确定通信管道容量的基础条件正逐步改变。为了更好地把握这种变化，根据各类通信业务的特点和对通信管道的需求，结合城市用地性质和道路等级，作者团队提出通信管道体系，将通信管道分为骨干通信管道、主干通信管道、次干通信管道、一般通信管道和配线管道五级。

骨干通信管道是指敷设多类城域网的长途线路以及局间中继线路且位于连接城市主要区域的连续性道路上的通信管道。

主干通信管道包括以下两种：

（1）重要通信机楼（枢纽机楼、中心机楼、有线电视中心、通信发展备用地等）的出局方向 1～3km 范围内的管道。

（2）道路两侧均为商业、办公、金融等信息高密区的城市主干道、次干道上的通信管道。

次干通信管道包括以下两种：

（1）一般通信机楼（一般机楼、移动机楼、汇聚机房、有线电视分中心、通信专网中心等）的出局方向 0.5～1km 范围内的管道。

（2）组团或片区内的通信主要管道。

一般通信管道是用于敷设一般通信线路的管道，泛指普通的无特殊需求的市政通信管道，主要分布在城市支路和次干道上。

配线通信管道是指小区内通信管道，以敷设配线光（电）缆为主。

上述管道体系兼顾管道的重要性及容量，骨干管道主要说明管道的重要性，其他层次管道主要从管道容量的角度来定义。多类一般通信机楼合建或者分建但共用道路管道时，管道的等级体系上升一级，如一般机楼与移动机楼合建时，其周围的出局管道由原来次干通信管道上升为主干通信管道。敷设在骨干通信管道内的通信线路构成宽带高速的通信网络。

## 6.6 通信管道容量计算

通信设备和通信线路是通信系统正常工作的必要组成部分，而通信管道是承载通信设备和线路的基础设施；在城市景观要求越来越高的情况下，通信管道已成为城市所有通信线路在地下敷设的公共通道，与给水排水管道、电力和燃气管道一样，是一种城市基础设施，也受城市道路地下空间有限等因素的制约。[29]

### 6.6.1 管道容量的计算方法

规划管道分布在新建城区和现状城区，新建城区计算管道容量时强调普遍规律和特殊情况相结合，现状城区以扩建管道为主；管道总数与管道排列模数相吻合。另外，城市的通信环境及建设环境千差万别，很难精确计算具体容量；规划以总结普遍规律为主，按各类网络的常规组网方式考虑，即接入网层次按普通的物理调度考虑，汇聚层及中继考虑光缆复用。

**1. 新建城区管道容量的计算方法**

新建通信管道主要在收集管道需求并预留一定备用量，管道容量＝基本需求之和×（1＋通信发展需求）＋备用管孔。在一些特殊地段有对应的处理方式：

（1）立交桥、桥梁范围内管道以及穿越铁路及高速公路的管道宜提高 1～2 个管群模数（2~6 孔）。

（2）当骨干通信管道与主干、次干通信管道重叠时，管道容量宜在主干、次干管道的基础上适当增加 1~2 个管群模数（2~6 孔）。

（3）一般通信管道若是主干、次干通信管道的延伸段，或者较独立片区内主要的一般通信管道适当增加 2~3 孔。

（4）位于城市边缘或主导运营商（电信固定网机楼）服务边界的管道容量适当降低2~6 孔。

**2. 现状城区扩建管道的计算方法**

扩容管孔数＝通信发展需求＋备用管孔。在现状城区的现状管群中，仍有部分电缆在继续使用，管道的容量也比较大，现状管孔数较难作为确定扩建管道数量的基数。当现状管群中空余管道小于备用管孔时，需考虑统一扩建管道；扩建管道主要满足通信发展备用需求、没有管道资源的运营商需求和主导运营商的局间中继需求等。

### 6.6.2　通信管道的基本需求

**1. 管道容量的计算年限**

管道容量按中远期确定，规划年限一般为 15~20 年，国际上规划年限也一般为 15~25 年。我国《城市道路管理条例》规定新建道路 5 年内不允许开挖道路，鉴于新建道路与周边土地使用（即开始使用管道）存在 3~5 年时间差，且我国正处于快速城市化过程、不确定因素也比早期大很多。因此，管道容量的计算年限以 10 年比较合适（加上新建管道的建设和使用之间的 3~5 年时间差，10 年计算年限可满足 15 年左右使用需求）。

**2. 电信固定网的基本需求**

电信固定网的设备节点主要有枢纽机楼、中心机楼、一般机楼、光交接点（光分接点）、光节点等。枢纽机楼与中心机楼之间采用网状网和环网；光纤接入网具有组网灵活、适应多种业务接入、备用光纤芯数多的特点，一般由主干层、分配层及接入层组成，一般拓扑结构如图 6-2 所示。

（1）一般区域用户的管道需求

主干层光纤环按 144 芯、288 芯光缆（均按占用 0.25 孔）考虑，形成不递减光纤环。每根 144 光缆带 5~6 个光交接点（或光分接点），按环型拓扑考虑管孔。每一个光交接点可带 5~6 个光节点，每个光节点带 1000~2000 光纤端口（可灵活扩容），光节点光缆按星型拓扑（使用管道最不利的情况）考虑管孔，从光交接点两侧各以 3 根光缆集散。每根 144芯光缆带光纤端口数为 5（光交接点数）×5（光节点数）×1000（光节点平均用户数）＝2.5 万线，1 根主干层光缆及 1 根光节点光缆均按 0.25 孔考虑。

通过上述计算可以粗略看出，由于 1 根光缆最少可覆盖 2.5 万光纤端口，用户数的多少对管道需求影响变化不大。一般管道（只存在光节点地路段）约需 0.5 孔（一进一出共2 根光缆）管道，次干管道（一般存在光交接点的路段）约需 1 孔（一进三出共 4 根光缆）管道。

（2）信息高密区用户的管道需求

对于主干管道（信息高密区），除光纤端口按次干管道考虑外，还应根据光纤接入的组网特点考虑以下重要用户所需占用的管道：

重要用户（党政机关、重要办公楼宇等）的光节点光缆从相邻光交接点（或不同中心机楼主干光缆）双向引入（需增加0.25孔的基本需求）。

数据需求量较大的地段（如证券、银行、期货、商业旺地等）需考虑数据进网节点设置及光缆占用管道（需增加0.5孔的基本需求）。

用户光纤主干环在主、次干通信管道上考虑物理链接点（主、次干通信管道容量相应增加0.5孔）。

（3）出局管道

按与光纤接入网用户占用管道比例控制。一般端局的"中继""用户"比例为(0.2～0.3)：1，中心机楼比例为(0.3～0.4)：1，重要（综合）枢纽机楼比例为(0.5～0.8)：1，不带用户的传输枢纽局单独计算。每个中心机楼考虑相邻中心机楼(共两个)10%的重要用户电路双归保护光缆(主、次干通信管道容量相应增加0.5孔)。

（4）需求小结

作为传统电信网的主体，网络更多倾向于向党政机关、企事业单位、金融等重要用户提供安全、可靠的数据网络保障，建立城域网时预留光纤冗余量较多，网络也比较复杂，分期建设次数较多；另外，在上述计算过程中未考虑党政及企事业大客户、虚拟网络、数据专线等数据需求，备用量按100%考虑。

**3. 移动通信网的基本需求**

移动通信网的设备节点主要由通信机楼、汇聚层节点、基站等组成，网络拓扑结构参见图6-2。

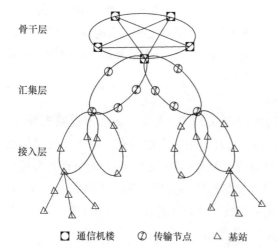

骨干层

汇集层

接入层

■ 通信机楼　⊘ 传输节点　△ 基站

图6-2　移动通信网拓扑结构图

（1）一般区域用户的管道需求

一般1根基站环光缆平均覆盖2.8万户，用户数的多少对管道需求影响变化不大。基站分布较广，与人流量关系密切。从管道角度来看，在一般城市边缘区域，基站之间的距离约为600～800m；在人流密集区，基站之间的距离约为100～200m，分布密度基本与道路一致。与此相对应，一般管道、次干管道、主干管道（大部分只存在基站需求的路段）约需0.5孔（一进一出共2根光缆）管道。

（2）出局管道需求

通信机楼按照基站光缆和中继光缆分别考虑出局管道。通信机楼的基站环(由通信机楼直接承载基站环)光缆与汇集层光缆的比例为(0.4～0.6)：(0.6～0.4)，其中，中心城区的通信机楼取前者数据，边缘地带的通信机楼取后者数据。局间中继与长途中继与基站占用管道的比例为(0.3～0.4)：1。汇聚层传输节点按汇集 20 个左右宏基站考虑进出光缆的管道需求。

（3）需求小结

移动通信网缆线敷设比上述理想情况复杂，且移动通信发展十分迅速，移动通信技术已经从 2G 逐步向 5G 发展，且多种系统并存发展；分期建设次数较多，可按 3～4 次考虑。为简化计算，在实际操作中按主干、次干、一般通信管道将上述各分项需求叠加后再备用 50％即为移动通信网的基本需求。

**4. 有线电视信息网的基本需求**

有线电视综合信息网是垄断性十分强且与传媒相关的特殊通信网络，受国家政策限制，电信与广电之间存在较严格的业务壁垒。早期网络按照"分层管理"组建，目前全国有上千张有线电视网络；随着数字电视、三网融合、宽带上网等业务的日渐普及，有线电视网络整合成一张完整网络已是大势所趋，国内部分城市（如深圳）和省份（如浙江）已开始整合网络。在网络整合完成后，电信与广电之间的业务壁垒会逐渐取消，最终实现三网融合。

有线电视网络的特殊性还体现在业务的重心和采用传输介质上。有线电视网络的重心以居住用户为主，虽然办公、商业等功能的建筑也存在有线电视用户，但数量较少。有线电视网络的传输介质以光缆和同轴电缆为主，接入网主要采用星型、树型结构。与此相对应，主干、次干、一般管道所需管道数量相对较少，而居住区内所需的管道数量相对较多。有线电视网络一旦形成后，相对比较稳定，发展备用量按 50％预留可满足要求。

有线电视网络的设备节点主要由中心（总前端）、分中心（分前端）、小区管理站、片区机房（光节点）四级结构组成。中小型城市一般没有分中心、小区管理站，光节点直接从中心引出。中心与分中心之间一般采用环状网，分中心以下一般采用星型、树型的广播式拓扑结构。具体情况参见图 6-3。

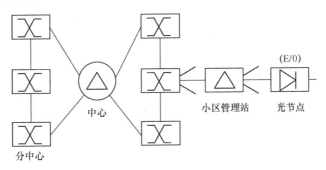

图 6-3　有线电视网络拓扑结构图

（1）一般区域管道需求

在上述拓扑结构中，为了今后开展电信业务，一个光节点通过 4（8）芯以星树型接入分中心，其覆盖的用户数为 200～500 户；分中心之间通过大对数光缆以环网接入中心，一个分中心覆盖的用户数为 2～5 万户。对于主干、次干管道，其管道需求一般考虑 2～3 根设备节点之间的迂回光缆；对于住宅区周围的一般管道，一般考虑 3～4 根光缆的管道需求，而其他情况的一般管道考虑 1～2 根光缆的管道需求。

（2）出局管道

中心按照节目中继光缆、承载分中心和光节点光缆分别考虑出局管道。三者之间比例约为 1∶（4～6）∶4，具体情况根据各城市网络组建情况分别计算。

分中心的出局管道以大对数光缆（4 根）和同轴电缆（4～10 根）出线为主；光节点的出局管道以同轴电缆出线为主，约 8～24 根。

（3）需求小结

有线电视的主干网络一旦形成后，由于采取星型、树型的广播方式传输，增加用户时一般不改变主干传输网络，网络的稳定性较强；即使各城市的有线电视网络整合（网络已是一个整体，仅是资产和人员整合），对网络的稳定性影响较小。因此，有线电视网络的发展备用量按 30%～50% 预留可满足要求。

### 6.6.3 计算各层次管道容量

#### 1. 骨干管道容量

骨干管道侧重管道的重要性，不提倡扩容管道以提高中继光缆的安全。此处骨干管道是指仅敷设长途线路的路由。计算骨干通信管道的容量如表 6-1 所示。

**骨干通信管道计算表**（单位：孔） 表 6-1

| 类别 | 骨干管道 | 备注 |
|---|---|---|
| 电信固定网基本需求 | 1～2 | |
| 移动通信网基本需求 | 0.5～1 | |
| 有线电视网基本需求 | 0.5 | |
| 其他基本需求 | 0.5～1 | 适应于信息专网较多情况 |
| 发展备用量150% | 3.75～6.75 | |
| 备用管孔 | 1 | |
| 管道容量（考虑模数） | 6～12 | |

#### 2. 主干、次干及一般管道容量

以上述各类网络的基本需求为基础，计算主干、次干、一般通信管道的容量如表 6-2 所示。

**主干、次干及一般通信管道计算表**（单位：孔） 表 6-2

| 类别 | | 主干管道 | 次干管道 | 一般管道 | 备注 |
|---|---|---|---|---|---|
| 电信固定网 | 业务需求 | 1～1.5 | 0.5～1 | 0.5～1 | |
| | 2～3 期实施 | 2～4.5 | 2～3 | 1～2 | 上一项的倍数 |
| | 备用量 | 2～4.5 | 2～3 | 1～2 | 备用量为100% |
| | 基本需求 | 4～9 | 4～6 | 2～4 | 上两项之和 |
| 移动通信网 | 业务需求 | 1.5～2 | 1～1.5 | 0.5～1 | |
| | 分期实施 | 3～4 | 2～3 | 1～2 | 上一项的倍数 |
| | 备用量 | 2.25～3 | 1.5～2.25 | 0.75～1.5 | 备用量为50% |
| | 基本需求 | 6.75～9 | 4.5～6.75 | 2.25～4.5 | 上三项之和 |

| 类别 | | 主干管道 | 次干管道 | 一般管道 | 备注 |
|---|---|---|---|---|---|
| 有线电视网 | 业务需求 | 0.5~0.75 | 0.5~0.75 | 0.25~1.0 | |
| | 备用量 | 0.15~0.375 | 0.15~0.375 | 0.25~0.5 | 备用量为 30%~50% |
| | 基本需求 | 0.75~1.25 | 0.75~1.25 | 0.5~1.5 | 上两项之和 |
| 基本需求之和 | | 11.5~19.25 | 9.25~14 | 4.75~10 | |
| ＊其他需求 | | (2~3) | (1~2) | (1) | 仅适应特大型城市 |
| 通信发展备用量 | | 6.5~12.5<br>(7.5~13.5) | 4.5~6<br>(5.25~8) | 1.75~3.25<br>(2.25~3.75) | |
| 备用管道 | | 1~2 | 1 | 1 | |
| 管道容量 | | 20~35<br>(24~40) | 16~21<br>(18~25) | 8~15<br>(9~16) | 考虑管道排列模数 |

注：1. 上表中括号内数据适应于各类信息化专网独立组建物理网的特大型城市。

　　2. 上表中数据为集约建设和集约使用情况下计算的管孔数。如果以运营商为单位建设管道，各参与建设的单位分别预留备用管道，总管孔数基本一致。

**3. 配线管道容量**

小区管道是所有运营商开展业务竞争的共同需求通道。随着宏观政策逐步明朗，竞争会进一步加剧，其管道应作为开展公平竞争的平台。对于以居住区为主的小区，各类接入网机房附近建设 6~8 孔，其他分支管道为 3~6 孔；对于办公、商业、商务等大楼而言，与市政管道的接入管道需建设 6~12 孔。

**4. 机楼及机房的出局管道容量**

按照上述各类机楼、机房出局管道的计算方法，可以粗略计算出其出局管道如表 6-3 所示。

**出局管道容量表**（单位：孔）　　　　　表 6-3

| 类别 | 出局管道 | 类别 | 出局管道 |
|---|---|---|---|
| 中心机楼 | 34~54 | 有线电视中心 | 12~24 |
| 移动通信机楼 | 18~28 | 有线电视分中心 | 8~12 |
| 中型机房 | 8~12 | | |

## 6.6.4　管道容量计算总结

从管道容量计算可以看出，由于光缆的传输容量已大大提高，各运营商需求管道的差别在缩小，各条道路的管道容量的差别也在缩小，城市通信管网正从递减网（以电缆为主时各路口的管道容量从机楼向外递减）向匀称网（以光缆为主时各路口的管道容量比较接近）方向转移。

我国正处于快速城市化过程中，各类通信业务的增长越来越依赖新增土地供给、城市道路延伸等。多数城市通信管道已经由通信管线公司建设，有利于运营商的公平竞争；而对于新开发建设区域，适度超前地建设通信基础设施，有助于加快我国向工业化、信息化、城镇化、市场化、国际化的方向转移。尽管管道的建设方式、使用方式、搭建和租借管道的价格等因素会适当影响管道的容量，但是，管道集约建设、集约使用的大趋势不会改变，整个城市的通信管网逐步从递减网向匀称网方向转移也不会改变。

本次选取了几个比较有代表性的城市，深圳市、中山市、茂名市和钦州市均已出台当地的城市规划标准与准则，对城市通信管道的容量均有相应的规划标准，详见表6-4~表6-7。

**深圳市城市通信综合管道规划管孔数**（单位：孔） 表6-4

| 通信管道类型 | 管道功能 | 管孔数（孔） |
|---|---|---|
| 骨干管道 | 城市间长途联络通信管道 | 6~12 |
| 主干管道 | 信息高密区或通信机楼间联络通信管道 | 30~48 |
| 次干管道 | 信息密集区与区域内汇聚机房通信管道 | 18~24 |
| 一般管道 | 一般地区通信管道 | 9~15 |
| 配线管道 | 小区内通信管道 | 4~6 |

表格来源：深圳市规划和国土资源委员会.深圳市城市规划标准与准则［S］.2013.

**中山市城市通信综合管道规划管孔数**（单位：孔）[30] 表6-5

| 通信管道类型 | 管道功能 | 管孔数（孔） |
|---|---|---|
| 骨干管道 | 城际长途联络通信管道 | 10~14 |
| 主干管道 | 信息高密区或通信机楼间联络通信管道 | 10~16 |
| 次干管道 | 信息密集区与区域内汇聚机房通信管道 | 8~18 |
| 一般管道 | 一般地区通信管道 | 6~9 |
| 配线管道 | 小区内通信管道 | 4~6 |

**茂名市城市通信综合管道规划管孔数**（单位：孔）[31] 表6-6

| 通信管道类型 | 管孔数（孔） | 通信管道类型 | 管孔数（孔） |
|---|---|---|---|
| 主干管道 | 24~32 | 一般管道 | 10~16 |
| 次干管道 | 16~24 | 配线管道 | 6~10 |

**钦州市城市通信综合管道规划管孔数**（单位：孔）[32] 表6-7

| 通信管道类型 | 管孔数（孔） |
|---|---|
| 主干管道 | 18~24 |
| 分支管道 | 8~16 |

## 6.7　通信管道布局规划

城市地下通信管道应按照"统一规划、统一建设、统一管理"的原则建设，地下通信管道与其他市政管线关系密切，建设过程中也会受到给水排水和燃气等管道的影响，特别是遇到道路、桥梁新建或改造，都需要给通信管道预留位置；在城市规划中最重要的是体现通信管道的路由和管道容量，在掌握各方面情况的基础上才能做好通信管道布局规划，满足城市的发展与建设。

### 6.7.1　新建道路的管道规划

通信管道是各类城域网对城市通信基础设施规划的最直接要求；开展新建道路通信管道

规划时，需结合城市土地利用规划、城市开发强度以及规划通信机楼、通信机房等条件，将普适性管道容量与本地城市建设管道模式相结合，并具体量化各层次管道需求。开展新建道路管道规划时，可按以下步骤及要求。另外，所有新建道路的通信管道都应与道路同步一次性建成，既可降低建设成本，缩短建设周期，也可减少施工对市民生活的影响。

**1. 详细了解城市规划建设的相关情况**

城市规划建设是开展通信管道规划的前提条件，需认真详细了解，需了解的内容有城市功能和定位、空间结构、中心城区分布以及片区定位、开发强度、土地利用规划等基础资料，以及近期建设规划、重点建设地区、近期建设道路等建设资料。另外，还需掌握四个运营商的现状和规划通信机楼、通信机房（一般与管道规划同步开展），以及各类专网的中心（如政务网络中心、智慧城市资源中心、数据中心等）。

**2. 确定管道敷设路由**

通信管道的路由原则上均应建设在道路两侧的人行道或绿化带下，遵守《城市工程管线综合规划规范》GB 50289—2016 的相关要求。

不同城市对各种市政管道布置都有规定，通信管道一般与电力通道（电缆沟或电力排管）分别布置在道路两侧，如深圳市通信管道一般布置到道路的北侧或西侧，而电力通道则布置在道路的南侧或东侧，有的城市对通信、电力的要求正好相反，也有的城市是其他要求；开展规划时按当地城市规定执行即可。遇到斜向道路或圆弧形道路等难以精确区分方向的特殊情况时，在与其他市政管线充分协调之后，可根据市政管线综合的统一安排改变路由。另外，需要在道路两侧规划双路由通信管道时，通信主管按计算容量布置，通信辅管则需要与电力通道协调，并修改电力通道的断面，或提出相关建议由主管部门来统筹协调。

**3. 确定各条道路的管道体系和容量**

在分析道路等级、城市规划建设、通信机楼通信机房的基础上，确定各条道路上通信管道在管道体系中的层次；以 10～15 年管道需求为基础，确定管道容量范围；结合每条道路的具体情况、道路两侧地块的功能及开发强度、通信机楼通信机房对出局管道及路由的要求，确定各条道路的管道容量，并与管道的排列模式相吻合。

**4. 其他注意事项**

（1）保持管网系统的完整性

由于光纤组网以环状网为主，通信网络安全也需要不同物理路由来保障，因此，在不同发展阶段均要保证管网系统的完整性，以便不同城域网组网。

（2）建立全程全网的管网系统

由于每种通信城域网都是全程全网的网络，不同运营商城域网叠加后更要求通信管道也是全程全网的网络，管道不仅分布在快速路、主干道、次干道、支路和小区道路城市道路上，也要分布在桥梁、隧道、地铁及轨道沿线，还需要分布在高速公路、各等级公路上以及各类通信机楼通信机房及接入点的附近，提供普遍服务的能力，满足各行业、各类用户、各类设施对基本通信的需求，也满足所有运营商组网的需求。

（3）各类管道之间互联互通

规划新建的通信管道必须保证与现状管道互连互通，各运营商之间的管道也需要互联互通，市政管道也需要与小区管道互联互通，杜绝出现新的"管道瓶颈"。

### 6.7.2 改造道路或扩建管道规划

当现状管道无法满足使用需求（可使用的管道数小于应急管道容量）时，就必须在现状路由上开挖道路进行扩建，一般扩建后应保证 5 年内不再开挖，扩建管道容量与管道排列模数相吻合，如 4 孔、6 孔、8 孔、9 孔。当某一家管道需求单位向管线公司提出扩建要求时，管线公司有义务向其他所有的管道需求单位征询意见、确认扩建需求，待汇总所有意见后再一次性集中进行扩容，避免发生管道扩建后仍无法满足管道使用单位需求的问题。若扩建管道道路上存在早期分散建设的管道，应在通信管道主管群采用同沟同井的方式扩建，有条件时应对这些多路由管道进行整合，使之成为一个整体，形成一个覆盖面广、通达性好的管道系统。

对于改造道路而言，如果近期有扩容计划，就需要抓住时机进行管道扩容。先了解现状管道的容量及管道的使用情况，同时了解道路的改造计划和道路断面，确定现状管道扩建的方式。需要注意的是，如果现状管道位于改造后道路的机动车道或非机动车道下，需对现状管道进行加固保护，以免造成通信线路的大规模迁移而增加建设投资，同时沿新建人行道统一新建通信管道；按照我国《通信设施保护法》，需在新建管道中赔补企业通过正常报建程序开展建设的管道（包括道路两侧的管道），同时留有供给其他企业发展的空间。

### 6.7.3 与综合管廊衔接

综合管廊作为各种管线敷设的载体，有结构稳定、安全性高、管线易维护、提高城市综合防灾能力等优点。通信光缆具有外径小、传输容量大、抗干扰能力强等特点，占用空间也小，在综合管廊内布置灵活，基本不受管廊横纵断面变化和高程变化的限制，还可以与其他管线同舱敷设，方便扩容；但也有进出综合管廊不太方便的缺点。综合综合管廊和通信管线的特点，通信缆线是入廊的优选管线，在规划综合管廊断面时应优先考虑将通信缆线纳入综合管廊中。敷设在综合管廊内的通信缆线，应布置在专用桥架上（应避免在桥架上再敷设管道），并应符合《综合布线系统工程设计规范》GB 50311—2016、《光缆进线室设计规定》YD/T 5151—2007 和《通信线路工程设计规范》GB 51158—2015 等相关国家标准的规范要求。

综合管廊内通信缆线是通信线路的主要通道，也是通信主管道的路由；但由于综合管廊内管线集中引出口相对较少，无法满足通信系统广泛的接入需求，所以在已敷设管廊的市政道路上，还需要为密集的接入点规划通信接入管道，管道容量为 6~12 孔。

### 6.7.4 缆线管廊应用分析

《城市综合管廊工程技术规范》GB 50838—2015 对干线管廊、支线管廊的技术规定介绍的比较多，对缆线管廊的技术要求及应用场景介绍的较少，也未明确其适用情况。目前，各城市对缆线管廊的应用有较大分歧；考虑到通信缆线有自己独特的特点，也是缆线管廊的重要组成部分，作者团队从通信线路角度来分析缆线管廊的应用场景。

**1. 通信缆线的特点**

每根光缆内含多根光纤，具有外径小、质量轻、抗外力弱等特点，可长期浸泡在水中，一般采用人工施工；另外，通信线路路由是城市所有公共城域网及通信专网集中敷设的通道，该通道既可能含有某家运营商的长途、中继、汇聚、接入等多种功能的线路，也可能包含有线电视网和党政专网、军用光缆、国际长途等重要线路；且通信网络是全程全网、实时通信网络；因此，通信线路的安全性十分重要，特别是敷设重要通信线路（含中继线路、长途线路、通信专网等）的安全性更加需要特别保护。

**2. 缆线管廊的常规做法**

按《城市综合管廊工程技术规范》GB 50838—2015 的定义，缆线管廊是指采用浅埋管沟方式建设，设有可开启的盖板但内部空间不能满足人员正常通行需求，用于容纳电力电缆和通信线缆的管廊。这种做法与深圳市早期采用的电缆明沟比较类似，其盖板也是人行道道板，电力电缆和通信电缆分别布放在廊内两侧，中间为人员半躬行通道，净空一般不超过1.8m，通过排水管将雨水排入雨水系统内。

**3. 缆线管廊的安全性分析**

两种线缆共处一个框体内运行时，最大的安全隐患就是因火灾而产生的危险。在电力线路中，中压电缆（10kV 电缆）的火灾发生率比高压电缆（110kV 及以上电缆）要高，火灾风险较大，且电气火灾是缆线管廊发生火灾的主要源头。在《城市综合管廊工程技术规范》GB 50838—2015 中有两条关于电缆火灾防范的条款，第6.6.2条明确指出，"应对电力电缆设置电气火灾监控装置。在电缆接头处设置自动灭火装置"；第7.5.7条指出，"干线、支线管廊含电力电缆仓室应设置火灾自动报警系统，并在电力电缆表层设置线型感温火灾探测器，并应在仓室顶部设置线型光纤感温探测器或感烟探测器"；这两条明确电力电缆仓室共需设监控、报警、灭火三类设施，且在电缆表皮和仓室顶部设置双层报警装置。这种火灾风险主要来自电力电缆接触不良、电缆老化等。干线管廊、支线管廊的敷设环境比缆线管廊好，保护措施更好，而缆线管廊没有保护措施，电力电缆敷设条件变差，也容易引发火灾事故。如果缆线管廊发生火灾或爆炸事故，可能会导致同路由的所有通信线缆全部损坏。如果事故仅牵涉市级接入线路，其影响相对还比较小，但如果牵涉到长途线路（特别是国际长途线路）、局间中继线路或党政专网、国防专网等线路时，受影响的程度和后果就严重很多。通信线路等级越高，后果越严重。

**4. 缆线管廊的建设特征**

电力电缆和通信线缆共同处于一个简易的通道内，分设在两侧；与干线综合管廊和支线综合管廊相比，通道内没有综合管廊必备的火灾报警装置、监控装置、灭火装置，也没有供内部用的照明和通信设置。为了满足电力电缆和通信线缆共处一室的主要功能需求，主要做法只能按两者中最不利情况来考虑，以满足电力电缆需求为主，其净尺寸也由电力电缆决定。

除了上述主要建设特征外，缆线管廊还有其他建设特征。从缆线管廊的水平和竖向尺寸角度来看，在维持电力缆线和通信缆线的容量需求、功能需求、常规做法三个基本原则不变，即容纳电（光）缆的根数、敷设方式和排水功能需求、支架间隔等维持要求不变，对等比较缆线管廊比电缆沟和通信管道组合，缆线管廊在平面位置上可节约 0.3～1.4m，竖向高程上加深 0.15～0.95m，部分缆线管廊的净空大于 1.8m。另外，缆线管廊因内部空间限制需要压缩电力电缆的支架层数，且支架承载电缆根数增加，使得电力电缆的敷设环境变差；缆线管廊中通信线缆因抗外力弱易受到电力缆线施工的影响或破坏，使用环境也变差了。

**5. 缆线管廊的应用场景分析**

考虑到规划建设缆线管廊时，很难预测到缆线管廊内敷设通信缆线的类型和等级；因此，作者团队觉得缆线管廊较难大规模推广使用，可在条件合适的地方应用，如道路人行道的宽度有限、缆线数量不太多，主要应用场景有一般工业区、山区道路、住宅小区、城中村等场所。

**6. 缆线管廊的改进和优化**

如果规划建设缆线管廊时，将电力缆线和通信缆线分仓设置，具体做法参见图 6-4，此种做法则可化解电力缆线事故对通信缆线的不利影响，但此时缆线管廊的节省平面空间的优势将不复存在；反过来推演，这种做法还不如按传统做法将电力缆线和通信缆线分别敷设在道路两侧。还有一种优化方案，由于智慧城市发展和 5G 移动通信基站建设需要，在道路两侧出现大量的通信接入，需要道路两侧都提供通信线路的接入通道；此时，可在保留道路布置通信主管（敷设重要通信线路）的情况下，将道路另一侧的电缆沟改造为小型缆线管廊，具体做法参见图 6-5；缆线管廊仅敷设接入层次的通信线路，实现通信线路的双路由功能；这样，既满足通信线路的安全需求，也能满足通信线路的功能需求。

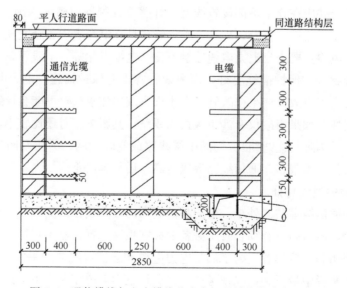

图 6-4　通信缆线与电力缆线分仓布置的缆线管廊断面图

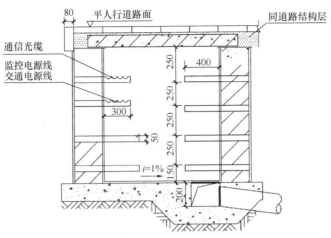

注：此种小型缆线管廊内仅敷设通信接入线路，是通信线路敷设的辅路由
图 6-5 小型缆线管廊断面示意图

## 6.8 规划实践

通信管道是比较传统的通信基础设施，但不同时代因通信需求发生变化，通信管道的规划建设也会发生变化。本书选取分区规划层面的《××区通信管网专项规划》（案例一）和控制性详细规划层面的《××片区信息通信基础设施详细规划》（案例二）作为两个典型案例，进行管道规划的实践说明。案例一编制时间较早（2000 年开始编制），该项目在光缆大规模进入城域网、多元化通信格局已经形成、新型运营商对通信管道的需求十分迫切等宏观背景下开展，项目重点在于建立通信管道体系和科学合理地确定管道容量。案例二编制于 2018 年，经过多年快速发展后，信息通信已成为我国"网络强国"战略、"大数据"战略、"宽带中国"战略的基础，各种衍生应用也将成为我国领航未来科技发展的重要内容，新技术应用又对通信管道规划提出了更高的要求；该项目重点在于以智慧设施需求为基础分析对信息通信基础设施的需求，在通信管道方面提出了建立双通道管道路由的方案。

### 6.8.1 案例一：南方某城市《××区通信管网专项规划》规划实践

**1. 规划背景**

随着通信业的高速发展，光缆成为主要传输介质，城域网种类增多，各城域网的组网原则均发生变化，确定管道容量有两种不同的说法；而 IP 技术正逐步改变电信发展的格局，旧的通信管道系统在规划、建设、管理等方面与多元化的通信格局之间存在的问题日益突出，由此增加了编制通信工程专项规划的紧迫性。另一方面，在城市工程规划领域，一般通过专项规划来系统地研究及总结工程特点，指导相关层次工程规划；鉴于通信种类较多，范围十分宽广，选取代表性较强的通信管道作为专项规划的规划对象，能较好地推动管道持续发展，促进运营商公平竞争。

**2. 规划构思**

本规划是以通信管网为主线的专项工程规划，由于规划通信管道的前提条件是通信主导业务预测和通信机楼机房布局规划，所以，通信业务及网络、通信机楼机房、通信管道是规划的三大组成部分，其中通信管道是重点。

（1）确定通信基础设施的基本框架

以分区规划确定的建设用地、路网、人口、通信工程规划等为基本条件，将法定图则中的相关内容反馈到上述规划中进行校核、补充和完善，预测各类通信主导业务。在多种城域网并存、光缆大规模进入城域网的情况下，结合各运营商的网络规划以及预测的主导通信业务，总结机楼和接入网点的设置规律，统筹规划重大通信基础设施，满足多种城域网的用地需求，接入网点的设置规律供相关层次规划参考。

（2）建立通信管道体系和确定管道容量

将通信管道系统化有助于科学合理地确定通信管道的容量，明确管道的建设重点。引进国际上确定管道容量时预留发展备用量的理念，综合各城域网对管道的需求，总结以光纤为主要传输介质且多种城域网并存的管道容量计算方法，系统地改造现状通信管道和规划通信管道。

**3. 规划布局**

通信管道规划的基本出发点是统一规划、统一建设、统一管理，该规划主要从规划角度考虑管道扩容。虽然通过管理可提高管道使用率，但具体数量很难量化，且操作难度大、实施时间长，规划不考虑通过管理手段（如将废弃电缆抽出来提高管道使用率）使现有管道资源利用提高的情况。

通信管道规划包括与新建道路配套的管道规划、对已设计未施工管道的调整和现状通信管道的改造。规划通信管道与现状管道的管位一样，位于道路的西侧或北侧的人行道下，管道形成网状，为各类城域网敷设和将现状架空线逐步改造到管道内创造条件。现状管道改造时需充分挖掘现有管道网络资源的潜力，提高利用率，避免无管可用即扩容的行为。具体情况参见如图 6-6。

图 6-6　某区通信管道规划布局图

### 6.8.2 案例二：《××片区信息通信基础设施详细规划》规划实践

**1. 项目背景**

随着光纤、软交换技术发展，通信技术层出不穷，对通信的组网产生较大影响，光纤入户已成为普适性标准，各类通信城域网更依赖通信接入网，急需要通信接入基础设施来承载接入网发展，需要中型接入机房、小区型接入机房、基站机房等接入基础设施，也需要在新建楼宇中落实各类配套信息通信基础设施。随着互联网以及智慧城市、云计算、物联网等技术发展，信息及计算机快速发展壮大，"一图一网一云"的智慧城市构架对城市未来信息通信基础设施也提出新的要求，急需建设小区型、区域型、城市型的信息控制中心等新型城市基础设施，也需纳入城市建设。而移动通信 5G 技术作为即将商用的新技术，对基站等基础设施的需求也提出全新要求，且要求更高更急迫，也急需纳入城市规划之中。

**2. 基本情况**

该片区主要发展战略性新兴产业，是引导产业转型升级的重要基地，规划用地性质应以新型工业（M0）为主。以绿廊、主要道路为界，将片区划分为 7 个开发控制单元（空间形态上称为"街坊"），即 DY01～DY07 街坊。本片区建设用地面积 172.31 万 m²（公顷），建设规模总量为 583.6～683.6 万 m²（不包括公共服务设施和城市基础设施），是高强度开发的企业总部基地。效果图如图 6-7 所示。

图 6-7 ××片区城市设计效果图

**3. 现状管道情况**

规划区内部分现状道路均已建设通信管道，位于道路西（北）侧人行道下，其中现状通信管道容量大部分为 12 孔，现状通信管道容量最多 48 孔。已设计的通信管道容量为 12～24 孔，具体情况参见图 6-8。

**4. 智慧园区对通信管道需求**

智慧园区对基础设施的需求主要是数据中心及通信管道的需求。对通信管道的需求主

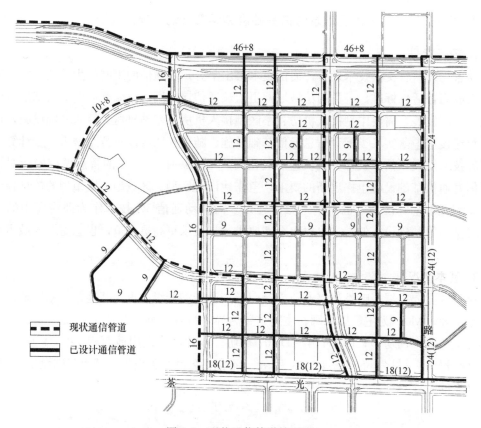

图 6-8 现状通信管道情况图

要是路由、位置、管孔数三方面，通信管道的路由主要是园区内机房之间的主通道和接入设施的连接通道，敷设位置为园区周围所有市政道路，管孔数量为 1～2 孔。

**5. 主要智慧设施**

规划主要考虑了智慧水务、智慧路灯、智慧消火栓、智慧交通、视频监控和环境监测等智慧应用和设施，以网络和物联网技术为平台，将市政设施、交通设施、安全保障设施在园区层面建立统一的工作流程，协同、调度和共享机制，以平台为枢纽，形成一个紧密联系的整体，获得高效、协同、互动、整体的效益。智慧设施的规划情况详见表 6-8。

智慧园区设施实施一览表　　　　　　　　　　　　　　表 6-8

| 实施项目 | 数量 | 实施要点 |
| --- | --- | --- |
| 智慧水务 | 给水监测点 7 处 | 监测点应设置于管网水力分界线、管网水力最不利点、主要用水区域、大管段交叉处、管网中低压区压力监测点等；片区所有消火栓设置为智能消火栓 |
| | 污水监测点 5 处 | |
| | 雨水监测点 8 处 | |
| | 再生水监测点 2 处 | |
| 智慧路灯 | 所有路灯杆 | 结合绿化带和周边环境、建设怡人的庭院式智慧路灯；路灯设计为引入电力和通信双路由，每座路灯引 4 回 $\phi70$ 的排管至缆线管廊 |

| 实施项目 | 数量 | 实施要点 |
|---|---|---|
| 智慧交通 | 线圈车检器 19 组、线圈车检器 8 处、轨道站点导航系统 1 处、交通诱导规划 7 处、智能公交系统规划、智能停车场系统 | 以物联网业务支撑平台，通过移动通信网络和物联网感知层形成智慧交通的整体架构 |
| 视频监控 | 交通监控 9 处 | 重要交通节点 |
|  | 公安监控 35 处 | 重要安全节点 |
|  | 态势监控 7 处 | 园区展示节点 |
| 环境监测 | 2 处 | 仅作为掌握园区内空气质量使用 |
| 物联网集控点 | 2 处 | 通过 LORA 集控点和移动通信基站两种方式接入 |

**6. 管道规划**

本次通信管道规划在已编制的《××片区控制性详细规划》中通信工程规划的基础上，结合规划增补的各类通信机房对局部路由进行调校，并在通信业务的高密度区、核心区和智慧路灯重点建设路段采用通信双路由的建设形式，除了在常规的道路西、北侧建设通信管道主路由外，还在道路东、南侧将电缆沟改造为缆线管廊，为通信接入线路提供通道；此种情况主要适用于非电缆综合沟的路段，辅管通过过路管与主管连通，规划图如图 6-9 所示。在电缆综合沟路段，由于有 110kV 及以上的电缆线路，出于安全考虑，通

图 6-9 通信主管和辅管规划图

信线路不与电缆综合沟合建，在部分电缆沟旁建设通信辅管。通信辅管主要解决小微基站、智慧路灯、各类监控设施的分散接入需求。无法建设缆线管廊，通信管道加密过路管，人孔井间距也相应变小，以解决两侧的通信业务需求。

## 6.9 通信管道建设技术要求

通信管道是城市公共基础设施，在地下通信管道建设完成后，一般开启检查井即可通过人工布放通信线路，提高了通信线路敷设和维护的工作效率，保障了通信线路的安全，也符合城市建设减少拉链路的需要。通信管道在施工时一定程度影响了城市交通和人民生活，一旦建成也成为永久性基础设施。因此，在建设时需要考虑到信息网络发展和城市规划扩展的需求，让通信管道能随城市发展而延伸。

**1. 管道路由选择**

通信管道路由选择应沿现状通信线路路由或充分利用现状通信管道，尽量不在分区边界道路上建设主干通信管道，尽量不在沿铁路、河流等区域建设管道；避免在有腐蚀性、电气干扰、地质条件不好的路段敷设管道；在新建城市道路上均应建设通信管道。

总体而言，在通信管道路由选择上，充分了解城市规划情况和道路地质情况，对需要重点保障的片区、地块和单体建筑采用物理上的双路由，并考虑通信网的发展方向，保障通信管道的安全。

**2. 通信管道位置选择**[33]

通信管道尽量敷设在人行道或绿化带下，减少交通影响，若无明显的人行道界限，应尽量靠近路边敷设；在考虑通信管道与其他地下管线的最小净距、与建筑物的最小净距、与道路路缘石和行道树的距离时，应满足《城市综合管廊工程技术规范》GB 50838—2015 的要求。扩建通信管道的敷设位置尽量在原有管道或需要引出的同一侧，减少引入管道和引上管道穿越道路和其他管线的机会；在已有现状管线的道路上扩容时，最好采取同沟同井方式，扩建管道位置尽量在主管群上扩容；采取同沟分井扩容时，新建管群要与现状管群连通。

**3. 人（手）孔位置选择**

人（手）孔检查井位置应选择在通信管道的交叉点、道路的交叉路口和入地块红线的交叉点；由于检查井是布放通信缆线的工作人员的操作区域，检查井（井口及缆线参见图6-10）一般须布置在人行道或绿化带上，避免布置在车行道上，即使是交叉路口的三通、四通人孔井也是如此。在道路弯曲较大的道路应设置至少一处人（手）孔；在道路坡度变化较大的地方应至少设置一处人（手）孔；通信管道穿过铁路和公路时，应在合适的位置设置人（手）孔；在使用顶管施工的路段，应在顶管两端设置人（手）孔；人（手）孔的位置应与其他市政管线错开，其他市政管线也不得在人（手）孔内穿过；人（手）孔的位置不应设置在小区的车辆出入口，避免影响车辆进出；人（手）孔的间距一般为120～130m，最大不宜超过150m；对于需满足大量智慧设施接入需求的道路，可适当缩小人孔间距缩小至50～60m。

图 6-10　通信人口井口及通信缆线现场照片图

#### 4. 通信管道管材选择

通信管道主要使用的管材有水泥管块、硬质单孔塑料管、半硬质聚氯乙烯塑料管（PVC 管）、硅芯管、塑料多孔栅格管、蜂窝管以及特殊位置安装的钢管，根据实际情况灵活选用。一般城市道路可选用外径 $\phi$114mmPVC 塑料管，在穿越河流、沟渠、涵洞时在管外增加 $\phi$125mm 的无缝钢管；高速公路上通信管道一般可选用硅芯管（人孔井之间距离也可加长到几百米甚至上千米）；如有建设资金限制，地势平坦地区的主干管和配线管可采用水泥管块。

#### 5. 通信管道埋深

为了充分保障通信管道的铺设延续性和安全性，通信管道敷设深度一般距离地面大于70cm；检查井的上覆板底与通信管道管顶之间的距离大于 30cm 及以上，满足布放缆线的施工操作距离；在通信管道的埋深达不到相关规范的情况下，应采用混凝土对管道进行包封，适当提高管道埋深。为了防止管道内积水，在管道设计和建设过程中，检查井之间的通信管道应保持一定的坡度，使积水顺着坡度流入检查井中。

## 6.10　管理政策研究

为了让通信管道管理走上可持续发展的轨道，更好地为信息通信产业服务，应按照

"统一规划、统一建设、统一管理、有偿使用"的原则，进一步做好通信管道的建设和管理[34]。

**1. 建立统一规划、统一建设、统一管理、有偿使用的通信管道管理新机制**

考虑运营商之间是平等竞争的关系，当通信管道由某家运营商管理时，可能会出现其他运营商较难公平使用管道的情况。因此，城市通信管道可由运营商之外的第三方进行统一管理，并提供有偿服务。

（1）统一规划

统一规划是管道建设的基础，需加强各层次的协调统一，强化管道专项规划对工程设计和管道建设的引导作用，科学的规划既能充分整合、利用现状资源，合理预见未来发展需求，也能有效协调行业需求与城市建设的关系。

（2）统一建设

统一建设是管道有序管理的关键，要让管线分离体制真正得以实施，就必须统一建设。统一建设管道不仅可以节约建设成本，缩短建设周期，也能更好地利用道路有限的平面位置和地下空间，减小其对城市发展和市民生活的影响。不同道路可采取差异化方式推进通信管道的统一建设，新建道路配套建设的管道可沿用由土地基金或政府建设的常规作法，实现统一建设。改扩建管道可由管道公司牵头，联合运营商沿现状管道扩容建设，避免出现多路由管道和多次开挖城市道路的现象。小区管道应由开发商建设，免费给各运营商使用，避免出现驻地网的"圈地运动"和新壁垒，阻碍通信网络的全程全网接入。

（3）统一管理

按照管线分离来管理管道，统一管理是管理的保障。一方面可以更加高效地维护管道，另一方面也有利于更加快捷地实现管道的互联互通和资源共享。在决策管道管理模式时，应改变由运营商管理管道的模式，避免出现管理者既是"运动员"，又是"裁判员"的现象，影响运营商公平开展业务竞争。由第三方专业公司统一管理管道，可避免不平等的同业竞争；同时对政府或公司建设的管道征收使用费，将收回的资金继续用于管道的建设，形成资金的良性循环，避免国有资产的流失。另外，在通信管道步入统一管理的轨道后，还需择机开展通信管道资源的统一管理，建立统一、正确、完整的管道资源（特别是可用管道资源）平台，实现资源共享；在建立全市性的数字化档案管理系统时，宜以 GIS 为平台，采取开放式架构，并按每次布放缆线来滚动更新管道的使用情况。

（4）有偿使用

有偿使用是市场经济体制下的必然措施，管道的主要使用单位是通信运营商，通信运营商是运营良好的优质企业，且大部分单位为上市公司，拥有较强的经济实力，有能力有偿使用公共通道。另外，由于城市基础设施建设的投资日趋多元化，实行通信管道的有偿使用，也可以多渠道地吸收民间资本来参与通信管道建设。

**2. 有针对性地出台法规与政策**

（1）优化法治环境

自《行政许可法》实施以来，依法行政已经成为政府部门日常管理的行为准则。要想理顺管道的管理体制，管理好通信管道，充分发挥其公共基础设施的作用，必须从宏观环境出发，优化和完善通信管道的法治环境，从根源上制止各类违法和违章行为，出台《通信管道管理条例》或与其他通信基础设施一起出台相关管理办法，并按法规来管理通信管道。

（2）完善审批程序

针对大多数城市普遍存在越权审批、无权审批以及管道乱挖乱建现象等问题，需收紧审批权力，精简审批环节，明确相关政府部门的角色分工，多部门紧密协作，以提高审批效率。通信管道是信息化时代的重要资源，资源是有限的，而需求是无限的；多元化通信必将导致对通信管道需求的多元化，通信管道产权的多元化进一步加大市场规范管理的迫切性。规范通信管道的规划设计、建设、使用、维护管理等程序，杜绝管道的乱挖乱建现象。

### 3. 建立通信管道专项规划滚动修编机制

变化快是通信工程的显著特点，通信管网也是如此。随着道路网络的不断改造与完善、管道使用情况的改变、机楼位置的调整以及管道管理等条件的变化，需对管道专项规划中现状通信管道和规划通信管道实行滚动更新，保持与通信的同步发展，逐步实行通信管道的地理信息系统管理。

# 参 考 文 献

[1] 深圳市城市规划设计研究院有限公司. 深圳市通信管道管理体制研究报告[R]. 2004.

[2] 吴立峰. 邮政普遍服务的界定[J]. 北京邮电大学学报(社会科学版)，2001，3(3)：35-38.

[3] 贾玉平，张毅. 略论邮政普遍服务管制[J]. 邮政研究，2008(01)：44-46.

[4] 陇小渝，陆伟刚. 邮政产业属性界定及其政策含义[J]. 中国工业经济，2004(07)：35-41.

[5] 中华人民共和国邮电部. 通信工程项目建设用地指标[S]. 2013.

[6] 中华人民共和国行业标准. 邮政普遍服务标准 YZ/T 0129-2016[S]. 北京：中华人民共和国国家邮政局，2017.

[7] 国家广播电影电视总局. 广播电视工程项目建设用地指标[S]. 1998.

[8] 中波、短波发射台场地选择标准 GY 5069—2001[S]. 北京：国家广播电影电视总局设计院，2002.

[9] 深圳市城市规划设计研究院有限公司. 深圳市无线电监测网布局规划[R]. 2008.

[10] 深圳市城市规划设计研究院有限公司. 深圳市无线电监测网布局规划[R]. 2008.

[11] 朱信刚. 城市微波通道保护方案的探讨[C]//华东六省一市电机工程. 2009.

[12] 陈永海. 深圳市政基础设施集约建设案例及分析[J]. 城乡规划：城市地理学术版，2013(4)：100-106.

[13] 白玉娟. 关于电信基础设施的共建共享模式应用重要性及方法分析[J]. 信息通信，2017(01)：243-244.

[14] 中华人民共和国国家标准. 通信局站共建共享技术规范 GB/T 51125—2015[S]. 2016.

[15] 李蓉蓉，杨新章. 互联网＋时代运营商通信业务发展策略研究[J]. 移动通信，2016，40(06)：92-96.

[16] 中华人民共和国国家标准. 城市通信工程规划规范 GB/T 50853—2013[S]. 2013.

[17] 孙文芳. 新形势下有线机房站点规划研究[J]. 广播与电视技术，2018，45(02)：75-77.

[18] 深圳市城市规划设计研究院有限公司. 深圳市通信管道及机楼十一五发展规划[R]. 2005.

[19] 深圳市城市规划设计研究院有限公司. 留仙洞总部基地信息及通信基础设施详细规划[R]. 2017.

[20] 胡晓女. 中国移动通信基站发展风雨二十载[J]. 通信世界，2007(33)：52-54.

[21] 深圳市城市规划设计研究院有限公司. 中山市移动通信基站专项规划(2016—2020 年)[R]. 2017.

[22] 深圳市规划和国土资源委员会. 深圳市城市规划标准与准则[S]. 2013.

[23] 江苏省邮电规划设计院有限责任公司. 泉州南安市城区移动通信基础设施专项规划(2016—2030)[R]. 2016.

[24] 深圳市城市规划设计研究院有限公司. 深圳市公众移动通信基站专项规划[R]. 2010.

[25] 深圳市城市规划设计研究院有限公司. 深圳经济特区通信管网专项规划[R]. 2005.

[26] 刘琦. 试论现代通信管道建设[J]. 中国新通信，2016，18(19)：17.

[27] 宋睿. 城市基础通信管道建设发展的趋势[J]. 中国集体经济，2011(22)：188.

[28] 李涌文. 地下通信管道统一建设推行中的问题及思路探讨[J]. 建筑监督检测与造价，2009，2(10)：59-62.

[29] 陈永海，蒋群峰，梁峥. 深圳市通信管道计算方法及应用[J]. 城市规划，2001(09)：71-75.

［30］ 中山市城乡规划局．中山市城市规划技术标准与准则［S］．2016．

［31］ 茂名市城乡规划局．茂名市城市规划技术标准与准则［S］．2010．

［32］ 钦州市规划局．钦州市城市规划技术标准与准则［S］．2015．

［33］ 管明详．通信线路施工与维护［M］．北京：人民邮电出版社，2014．

［34］ 陈永海．通信管道：新产业、新内容、新管理［A］．中国城市规划学会．规划50年——2006中国城市规划年会论文集(下册)［C］．中国城市规划学会：中国城市规划学会，2006：4．

# 后　记

本书由作者团队共同编撰而成，总体框架由陈永海、孙志超商定，第1章、第3章由陈永海编写，第2章由孙志超编写，第4章由刘冉、张翼和王安编写，第5章由江泽森、张雅萱和罗佐斌编写（最后三节由陈永海编写），第6章由徐环宇和阚宇编写；初稿形成后，由陈永海进行统稿，刘应明对本书总体以及格式提出了许多宝贵意见，孙志超负责总体校对，最后由司马晓、丁年审阅定稿，历时近12个月。

本书是作者团队近20年从事通信基础设施专项规划的回顾和总结。这20年既是通信行业和通信技术快速发展的主要时期，也是改革开放前沿城市深圳创造辉煌成绩的黄金年代，众多城市通信基础设施主管部门为作者团队提供了十分难得的实践机会，他们的敏锐判断力和敢为天下先的创新精神深深地感染着作者团队，一起闯过一个个技术难关，共同推动城市通信基础设施健康发展。在此，作者团队再次对他们表达深深的敬意和感谢！

近年来，信息技术以先进、高效、智能等优势，正深刻影响通信行业发展，无论是通信机楼、通信机房的组网原则和设置规律，还是各类通信设施的布局、选址、建设，都反映了这种发展趋势。作者团队在十多年前做过通信机楼、通信管道等专项规划，但由于技术发展使得部分内容已发生变化，本书也对相关的组网原则和设置规律进行了修正或优化，此类基础设施今后还有可能随技术发展进一步优化；其他通信基础设施规划建设也将围绕通信技术发展而不断滚动更新，规划方法也需要持续变化、创新，并与公共政策、技术规范一起，促进通信基础设施与信息通信技术同步发展，并更好地为信息通信行业发展提供有力支撑。

随着智慧城市理念在世界范围快速普及，城市政府对通过智慧城市解决诸多"城市病"寄予厚望，智慧城市发展也将对通信基础设施规划建设产生革命性影响。信息与通信也将进一步融合，与智慧城市一起成为传统产业升级改造、新型产业孵化和成长、新业态出现的催化剂，并支撑新型数字经济发展。深规院已在智慧城市、智慧园区（小区）、信息基础设施等领域先行开展了原创性研究，并已取得部分成果，形成了需要提高通信基础设施建设标准等初步结论，但信息通信基础设施与智慧城市之间的深层影响关系，还有待进一步深入探讨研究。

我国政府高瞻远瞩地提出"网络强国"战略、"大数据"战略、"宽带中国"战略，为智慧城市、信息、通信发展打开了广阔的发展空间。抓住科学技术发展和我国新型城镇化发展汇集的难得历史机遇，积极推动信息通信战略性基础设施高标准建设、高水准发展，正是时代赋予城市通信基础设施规划建设工作者的历史使命；我们愿与同行一道，为我国跻身世界科技强国贡献绵薄之力。